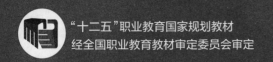

"十二五"职业教育国家规划教材

经全国职业教育教材审定委员会审定

电气技术应用专业

安全用电
（第3版）

主编　戴绍基

高等教育出版社·北京

内容简介

本书是"十二五"职业教育国家规划教材,依据教育部颁发的《中等职业学校电气技术应用专业教学标准》以及电机装配工、常用电机检修工等相关工种国家职业标准与技能鉴定规范,在第2版的基础上修订而成。主要内容包括绝缘材料,过电压及其防护,电击事故及其防护,电气设备安全,电气设备防火与防爆,电气绝缘试验,安全生产与管理。本书附录还介绍了低压系统分类及电位联结等。

本书注重理论联系实际,每单元末配有自我检测题;在电气绝缘试验部分还详细介绍了绝缘电阻的测量、介质损耗的测量和直流耐压试验及泄漏电流的测量等试验内容。

本书配套学习卡,可登录网站(http://abook.hep.com.cn/sve)获取相关教学资源,详细说明见书末"郑重声明"页。

本书可作为中等职业学校电气技术应用、电机电器制造与维修、电气运行与控制及相关专业的教材,也可供高职院校及相关工程技术人员学习和参考使用。

图书在版编目(CIP)数据

安全用电/戴绍基主编. --3 版. --北京:高等教育出版社,2020.11

电气技术应用专业

ISBN 978-7-04-055000-9

Ⅰ.①安… Ⅱ.①戴… Ⅲ.①安全用电-中等专业学校-教材 Ⅳ.①TM92

中国版本图书馆 CIP 数据核字(2020)第 160097 号

策划编辑 李宇峰　　责任编辑 李宇峰　　封面设计 张　志　　版式设计 杨　树
插图绘制 于　博　　责任校对 刘　莉　　责任印制 韩　刚

出版发行	高等教育出版社	网　址	http://www.hep.edu.cn
社　址	北京市西城区德外大街 4 号		http://www.hep.com.cn
邮政编码	100120	网上订购	http://www.hepmall.com.cn
印　刷	运河(唐山)印务有限公司		http://www.hepmall.com
开　本	787mm×1092mm　1/16		http://www.hepmall.cn
印　张	17.75	版　次	2007 年 12 月第 1 版
字　数	370 千字		2020 年 11 月第 3 版
购书热线	010-58581118	印　次	2020 年 11 月第 1 次印刷
咨询电话	400-810-0598	定　价	37.60 元

本书如有缺页、倒页、脱页等质量问题,请到所购图书销售部门联系调换

出版说明

　　教材是教学过程的重要载体,加强教材建设是深化职业教育教学改革的有效途径,是推进人才培养模式改革的重要条件,也是推动中高职协调发展的基础性工程,对促进现代职业教育体系建设,提高职业教育人才培养质量具有十分重要的作用。

　　为进一步加强职业教育教材建设,2012 年,教育部制订了《关于"十二五"职业教育教材建设的若干意见》(教职成〔2012〕9 号),并启动了"十二五"职业教育国家规划教材的选题立项工作。作为全国最大的职业教育教材出版基地,高等教育出版社整合优质出版资源,积极参与此项工作,"计算机应用"等 110 个专业的中等职业教育专业技能课教材选题通过立项,覆盖了《中等职业学校专业目录》中的全部大类专业,是涉及专业面最广、承担出版任务最多的出版单位,充分发挥了教材建设主力军和国家队的作用。2015 年 5 月,经全国职业教育教材审定委员会审定,教育部公布了首批中职"十二五"职业教育国家规划教材,高等教育出版社有 300 余种中职教材通过审定,涉及中职 10 个专业大类的 46 个专业,占首批公布的中职"十二五"国家规划教材的 30% 以上。我社今后还将按照教育部的统一部署,继续完成后续专业国家规划教材的编写、审定和出版工作。

　　高等教育出版社中职"十二五"国家规划教材的编者,有参与制订中等职业学校专业教学标准的专家,有学科领域的领军人物,有行业企业的专业技术人员,以及教学一线的教学名师、教学骨干,他们为保证教材编写质量奠定了基础。教材编写力图突出以下五个特点:

　　1. 执行新标准。以《中等职业学校专业教学标准(试行)》为依据,服务经济社会发展和产业转型升级。教材内容体现产教融合,对接职业标准和企业用人要求,反映新知识、新技术、新工艺、新方法。

　　2. 构建新体系。教材整体规划、统筹安排,注重系统培养,兼顾多样成才。遵循技术技能人才培养规律,构建服务于中高职衔接、职业教育与普通教育相互沟通的现代职业教育教材体系。

　　3. 找准新起点。教材编写图文并茂,通顺易懂,遵循中职学生学习特点,贴近工作过程、技术流程,将技能训练、技术学习与理论知识有机结合,便于学生系统学习和掌握,符合职业教育的培养目标与学生认知规律。

　　4. 推进新模式。改革教材编写体例,创新内容呈现形式,适应项目教学、案例教学、情景教学、工作过程导向教学等多元化教学方式,突出"做中学、做中教"的职业教育特色。

　　5. 配套新资源。秉承高等教育出版社数字化教学资源建设的传统与优势,教材内容与数字化教学资源紧密结合,纸质教材配套多媒体、网络教学资源,形成数字化、立体化的教学资源体系,为促进职业教育教学信息化提供有力支持。

为更好地服务教学,高等教育出版社还将以国家规划教材为基础,广泛开展教师培训和教学研讨活动,为提高职业教育教学质量贡献更多力量。

高等教育出版社

2015 年 5 月

前　　言

　　"安全用电"是电气技术应用、电子技术应用及相关专业的专业核心课程。其任务是使学生掌握必须的安全用电基本知识和基本技能,为学生全面提高素质,从事涉电工作打下坚实基础。

　　所谓安全用电,是指在保证人身安全和设备安全的前提下,正确地利用电能以及为此目的而采取的一些科学防范措施和技术手段。安全(safety)就是免除不可接受的风险。

　　安全用电包括人身安全和电气设备安全两个方面。电气安全是一个基础性、综合性极强的技术领域。在安全用电工作中,应该树立"安全第一、以人为本、预防为主"的指导思想。

　　通过学习本书,学生应明确安全用电的概念及其规章制度,掌握基本的防电击技术,学会使用安全用具,掌握电气设备安全运行和触电急救方法,熟悉电气设备防雷、防爆的基本知识,掌握基本的电气绝缘技术等。

　　电能已经广泛应用于国民经济的各个部门并深入人们的日常生活之中。"电"既被人们用作能源,又被用作信息的载体,因而电气安全和安全用电是电力、电子、通信和计算机等诸多领域共同面临的问题,具有广泛性的特征。同时,电气安全又涉及材料选用、设备制造、设计施工和运行维护等诸多环节,具有综合性的特征。再者,电气安全的问题往往发生在人们预期以外的电磁过程,具有随机性和统计规律的特点。因此,电气安全和安全用电问题具有非常丰富的学术内涵和广泛的应用,应该得到足够的重视。

　　科学技术是一把双刃剑。一般来说,一门学科在发展初期,大多以研究和利用其规律为人类造福为主攻方向;而当与此学科相关的工程技术高度发展和广泛应用之后,由于负面效应日益凸显,则如何抑制其危害又成为研究的重点之一。这一规律在汽车、采矿、石油化工和水利、电气、核能、信息技术等行业都得到了验证。

　　本书讨论的电气安全和安全用电包括以下两方面的内容:其一是专业人员(例如电工)在专业场所中(例如工业企业)的电气安全和安全用电;其二是非专业人员在非专业场所(例如民用建筑中的居民)的电气安全和安全用电。前者主要应依靠专业知识和一些安全规章制度来保障人身和设备的安全;后者则主要应依靠一些技术措施以及用电常识来保障人身的安全。

　　我国经济持续快速的发展,促使城市化进程加快,现代化城市居民家庭的电气化水平迅速提高,使得安全用电问题显得更为重要。因此,将电气安全和安全用电问题作为电气工程一个重要的专业方向进行研究,消除长期以来对电气安全和安全用电问题的一些模糊认识,以科学的态度去认识它,用工程技术的手段去应对它,乃是一项十分有意义的工作。基于以上认识,本书将对安全用电和电气安全的相关问题进行讨论。

　　本书内容分为七个单元,分别介绍绝缘材料、过电压及其防护、电击事故及其防护、电气设备安全、电气设备防火与防爆、电气绝缘试验、安全生产与管理等。其中,在电气绝缘试验部分专门介绍了绝缘电阻和吸收比的测量、介质损耗角正切试验和直流耐压试验及泄漏电流的测量等三个试验内容。另外,在本书的附录中还介绍了低压系统按接地形式分类、低压系统按带电导体系统分类、电气设备按电击防护方式分类、接地与等电位联结和触电事故实例等有关安全用电的内容。附录的内容是学习安全用电的一些基础知识,建议读者应先行了解。

本书充分考虑了前两版使用以来读者的意见和要求,力求做到"学生好学,教师好教"。本书特别注重对最新标准、规范的介绍。本书按照现行 GB 50057—2010《建筑物防雷设计规范》、GB 50054—2011《低压配电设计规范》、GB 50343—2012《建筑物电子信息系统防雷技术规范》、GB 50058—2014《爆炸危险环境电力装置设计规范》和 GB/T 4776—2008《电气安全术语》等介绍有关防雷、接地、等电位联结和爆炸危险环境的电气安全问题。

本书教学参考学时为 64 学时,学时分配建议如下:

单元	教学内容	学时
1	绝缘材料	10
2	过电压及其防护	6
3	电击事故及其防护	8
4	电气设备安全	4
5	电气设备防火与防爆	8
6	电气绝缘试验	18
7	安全生产与管理	10

本书由河南工业职业技术学院戴绍基主编,编写了第 2、5、6 单元和附录,并负责全书的统稿、定稿等工作。参加本书编写工作的还有:河南工业职业技术学院彭二宝(第 1 单元),河南工业职业技术学院赵丹丹(第 3 单元),河南工业职业技术学院冯硕(第 4 单元),河南工业职业技术学院李斌胜(第 7 单元)。

本书可作为职业技术院校的电气技术应用、供用电技术、电气运行与控制、电子技术应用等相关专业的教材,也可供有关工程技术人员自学、培训和参考。

本书在编写中参考了一些有关书籍和资料,除在参考文献中列出外,在此表示诚挚的谢意。

限于本人水平,书中难免有一些缺点错误或不足,恳切希望使用本书的读者批评指正。读者意见可反馈至电子邮箱 zz_dzyj@pub.hep.cn。

编　者
2020 年 5 月

目　　录

第 1 单元　绝缘材料

在电气工程中,经常需要采取必要的隔离措施和手段来保证电气设备在安全的条件下正常工作。最基本的方法就是将导体之间、导体与地之间用绝缘材料相互隔离,从而使其保持各自的电位,不让无关的导体之间有电流通过,这种做法称为绝缘。简而言之,绝缘就是不导电,不导电的材料称为绝缘材料,或称电介质(简称介质),因此,电介质也是电气设备的重要组成部分。

电介质的种类很多,就其形态而言,可分为固体电介质、液体电介质和气体电介质。常用的固体电介质有电瓷、环氧树脂、聚乙烯和聚四氟乙烯、橡胶等,液体电介质有变压器油和硅油等,气体电介质有空气、六氟化硫和氮气等。

在实际工程中,电气设备所用的绝缘一般由一种或几种绝缘材料组合而成。良好的绝缘是保证电气设备和输电线路正常运行、防止电击事故的前提条件。为提高设备的可靠性,电介质的用量越来越多,对其性能的要求也越来越高。电气设备的绝缘除应与运行的电压等级相适应外,还要考虑其使用环境、气候等条件。这就需要对各种电介质的特性及其放电机理进行研究。不同的电介质具有不同的电气特性,其基本的电气特性有极化特性、电导特性、损耗特性和击穿特性。这些特性分别用相应的参数来表示,如相对介电常数 ε_r、电导率 γ、介质损耗因数 $\tan \delta$ 和击穿场强 E_j 等。

1.1 电介质的基本特性

一、电介质的极化和相对介电常数

电介质在电场的作用下,其正、负电荷在沿电场方向产生有限位移或转向的现象称为电介质的极化。这时电介质内部电荷的总和仍为零,但产生了一个与外施电场方向相反的电场,如图 1-1 所示。

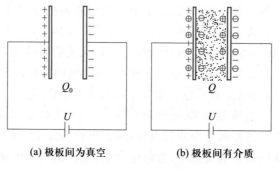

(a) 极板间为真空　　　　　　　　(b) 极板间有介质

图 1-1　电介质的极化

图 1-1(a)所示为真空电介质的平行板电容器,(b)所示为充满其他电介质的平行板电容器。在外加直流电压 U 后,真空电介质的电容器两个极板间的电容量可表示为

$$C_0 = \frac{Q_0}{U} = \frac{\varepsilon_0 A}{d} \tag{1-1}$$

式中　Q_0——极板为真空时,加电压 U 后极板上积聚的电荷,C;

　　　ε_0——真空的介电常数,$\varepsilon_0 = 8.85 \times 10^{-12} \text{F/m}$;

　　　A——极板面积,m^2;

　　　d——极间距离,m。

对图 1-1(b)所示为极板间充满介质的电容器来说,由于电介质的存在,在电场的作用下,电介质会产生极化,在外加电压 U 不变的情况下,要保持电场强度也不变,就必须再从电源中获得一部分电荷 Q',以抵消电介质极化对电场强度的影响。此时极板间的电荷为 $Q = Q_0 + Q'$,电容量为

$$C = \frac{Q_0 + Q'}{U} = \frac{\varepsilon A}{d} \tag{1-2}$$

式中　Q'——极间放入电介质时,极板上电荷的增加量,C;

　　　ε——电介质的介电常数,F/m。

从式(1-1)和式(1-2)可以看出,在加入电介质后两极板间的电荷增加了 Q'。将 C、C_0 之比称为该电介质的相对介电常数,用 ε_r 表示,即

$$\varepsilon_{\mathrm{r}}=\frac{C}{C_0}=\frac{Q_0+Q'}{Q_0}=\frac{\varepsilon}{\varepsilon_0} \tag{1-3}$$

相对介电常数反映了极间放入电介质后的极间电容量与真空时极间电容量的关系。电介质的相对介电常数越大,电介质的极化特性越强,由其构成的电容器的电容量也越大,因此,相对介电常数是表示电介质极化强度的一个物理量。工程中一般采用相对介电常数,各种气体的相对介电常数(ε_{r})均接近于1,常用的液体、固体电介质的相对介电常数(ε_{r})在2~10之间,且各种电介质的ε_{r}与温度、电源频率的关系也不尽相同。

在工程实践中,制造电容器所选用的绝缘材料时,除要注意电气强度外,还希望材料的ε_{r}较大,这可使电容器单位容量的体积和重量减小。对用于电缆和套管中的材料,由于需要良好的导通性能,则希望ε_{r}小,这不仅可减小绝缘材料的损耗,还可使电缆工作时的充电电流减小,使套管的沿面放电电压提高。通常的电气设备都希望ε_{r}较小的绝缘材料,这是为了减小通过绝缘的电容电流以及由此引起的介质损耗,介质损耗是造成绝缘劣化和热击穿的重要因素。高电压设备的绝缘一般由多种不同相对介电常数的材料组合在一起使用。合理地选用不同ε_{r}值的材料,可以改善绝缘材料中的电场分布,充分利用电介质的绝缘强度,因为在交流和冲击电压作用下,串联介质中电场强度的分布与ε_{r}成反比。

二、极化的分类

由于构成电介质的分子、原子结构以及分子、原子运动形式各不相同,在电场的作用下发生极化的方式也不同,常见的极化方式有以下几种。

1. 电子式极化

在电场作用下,电介质原子里的电子产生了相对于原子核的弹性位移,致使正、负电荷作用中心不再重合,形成电矩,这种由于电子位移造成的极化称为电子式极化,如图1-2所示。极化强度与正、负电荷作用中心间的距离成正比,并随外电场的增强而加大。

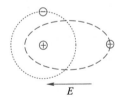

图1-2　电子式极化

在一切气体、液体和固体电介质中均能发生电子式极化,其特点为:形成极化所需的时间极短(因电子质量极小),为$10^{-15}\sim10^{-13}$ s,可看作瞬时完成,故在各种频率的交变电场下均能产生电子式极化;电子式极化具有弹性,即当外电场消失后,依靠正、负电荷间的吸引力,电子又返回到原来的轨道,正、负电荷作用中心又重合。这种极化消耗能量极少,可忽略不计,它不使电介质发热,又称无损极化。

2. 离子式极化

正常情况下,当离子式结构的固体电介质不受电场作用时,虽然电介质中的正、负离子排列无序,但正、负电荷的作用互相抵消,对外不呈现出电极性。当有外加电场时,在电场的作用下,电介质离子内部除发生电子式极化外,正、负离子还按照电场方向排序,发生相对位移而形成极化,这种极化方式称为离子式极化,如图1-3所示。例如,云母、陶瓷等固体无机化合物,在电场作用下,就会呈现出离子式极化。

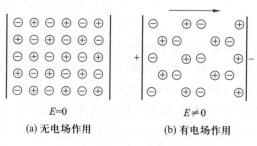

$E=0$

(a) 无电场作用

$E\neq 0$

(b) 有电场作用

图 1-3　离子式极化

　　离子式极化的建立可以认为是瞬时的,也是完全弹性极化,几乎不消耗能量,也属于无损极化。由于极化完成时间很短,离子式结构的固体电介质都会出现这种极化。温度对离子式极化有两方面的影响:一方面温度升高使离子间结合力下降,有利于极化;另一方面温度升高又使离子密度减小,使极化程度降低。一般情况下,前一种因素对离子极化影响较大。

　　3. 偶极子极化

　　在正常情况下,正、负离子作用中心不重合的分子称为极性分子,又称偶极子。在极性分子结构的电介质中,当没有电场作用时,各个极性分子均处在不停地热运动中,分布杂乱,故整个电介质对外不呈现极性。一旦加上外电场,原来因热运动而杂乱分布的极性分子受到一个转矩的作用而顺电场方向转向,进行有秩序的排列,这时单位体积电矩已不再为零,形成偶极子极化,如图 1-4 所示。

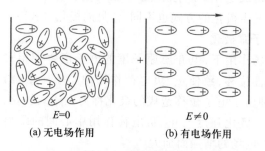

$E=0$

(a) 无电场作用

$E\neq 0$

(b) 有电场作用

图 1-4　偶极子极化

　　由于偶极子的结构远大于原子和离子,当其转向时就需要克服分子间的吸引力而消耗能量,因而属于有损极化,且为非弹性极化。偶极子电介质的极化时间较长,为 $10^{-6}\sim 10^{-2}$ s。在工频电场作用下,极性分子结构电介质的介电常数与电场频率有关,介电常数与电源的频率成反比,频率升高介电常数将减小。

　　介电常数与温度的关系较为复杂,温度升高时,分子间联系力削弱,极化将加强;但与此同时,由于分子的热运动加剧,又妨碍了分子沿电场方向的有序排列,而使极化减弱。当温度较低时,介电常数随温度升高而增大,而当升高到某一温度值后介电常数则降低。对极性气体电介质,由于分子间联系较弱,主要是后者起作用,故常具有负的温度系数。

　　具有极性分子的电介质称为极性电介质,纤维素、胶木、橡胶、氧化联苯以及蓖麻油等都是常用的极性电介质。

4. 夹层极化

高压电气设备的绝缘常由几种不同的材料组成,存在不同电介质间的分界表面,可看作是分层电介质绝缘,这种电介质在外电场作用下的极化称为夹层极化。夹层极化过程特别缓慢,所需时间从几秒钟至几十分钟甚至更长,且伴随有能量损耗,也属于有损极化。夹层极化的发生是由于各层电介质的介电系数不同,其电导率也不同,当外施电压后,刚开始时各层电介质间的场强分布与介电常数成反比,随着时间的增加,达到稳定状态后的场强则与电导率成反比。下面以平行平板电极间的双层电介质为例,分析电介质夹层极化形成的过程。

如图 1-5 所示,C_1、C_2 分别为两种电介质的电容,G_1、G_2 分别为两种电介质的电导。在 S 刚闭合的瞬间(设 $t=0$ 时刻闭合),电压由零很快升到 U,电流主要流过电容,电导相当于开路,这时两层电介质的电压分配与各层的电容成反比,即

$$\left.\frac{U_1}{U_2}\right|_{t=0}=\frac{C_2}{C_1} \tag{1-4}$$

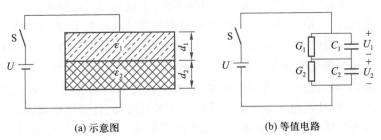

(a) 示意图　　　　　　　　(b) 等值电路

图 1-5　双层介质的夹层极化

到达稳态时(认为此时 $t\to\infty$),电容相当于开路,电流全部经电导流过,各层电介质上的电压与电导成反比,即

$$\left.\frac{U_1}{U_2}\right|_{t=\infty}=\frac{G_2}{G_1} \tag{1-5}$$

假如极板间的电介质为单一的均匀电介质,且 $C_1=C_2$,若 $G_1=G_2$,则有 $\dfrac{C_2}{C_1}=\dfrac{G_2}{G_1}$,所以 $\left.\dfrac{U_1}{U_2}\right|_{t=0}=\left.\dfrac{U_1}{U_2}\right|_{t=\infty}$。也就是说,S 闭合以后,单一电介质之间不存在电压重新分配的现象。当 $\dfrac{C_2}{C_1}\neq\dfrac{G_2}{G_1}$,则有 $\left.\dfrac{U_1}{U_2}\right|_{t=0}\neq\left.\dfrac{U_1}{U_2}\right|_{t=\infty}$,即 C_1、C_2 上的电荷要重新分配。设 $C_1<C_2$,$G_1<G_2$,则在 $t=0$ 时,$U_1>U_2$;而当 $t\to\infty$ 时,$U_2>U_1$。这样,当 $t>0$ 后,随着时间 t 的增大,U_1 逐渐下降,而 U_2 逐渐增高。于是 C_1 上一部分电荷要通过 G_1 泄放,而 C_2 却要从电源经 G_2 吸收一部分电荷(常称吸收电荷)。于是在两层电介质的分界面上将积聚自由电荷,这一过程就是夹层电介质分层界面上电荷的重新分配过程。由于电导较小(电阻很大),致使吸收过程较缓慢,故夹层极化的时间较长,并有能量损耗。当外加电压去掉后,电介质内部吸收的电荷要释放,也比较缓慢。但是当电介质受潮或劣化时,电导增大,电荷的吸收或释放时间就大大缩短,利用这一特

性,可以通过测量吸收比来检查绝缘体是否受潮或劣化。

同样,对刚使用过的大电容设备,采用将两极短接的办法(增大电导),可以使电容快速放电,以免危及人身安全。

三、电介质的电导

任何物质在各种结构及各种物态(如气态、液态和固态等)下,都不同程度地具有传导电流的能力。因为每种物质多少具有一些可以自由移动的电子或离子,在电场作用下,它们将沿电场的方向移动,从而形成电流,因而具有一定的电导。

固态或液态金属受到电场作用时,其中的自由电子在电场的作用下定向运动形成电流,电流通过这类物质不会改变其结构和性能,但电子的移动会受到金属离子晶格的影响。热运动使离子间距时大时小;温度越高,离子晶格振幅越大,对电子的移动影响也越大,并使电子把自己的部分能量传递给离子晶格;于是金属导体表现出电阻及发热现象,且电阻随温度的升高而增大。

电介质电导与金属电导有所不同,不仅是两者电导率的差别很大,且在绝大多数情况下,电介质电导是由电介质中游离出来的电子、离子在电场作用下移动造成的,导电能力主要取决于电介质中的游离电子和离子的多少;而游离电子和离子的产生又靠电介质本身分子和杂质分子的化学分解或离解。电介质的电导随温度增加而剧增;这是因为温度增加时,离子获得的热动能增大,容易克服周围异性电荷的束缚,使在电场中定向运动的离子数目增加,且速度也增大,有利于离子的迁移。这与金属的电导恰恰相反。故在测量绝缘电阻时,必须考虑温度的影响。例如,变压器、发电机刚退出运行时绝缘电阻比冷态时要低很多。测量电介质的绝缘电阻时最好在同一温度下测量,以便于比较。电介质的电导率 γ 与温度的关系可用式(1-6)来表示

$$\gamma = A e^{-\frac{B}{T}} \tag{1-6}$$

式中　　A、B——常数;

　　　　T——绝对温度。

电介质的电导特性一般用电阻来表示,称为电介质的绝缘电阻。它的另一个重要特点是绝缘电阻值与加压时间有关,表现为当电介质加以直流电压时,常观察到通过电介质的电流随时间而减小并趋向于某一稳定值。该稳定值是电介质中载流子做定向移动形成的泄漏电流,随时间而变化的电流量是由极化过程引起的位移电流。去掉电压后,将电极短路时,发生反向的放电电流(类似情况在测绝缘电阻时也会发生,当反向放电电流大时,应注意保护兆欧表)。这种现象称为介质的吸收现象,它由缓慢极化过程产生的位移电流引起,这种位移电流常称为吸收电流,它包括偶极子极化及夹层极化所引起的电流。电流达到稳定的泄漏电流 I 时的电阻称为绝缘电阻。一般情况下,加上直流电压约 1 min,泄漏电流即可达到稳定值,所以,在测量设备的绝缘电阻或泄漏电流时,应在加压一段时间后进行。此时,吸收电流很小或降到零值,电流值趋于稳定。工程上一般规定加压 1 min 后测得的值作为绝缘电阻或泄漏电流值。

此外,固体电介质的电导还和它的宏观结构有关。例如,多孔性绝缘材料如纤

维材料的电导随大气湿度的增加而剧增,使用时应采取防潮措施;而结构致密的电介质则没有这种现象。置于空气中的变压器油等液体电介质,其电导也随大气湿度的增加而增加,应注意减少其和空气的接触面或采取其他措施(例如,用氮气使变压器油与空气隔离)。对固体电介质而言,其泄漏电流由两部分组成,一部分为通过电介质本身体积的泄漏电流 I_v,另一部分为沿电介质表面的泄漏电流 I_s;对应的电阻分别为体积电阻 R_v 和表面电阻 R_s。绝缘电阻 R 可以看作由这两部分电阻并联而成,即

$$R = \frac{R_s R_v}{R_s + R_v} \tag{1-7}$$

由于电介质的表面一般暴露在外面,因而其表面电阻受潮湿、污垢等的影响很大,为了准确测量绝缘电阻,测量前应将电介质表面进行清洁处理,或采取措施减少表面泄漏电流的影响。

下面分别讨论气体、液体及固体电介质的电导以及分层电介质的极化与电导。

1. 气体电介质的电导

气体电介质的电导极小,这表明气体可作为优良的绝缘材料来使用。当气体用作绝缘材料时,加于气体间隙的电压,不应超过其击穿电压;故线路及电气设备的额定工作电压越高,其空气间隙也越大,只要气体的工作场强低于游离场强,就不必考虑气体电导,因为其值很小。

2. 液体电介质的电导

液体电介质中的载流子主要有两种,一种是构成液体的基本分子或杂质分子离解后产生的离子,它们构成离子电导;另一种是液体中的胶体质点(即胶状杂质粒子,如变压器油中悬浮的小水滴、碳渣及树脂等)吸附离子或极性分子而带有一定的电荷,它们沿电场方向移动,构成电泳电导。

中性液体电介质本身分子的离解极微,其电导主要由杂质离子构成。极性液体的电导除杂质形成外,还与本身分子离解形成的离子有关,故其电导率较高。强极性液体已是离子半导体而不是电介质,因其本身电导很大,不能用作绝缘。显然,强极性液体不应用作绝缘的液体。但工程上用的液体电介质,不可避免会出现杂质,因而电导率大大增加。这些杂质中以水分的影响为最大。当油中杂质太多时,绝缘性能下降很大,甚至不能再用。这时应采取相应的技术措施,进行再生处理,使之恢复绝缘性能(如变压器油的过滤与再生)。

当温度升高时,液体粘度变小,同时分子的离解度增加。前者使离子的迁移率增大,后者使离子数目增加。因此,离子电导和电泳电导都随温度而上升。

综上所述,影响液体电介质电导的外界因素主要有两个:一是杂质,二是温度。

3. 固体电介质的电导

固体电介质的电导和液体相似,由本身的离子和杂质的离子构成。固体电介质本身离子电导很小,所以一般在温度不是太高的情况下,总是杂质电导起主要作用。

固体电介质的电导与温度的关系和液体电介质相似,也具有指数关系,温度升

高时,主要是自由离子数目增加而使电导增大。

流过固体电介质的电流,根据流过的路径可分为流过表面的表面电流和流过电介质体内的体积电流。前者对应于电介质的表面电导(或表面电阻),后者对应于电介质的体积电导(或体积电阻)。干燥、清洁的固体电介质,表面电导很小,所以表面电导主要是附着于电介质表面的水分和其他污垢引起的。电介质表面极薄的一层水膜就能造成明显的电导,水膜越厚则电导越大;如再叠加污垢,则表面电导将显著增大。表面电导主要取决于外界的因素,但各种材料吸附水分的能力不同,故可将表面电导看作电介质本身的一种性能。

对一些防潮性能较差的绝缘结构,采取表面处理的措施,可有效地增大表面电阻。例如,绝缘子表面涂复合硅有机物薄膜等,用于污垢环境有良好的效果。又如有胶木外壳的设备,在胶木外壳表面涂刷一层环氧漆,以防止严重受潮,提高表面电阻。当使用多孔性结构的电介质(如纸、纤维板等)时,应经过干燥浸渍处理,容器要密闭,以防止受潮。

由于电介质表面对外部的污垢和吸潮的影响非常敏感,所以表面电流比体积电流受环境条件的影响要大得多,它是不稳定的。分别对这两种电流进行测量是必要而有意义的,它可使我们清楚地了解电介质内部的以及电介质表面的绝缘状况。

4. 直流电压下不均匀电介质的吸收现象

工程中用的绝缘材料,大多数是由分层的多种电介质所组成。例如,变压器油中的油屏障绝缘是油和间隔纸板的组合;电缆中的油浸纸绝缘由纤维和油组成;电机绝缘可由云母、衬垫物和胶合剂等组成。分层电介质可能有完全不同的介电性能,如介电常数和电导率不同。这种不均匀性的程度,可通过分层电介质的内部极化现象来判断。分层绝缘的电气设备,当发生绝缘局部老化和受潮时,其分层电介质的不均匀程度将更加突出,据此可判断运行中设备的绝缘是否老化和受潮。

夹层电介质在加上直流电压并达到稳态时,会伴随着吸收过程的存在,该过程形成的电流称为吸收电流。吸收电流是随时间缓慢变化的,当电荷的重新分配进行完毕后,则吸收电流等于零。从电路上看,吸收电流是一个经电阻向电容充电的充电电流,它按指数曲线衰减而最终降为零。吸收电流的持续时间与电容、电导的大小有关,可持续几分之一秒、几十秒、几分钟甚至几十分钟。电介质的电导越大,吸收电流衰减越快,持续时间也越短。在温度升高时,吸收现象衰减也会加快,因为电介质的电导增加了。吸收现象是可逆的,充电时电介质内部积累的电荷在放电时会释放出来,其变化规律和充电时类似。

5. 泄漏电流和电导在工程应用上的意义

高压设备绝缘良好时,吸收电流持续时间较长(按指数关系衰减);而受潮劣化的绝缘吸收现象难以在测试中反映出来,所以工程上常用测量绝缘的吸收比来判断绝缘是否劣化和受潮。吸收比 K 由下式定义

$$K = \frac{R_{60}}{R_{15}} \tag{1-8}$$

式中　R_{60}——加压测量开始后 60 s 时的绝缘电阻值;

R_{15}——加压测量开始后 15 s 时的绝缘电阻值。

在绝缘预防性试验中,一般都要测绝缘电阻和泄漏电流,以判断绝缘是否受潮或有其他劣化现象。在这种试验中必须注意将表面泄漏区别开来。对于电缆、电容器及大型电机等电容量大的设备,绝缘良好时,泄漏电流很小;绝缘受潮或有局部缺陷时,泄漏电流明显增加。此外,绝缘良好时,绝缘电阻为一常数,即不随外加电压改变,泄漏电流与外加电压呈线性关系;若泄漏电流有急剧增长现象,一般表明绝缘存在问题。

有些情况下要设法增大绝缘表面的电导率,例如,在高压套管法兰附近涂上半导体釉,高压电机定子绕组出槽口部分涂半导体漆等,都是为了改善电场分布,降低这些地方的电场强度,以消除电晕。又如用于污垢环境的绝缘子,表面涂半导体釉以增大表面电导率,使泄漏电流增大,加热污垢,从而提高绝缘子串的闪络电压。

四、电介质的损耗

在电场作用下,任何电介质都会有能量损耗。其中,一部分是由电导引起的电导损耗,一部分则是由于极化的存在而形成的极化损耗。同一种电介质在不同电场作用下,其损耗也不同。电介质的能量损耗又称介质损耗,它是导致电介质发生热击穿的根源。单位时间内消耗的能量称为介质损耗功率。电气设备的介质损耗应尽可能小,其值之大小是鉴别绝缘品质的重要指标之一。

1. 直流电压作用下的介质损耗

当直流电压加在电介质上时,因电场的方向不会发生改变,也就没有周期性的电介质极化,所以极化损耗可以忽略不计。电介质中的损耗主要为电导引起的损耗,用电介质的体积电导及表面电导两个物理量就能表达电介质的品质。这时用电导率就可以表达电介质的损耗特性。

2. 交流电压作用下的介质损耗

当交流电压作用于电介质时,电介质就处于交变电场之中,根据介质损耗物理特性的不同,可分成下面几种形式。

（1）电导损耗

实际电介质总有一定的泄漏电导,在电场作用下,电介质中会有泄漏电流引起电导损耗。通常气体中的电导损耗很少,而液体与固体中的电导损耗则与它们的成分和结构有关。因为液体、固体的漏电导随温度上升按指数规律增大,所以电导损耗也会随温度的增加而急剧增加。

（2）极化损耗

由前面的分析可知,建立得极快的极化过程(电子式或离子式极化),实际上不产生能量损耗,对应这一过程的电流是纯电容电流。只有缓慢极化过程才引起能量损耗,如偶极子的极化损耗。在交流电场作用下,电介质中偶极子反复地沿交变电场重新排列,这种排列需要克服质点间的相互作用力而做功,从而引起能量损耗,这种损耗称为极化损耗。极化损耗与温度有关,在某温度值时损耗最大;也与电场频率有关,在某个频率下损耗也存在最大值。在使用电介质时,应避免最大极化损耗的出现。

不均匀电介质夹层极化是另一种形式的极化损耗。在交变电场作用下,夹层电介质边界上的电荷,时而积累,时而消失,电荷的消失和积累都要经过电介质内部,这也会引起一定的能量损耗。

（3）游离损耗

气体在正常情况下的电导损耗很小,所以常用作标准高压空气电容器的电介质。但当外加电场强度超过气体的起始游离电场强度时,气体即开始游离;伴随着游离过程,气体中出现光、声、化学等效应,引起能量损耗;特别是运动的离子与气体分子碰撞时,将能量传给分子,使分子热运动加剧和电介质发热,这时消耗的能量更大。

当固体电介质中含有气泡时,如外施电场强度超过气泡的击穿场强,将发生气泡游离现象。这种局部的游离虽不致引起电介质全部击穿,但会引起局部损耗急剧增大,使固体绝缘有热击穿的危险。同时游离产生的臭氧和一氧化氮,对有机绝缘材料会起腐蚀作用。

综上所述,在交流电压下,介质损耗除由电导引起的损耗外,还有周期性极化等引起的其他损耗存在,所以电介质的损耗也就远大于直流电压下的损耗。因此,必须引入一个新的物理量来表征电介质的这个特性,即工程上常用的"介质损耗角正切"（$\tan \delta$,δ 为介质损耗角）,它可描述电介质在交变电场中电能量消耗方面的性能。

3. 等值电路及计算公式

电介质无论是受到直流电压还是交流电压的作用,均可以用图 1-6 所示的等值电路来表示。在电路中,R 相当于电导引起的有功损耗,r 代表有损极化过程中引起的有功损耗。当施加直流电压时,电介质中将流过三种电流:瞬时充电电流 $\dot{i}_C$、吸收电流 $\dot{i}_a$ 和漏电导电流 $\dot{i}_g$,因只有电导引起的损耗,故可用电导来表示电介质的特性;如果施加交流电压,由于交变电场的存在,则充电时有电容电流存在,它超前电压 90°,产生无功损耗;同时也有漏电导电流,它与电压同相位,引起电介质的有功损耗;而由缓慢松弛极化（如偶极子极化和不均匀电介质中的夹层极化等）所建立的吸收电流中,既有无功损耗分量,也有有功损耗分量。图 1-6 所示为电介质的等值电路图,对应图 1-6 的电介质等值电路的相量图如图 1-7 所示。

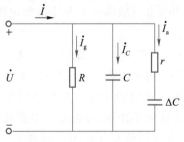

图 1-6　电介质的等值电路图

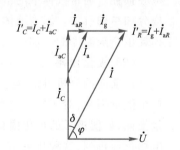

图 1-7　电介质等值电路的相量图

为便于计算,将图 1-6 的等值电路进一步简化为图 1-8、图 1-9 所示的电阻和电容的串并联等值电路。

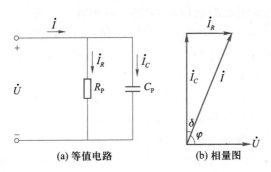

图 1-8 介质损耗的并联等值电路图

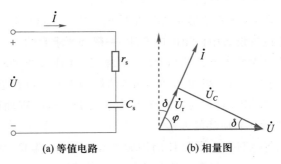

图 1-9 介质损耗的串联等值电路图

略去推导,对于图 1-8 所示的并联等值电路,可得

$$\tan \delta = \frac{I_R}{I_C} = \frac{U/R_P}{U\omega C_P} = \frac{1}{\omega C_P R_P} \tag{1-9}$$

$$P = UI_R = UI_C \tan \delta = U^2 \omega C_P \tan \delta \tag{1-10}$$

对于图 1-9 所示的串联等值电路,可得

$$\tan \delta = \frac{U_r}{U_C} = \frac{Ir_s}{I/(\omega C_s)} = \omega C_s r_s \tag{1-11}$$

$$P = I^2 r_s = \left(\frac{U}{Z}\right)^2 r_s = \frac{U^2}{r_s^2 + \left(\frac{1}{\omega C_s}\right)^2} r_s = \frac{U^2 \omega C_s \tan \delta}{1 + \tan^2 \delta} \tag{1-12}$$

由于上述电路为同一种电介质的等值电路,其消耗的有功损耗是相等的。因而有

$$C_P = \frac{C_s}{1 + \tan^2 \delta} \tag{1-13}$$

这里,全电流 I 滞后充电电流 I_C,滞后角为 δ,δ 称为介质损耗角。而 $\frac{\pi}{2} - \delta = \varphi$,$\varphi$ 称为功率因数角;$\tan \delta$ 称为介质损耗角正切,也称介质损耗因数,工程上常用它作为衡量介质损耗的参数,并常用百分数表示。$\tan \delta$ 的物理意义可看作有功电流和

11

无功电流(或有功损耗和无功损耗)的比值。

由于 $\tan\delta$ 的值一般很小，$1+\tan^2\delta\approx1$，所以 $C_p=C_s$。于是

$$P=U^2\omega C\tan\delta \qquad\qquad (1-14)$$

式中　P——介质损耗，W；

　　　U——外施电压，V；

　　　C——电气设备的电容量，F；

　　　ω——电源角频率，rad/s。

对某一具体设备而言，它使用在一定的电压和电源频率下，且电容量也是定值，所以 U、ω、C 是不变的，因此，P 和 $\tan\delta$ 成正比，即介质损耗角 δ 或其正切值 $\tan\delta$ 表示了电介质在能量损耗方面的性能。

通常用 $\tan\delta$ 来衡量介质的介质损耗性能，$\tan\delta$ 是绝缘测试中的一个重要参数。对于电气设备中使用的电介质，一般都要求它的 $\tan\delta$ 越小越好。例如，35 kV 及以下的电力变压器，连同套管一起，在 20 ℃下要求 $\tan\delta\leqslant2\%$。当绝缘受潮或劣化时，有功电流明显增加，会使 $\tan\delta$ 值剧烈上升。也就是说，$\tan\delta$ 值能够敏感地反映绝缘质量。因此，在要求较高的场合，需进行介质损耗试验。

4. 影响介质损耗的因素

影响绝缘材料介质损耗的因素主要有频率、温度、湿度、电场强度和辐射等。具体影响过程比较复杂。从总的趋势来说，随着上述因素的增强，介质损耗也呈增加的趋势。

1.2　气体放电的基础知识

极化、电导和损耗是电介质在弱电场作用下所表现的固有电气性能。而在强电场作用下，当电场强度超过某一临界值时，电介质将丧失绝缘性能而转变为导体，这种现象称为电介质的击穿；相应的电压和电场强度分别称为击穿电压(或电介质的耐受电压)和击穿电场强度(或电介质的抗电强度)。

在电力系统中，气体(尤其是空气)是普遍使用的电介质。很多场合都用空气作为绝缘材料，例如，架空输电线路、母线之间、隔离开关处于断开状态时等都是完全依靠空气作为绝缘的。实际工程中还会遇到气体沿固体绝缘表面的放电问题；有些设备的绝缘外部充满空气，空气成为绝缘的一部分，例如干式变压器。此外，在液体或固体电介质内部或多或少总会含有一定的气体杂质，电介质的损耗往往是由于这些气体杂质的放电引起的。要正确地解决这些问题，就需要了解气体的放电过程，认识气体的击穿规律，并进而了解和认识液体及固体电介质的击穿规律。

处于正常状态并且没有受到外界能量作用的气体是完全不导电的。由于来自空中的紫外线、宇宙射线以及来自地球内部的辐射线的作用，通常气体中总存在少量的带电粒子。在电场作用下，这些带电粒子沿电场方向运动，形成电导电流。一

般把气体在电场作用下发生导通电流的现象称为气体放电现象。

气体通常并不是理想的绝缘电介质。但在电场较弱时,由于气体内带电粒子很少,气体的电导极小,气体仍是一种优良的绝缘体。

当加于气体间隙上的电场强度达到一定数值时,通过气体的电流会突然剧增,从而使气体失去绝缘的性能。气体这种由绝缘状态变为良导电状态的过程称为击穿。当击穿过程发生在气体与液体或气体与固体的交界面上时,称为沿面闪络(有时笼统地称为击穿和闪络放电)。气体发生击穿或闪络时,除电导突增外,还常常伴随有发光及发声等现象。使气体发生击穿或闪络的最低临界电压称为气体的击穿电压,又称为气体的放电电压。

一、气体放电的主要形式

多年来,人们对气体放电进行了大量的试验和研究,积累了丰富的资料,在不同的条件下(气体压力、电源能量、电极形状等),会出现不同的气体放电现象,一般有以下几种放电形式。

1. 火花放电

在大气压力下,当加在气体间隙两极上的电压达到一定值时,气体突然产生明亮的火花,火花从一个电极伸展到另一个电极。在电源功率不大和电能不足时,这种火花会瞬时熄灭,接着又再次发生,并往往伴有"叭叭"声,这种放电称为火花放电,如大气中的雷电现象。

2. 辉光放电

外施电压增加到一定值后,通过气体的电流明显增加,气体间隙两极同整个空间忽然出现发光现象,这种放电形式称为辉光放电。辉光放电的电流密度较小,放电区域通常占据整个电极间的空间。荧光灯和霓虹灯中的放电就是辉光放电的例子。

3. 电晕放电

当电极的曲率半径很小或电极间距离很大、电场很不均匀时,随着外施电压的升高,正电极尖端附近会出现暗蓝色的放电微光,并发出"咝咝"的声音;如不继续提高电压,放电就局限在较小的范围内,成为局部放电。发生电晕放电时,气体间隙的大部分尚未丧失绝缘性能,放电电流很小,间隙仍能承受电压的作用;如电压继续升高,从电晕电极伸展出许多较明亮的较细放电通道;若电压再升高,最后整个间隙才被击穿。各种高压装置的电极尖端,常常发生这种电晕放电。

4. 电弧放电

当气体间隙两极的电源功率足够大且回路阻抗很小时,气体发生火花放电之后,便立即发展至对面电极,出现非常明亮的连续弧光,形成电弧放电;发生电弧放电时,电弧的温度极高,电流密度极大,电路具有短路的特征,如交流电弧焊和母线弧光接地等。

二、带电粒子的产生和消失

如上所述,气体间隙在电场作用下会发生放电,这说明气体中有大量带电粒子产生;气体间隙击穿以后,若将电压除去,气体又能恢复到它原来的耐电强度,这说明气体中的带电粒子会消失。因此,带电粒子的产生是气体放电的首要前提。下面详细介绍气体中的带电粒子是怎样产生和消失的。

1. 带电粒子的产生

气体原子由带正电荷的原子核和带负电荷的电子组成,电子围绕带正电荷的原子核沿不同半径的圆形或椭圆形轨道旋转。正常情况下,电子处于离核最近的轨道上,当原子获得外加能量后,一个或若干个电子有可能跳到离核较远的轨道上去,这个过程称为激励;产生激励所需的能量等于该轨道和原轨道的能级差。激励后的状态是不稳定的,电子将自动返回原来的轨道上去,这时,产生激励时所吸收的外加能量将以辐射能(光子)的形式释放。如果原子获得的外加能量足够大,电子还可跃迁至离核更远的轨道上去,甚至摆脱原子核的约束而成为"自由电子"。这时原来中性的原子发生了电离,分解成两种带电粒子——电子和离子,使基态原子或分子中结合最松弛的那个电子电离出来所需的最小能量称为电离能。不同原子的电离能是不同的。引起气体分子电离所需的能量可以是光能、热能、机械(动)能等,所对应的电离过程分别称为光电离、热电离和碰撞电离等。

(1) 光电离

各种可见光都不能使气体直接发生光电离,紫外线也只能使少数几种电离能特别小的金属蒸气发生光电离,只有那些波长更短的高能辐射线(如 X 射线、γ 射线等)才能使气体发生光电离。在气体放电过程中,能导致气体光电离的光源,除外界的高能辐射线外,气体中的带电粒子复合时,也会释放出辐射能而引起新的光电离。

(2) 热电离

在常温下,气体分子发生热电离的概率极小,气体中已发生电离的分子数与总分子数的比值称为该气体的电离度。图 1-10 所示为空气的电离度 m 与温度 T 的关系曲线。可以看出:只有在温度超过 10 000 K 时(如电弧放电情况)才需要考虑热电离,而在温度达到 22 000 K 时,几乎全部空气分子已处于热电离状态。

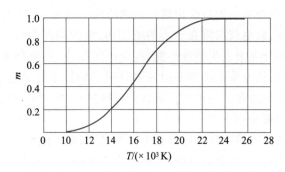

图 1-10　空气的电离度 m 与温度 T 的关系曲线

(3) 碰撞电离

在电场中获得加速的粒子(如电子、离子等)与中性原子碰撞时,可以把自己的动能传递给后者而造成中性原子的电离,从而产生更多的带电粒子,这一现象称为碰撞电离。运动粒子的能量越大,碰撞以后发生电离的可能性就越大。碰撞电离是气体中产生带电粒子的重要原因之一。

碰撞电离是气体中产生带电粒子的最重要的方式,主要的碰撞电离均由电子完成。离子碰撞中性分子并使之电离的概率要比电子小得多,所以在分析气体放电发展过程时,往往只考虑电子所引起的碰撞电离。

上述三种电离是发生在气体空间中的电离,称为空间电离。

（4）表面电离

电子从金属表面和电极上发射出来称为表面电离。表面电离也需要能量,根据能量的不同,可以采用不同方法向电极提供能量,如对电极加热、用离子撞击电极、短波光线照射和强电场作用等都可以使电极发射电子,各种电子管和显像管就是利用加热电极来发射电子的。

电子从金属表面逸出需要一定的能量,称为逸出功。各种金属的逸出功是不同的,详见表1-1。

表 1-1　部分金属的逸出功

金属名称	逸出功/eV	金属名称	逸出功/eV
铝（Al）	1.8	铜（Cu）	3.9
银（Ag）	3.1	氧化铜（CuO）	5.3
铁（Fe）	3.9	铯（Cs）	0.7

2. 带电粒子的消失

气体放电过程中,除了不断电离产生带电粒子外,还存在相反的过程——带电粒子的消失。带电粒子的消失主要有以下几种形式:

① 带电粒子在正电场作用下做定向运动,使带电粒子逐渐地向电极运动,并形成电流,从而减少了气体中的带电粒子。

② 带电粒子的扩散。由于各个区域电离的强烈程度不一样,使气体中带电粒子的分布不均匀,在热的作用下,这些带电粒子会从浓度高的区域向浓度低的区域移动,形成扩散,同样减少了气体中带电粒子的数目。

③ 带电粒子的复合。气体中的正离子与负离子或电子相遇,会发生电荷的传递而互相中和,还原成为分子,这一过程称为复合。由于带电粒子的不断复合,带电粒子的数目就越来越少。但在复合过程中会以光辐射（光子）的形式释放能量。

④ 吸附效应。某些气体的中性分子或原子对电子有较强的亲和力,当电子与其碰撞时,便被吸附其上形成负离子,同时放出能量,这种现象称为吸附效应。吸附效应能有效地减少气体中的自由电子数目,从而对碰撞电离中最活跃的电子起到强烈的束缚作用,大大抑制了电离现象的发展,因此,也可将吸附效应看作是一种去电离的因素。容易吸附电子形成负离子的气体称为电负性气体,如氯、氟、水蒸气和六氟化硫（SF_6）等,其中,SF_6的吸附效应最为强烈,所以其电气强度远大于一般气体,因而被称为高电气强度气体。六氟化硫（SF_6）在高压开关电器中得到了广泛应用。

气体中电离与去电离这对矛盾的发展过程将决定气体的状态。当电离因素大于去电离因素时,气体中带电粒子会越来越多,最终导致气体击穿;当去电离因素大于电离因素时,则气体中的带电粒子将越来越少,最终使气体放电过程消失而恢复成绝缘状态。因此,在生产实际中,人们根据需要,可以人为地控制电离或去电离因素。例如,在高压断路器中,为了迅速切断电路,就需要加强电弧通道中的去电离因素,采取各种措施增大带电粒子的扩散能力和带电离子的复合速度,以及采用吸附效应强烈的 SF_6 高电气强度气体等。

SF_6 气体广泛应用于高压电气设备。还有一种用 SF_6 气体作为绝缘介质的全封闭组合电器(GIS),结构紧凑,安全可靠。

1.3　均匀电场中的气体放电

若电场中各处电场强度的大小相等且方向相同,则称均匀电场,例如,尺寸比极间距离大得多的平行平板电极间的电场就是一种均匀电场。

下面主要讨论在均匀电场中气体放电的物理过程,并介绍均匀电场中交、直流电压作用下的气体击穿电压。

一、非自持放电和自持放电

图 1-11 所示为放电实验电路图。在外部光源(天然辐射或人工光源,如紫外线)照射下,两平行平板电极间的气体由于电离而不断产生带电粒子。在电极间施加电压后,带电粒子沿电场运动,电路中出现电流。外施电压 U 逐渐升高,电流 I 也随之发生变化。气体中电压和电流的关系曲线如图 1-12 所示。起初,电流随电压升高而升高,这是由于间隙中带电粒子运动速度加大的缘故。当电压升高到超过 U_A 时,由于单位时间内外部光源使间隙中电离产生的带点粒子数基本不变,所以尽管电压升高,电流也不会增加,如图 1-12 中 AB 段所示。也就是说,这时的电流仅取决于外部电离因素,而和电压无关。当电压升高到 U_B 以后,又出现电流的增长,这是由于电压升高,电场增强,引起了气体间隙内碰撞电离的加强,产生了更多的带电粒子。电压升高到某一临界值 U_C 时,电流急剧增大,气体间隙击穿,并伴有发光、发声等现象。

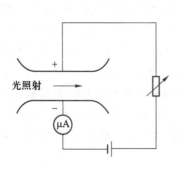

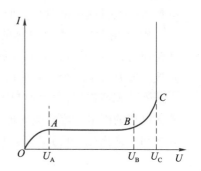

图 1-11　放电实验电路图　　图 1-12　气体中电压和电流的关系曲线

外施电压小于 U_c 时,间隙内虽有电流,但其数值很小,通常为微安数量级,而且这时电流要依靠外电离因素(如光源照射)才能维持。如果这时取消外电离因素,那么电流也将消失。这类依靠外电离因素的作用而维持的放电称为非自持放电。

当电压达到 U_c 以后,情况就有了变化,气体中发生了强烈的电离,电流剧增,间隙击穿。同时气体中电离过程可以只依靠电场的作用自行维持,不再需要外电离因素。这种只需要电场的作用而维持的放电称为自持放电。由非自持放电转入自持放电的电压称为放电起始电压。

二、汤逊放电理论

20世纪初,汤逊(J.S.Townseen)从均匀电场、低气压条件下的气体放电实验出发,总结出较系统的气体放电理论,阐述了气体放电过程,并确定了放电电流与击穿电压之间的函数关系。

图1-13中,在光源的照射下,阴极电极表面发生光电离产生电子(初始电子),并在电场作用下向正极方向运动。当两极间电压升高、电场增强时,电子动能达到足够数值,就引起了气体的碰撞电离。电离以后产生的第二代电子和初始电子由电场获得动能,在气体中发生新的碰撞,产生第三代电子。这样电子数目一代一代倍增,如同"雪崩"一样,形成了所谓"电子崩"。这样,带电粒子剧增,放电电流也急剧上升。汤逊放电理论也称电子崩理论。

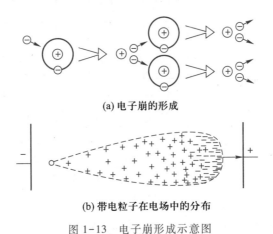

(a) 电子崩的形成

(b) 带电粒子在电场中的分布

图1-13　电子崩形成示意图

此外,在气体内的碰撞电离过程中,同时产生电子和正离子。正离子在电场作用下向阴极移动,在到达阴极附近时,或者由于加强了阴极的场强,或者由于正离子撞击阴极表面,使阴极表面发生电离,产生电子发射,新发射的电子从电场中获得动能并参与气体中的碰撞电离,使"电子崩"现象加剧。这时气体的放电即为自持放电。

综上所述,汤逊放电理论的结论是:电子碰撞电离是气体放电的主要过程,而电极的表面电离产生电子发射是维持气体放电的必要条件。

三、巴申定律

巴申（Paschen）在汤逊之前（1889 年）由低气压范围的实验总结出一条气体放电的定律，称为巴申定律。巴申定律的内容是：当气体成分和电极材料一定时，气体间隙击穿电压（U_J）是气体压力（p）与两电极之间距离（d）乘积的函数，即

$$U_J = f(p \times d) \tag{1-15}$$

图 1-14 所示为均匀电场中几种气体击穿电压 U_J 与 $p \times d$ 的关系曲线。由曲线可见，随着 $p \times d$ 的变化，击穿电压 U_J 有一个最小值。其所以有最小值，可以用汤逊理论解释如下：当电极间距离 d 保持不变而改变气压 p 时，若压力降低，气体密度变小，电子在运动中碰撞的机会就减小，此时只有提高电压以增加电子的能量，才能产生足够的碰撞电离，使气体击穿，因此气体击穿电压提高。当压力增大时，气体密度加大，虽然碰撞的机会增多，但也正由于碰撞过于频繁，能量不断消耗，不易积聚起足以引起碰撞电离所需的能量，因而也只有提高电压才能使气体发生碰撞电离。因此气体击穿电压也要提高。同样，当压力 p 固定而改变电极间距离 d 时，若距离变大，只有提高电压，才能维持使气体发生碰撞电离的电场强度，进而使气体击穿。若距离减小，电场强度将增大，电子走完全程时发生的碰撞次数也减少，不利于碰撞电离，达不到放电条件，因而也只有提高电压，才能增加电子的能量并使碰撞电离的机会增加，所以击穿电压也要提高。

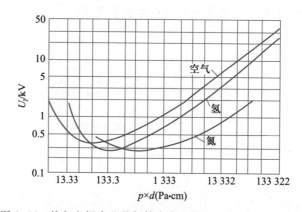

图 1-14　均匀电场中几种气体击穿电压 U_J 与 $p \times d$ 的关系曲线

上述分析是以温度不变为前提的，如果考虑温度变化的因素，则巴申定律更普遍的形式为

$$U_J = f(\delta \times d) \tag{1-16}$$

式中　δ——空气的相对密度，即实际的空气密度与标准大气条件下的密度之比。

四、流注理论

汤逊放电理论能很好解释低气压小间隙中的放电现象，但用来解释大气中的放电现象时，与实际情况有许多矛盾。例如：实际测得的大气压力下，大间隙的击穿过程所需的时间比按汤逊理论计算的时间小得多（要小 10～100 倍）。按汤逊理论，气体间隙的放电与阴极材料有很大关系。而实验的结果表明，大气压力下的气

体放电几乎与阴极材料无关。按汤逊理论,气体间隙的放电是均匀连续发展的,但在大气中的气体击穿时,会出现有分支的明亮通道。

在大气放电中,流注理论可以弥补汤逊理论的不足。如前所述,在外界电离因素(如光源)的作用下,产生初始电子,这些电子在电场作用下,在向阳极运动途中发生碰撞电离,从而形成电子崩。由于电子在外电场的作用下运动速度很快,使电子迅速向阳极移动,所以绝大多数电子集中在电子崩的头部;而正离子移动很小,故正离子集中于电子崩的尾部,如图1-15(a)所示。由于这种空间电荷分布的不均匀性,使电子崩头部和尾部的电场强度增加,比原来极板间的电场更强,而电子崩的中部电场则相对减弱,这样就使原电场发生了畸变,如图1-15(b)所示。另外,虽然电子崩中部的电场强度减弱,但正、负电荷浓度却最大,致使这个区域内最容易发生正、负离子的复合,在复合过程中会释放出大量的光子,光子又使气体发生光电离而产生新的电子,如图1-16(a)所示。新电子又发生碰撞电离,再形成一些新的电子崩——二次电子崩,如图1-16(b)所示。新形成的电子崩与原来的电子崩(初始电子崩)汇合构成正、负离子混合的带电粒子通道,称为流注。流注迅速向阴极发展,一旦达到阴极,就使间隙完全击穿,形成了间隙的流注放电,如图1-16(c)所示。

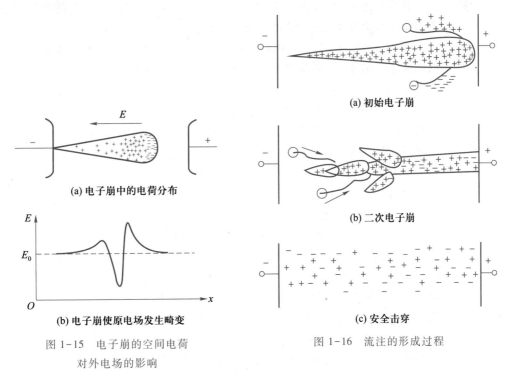

(a) 初始电子崩

(a) 电子崩中的电荷分布

(b) 二次电子崩

(b) 电子崩使原电场发生畸变

(c) 安全击穿

图1-15　电子崩的空间电荷
　　　　对外电场的影响

图1-16　流注的形成过程

由此可知,电子的碰撞电离及空间的光电离是气体放电的主要因素,空间电荷的不均匀分布造成电场强度的畸变,进而产生足够的光电离,形成流注放电,一旦流注形成,就具备了自持放电的条件。

根据流注理论,二次电子崩的初始电子由光子形成,而光子的速度远比电子大,二次电子崩又是在加强了的电场中前进,所以流注发展更迅速,击穿时间比由汤逊理论计算的小得多;二次电子崩的发展具有不同的方位,所以流注的推进不可能均匀,而是具有分支;大气下气体放电的发展主要不是依靠阴极表面电离形成的电子来维持,而是靠空间光电离产生的电子来维持,故阴极材料对气体的击穿没有影响。

这样,流注理论可以很好地解释大气放电现象,包括自然界中常见的蜿蜒曲折、枝权纵横的雷电先导放电现象。

1.4　不均匀电场中的气体放电

1.3 讨论的均匀电场是一个特例,在实际工程中,电场大多是不均匀的,而且通常由于间隙距离大,所以电场极不均匀。按照电场的不均匀程度,不均匀电场可分为稍不均匀电场和极不均匀电场。

一、稍不均匀电场和极不均匀电场的特征

在均匀电场中,气体间隙内的流注一旦形成,放电达到自持的程度,气体间隙就被击穿。而在不均匀电场中,情况就有所不同。

不均匀电场中的最大场强 E_{max} 一般位于曲率半径最小的电极表面附近,电极的曲率半径愈小,电场强度 E_{max} 就愈大,电场也就愈不均匀。

如图 1-17 所示,两球间隙距离 d 在很大范围内变动时,球间隙内气体的工频放电电压变动情况。一般认为,当 $d<4r(r$ 为球的半径)时,电场还比较均匀。随着电压的升高,击穿以前,间隙中看不到什么放电迹象,流经间隙的放电电流也极小,这和均匀电场中的情况相似。当 $d>8r$ 以后,电场已很不均匀,随着电压的升高,当达到某一临界值时,在紧贴电极表面的空间首先满足起始放电场强,因而该区域内开始碰撞电离并形成电子崩,甚至出现流注放电。此时将出现暗蓝色的微光,并发出"咝咝"的响声,流过间隙的放电电流也比以前增加,但其绝对值不太大。然而在离电极较远的地方,电场强度仍很低,所以自持放电只限于电极的局部区域,整个间隙还保持绝缘性能。不均匀电场中

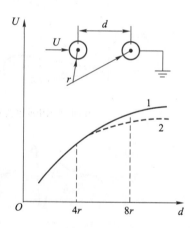

1—间隙较小时的击穿电压;
2—间隙较大时的击穿电压
图 1-17　球间隙与击穿
电压之间的关系

强场区的这种局部放电现象称为"电晕放电",刚出现电晕放电的电压称为电晕起始电压。此后,随着电压继续升高,电极表面暗蓝色的电晕层逐渐扩大,并出现刷状的细火花,火花越来越长,最终导致间隙完全击穿。因此,不均匀电场的电晕起始电压低于其击穿电压。当球隙距离在 $4r\sim8r$ 之间时,居于过渡区域,随电压升高

会出现电晕,但不稳定,立刻就转为火花击穿。由以上实验可知,随着电场不均匀程度的增加,放电现象不尽相同,电场越是不均匀(两球间距离越大,电场越不均匀),其电晕起始电压越低,击穿电压也越低,击穿电压和电晕起始电压之间的差别也越大。

要将稍不均匀电场与极不均匀电场明确地加以区分是比较困难的。为了区别各种结构的电场不均匀程度,引入一个电场不均匀系数 f,它等于最大电场强度 E_{max} 与平均电场强度 E_{av} 的比值,即

$$f = E_{max}/E_{av} \tag{1-17}$$

式中　E_{av}——平均电场强度,U/d;

　　　U——电极间的电压;

　　　d——极间距离。

根据能否维持电晕放电这一特征,可将电场用 f 值进行大致的划分:$f<2$ 时为稍不均匀电场,不能维持稳定的电晕放电,电晕一旦出现,间隙立刻击穿(如 $4r<d<8r$ 时);而当 $f>4$ 时,可以维持电晕放电(如 $d>8r$ 以后),则明显地属于极不均匀电场的范畴了。

二、电晕放电及其危害

在极不均匀电场中,空气间隙完全击穿以前,电极附近会发生电晕放电,产生暗蓝色的晕光。这种特殊的晕光是电极表面这个电离区的放电过程造成的。电离区内的分子,在外电离因素(如光源)和电场的作用下,产生了电离,并形成大量的电子崩。与此同时也产生电离的可逆过程——复合。复合过程中,会产生光辐射,从而形成了晕光。当电压继续升高时,一般情况下,电子崩向外扩大,形成流注;最后流注贯通间隙,导致间隙完全击穿。

电晕放电在电力生产中有许多明显的害处。首先,产生电晕时,回路中将有电晕电流流过,同时发出光、声、热,造成功率损耗。其次,电晕放电还能使空气发生化学反应,产生臭氧及氧化氮等产物,从而造成腐蚀绝缘的后果。另外,在电晕放电过程中,流注会不断熄灭和重新爆发,出现放电的脉动现象,形成高频电磁波,引起对无线电通信和电气测量等的干扰。因此,一般应当力求防止或限制电晕放电。例如对于输电线路,通常采用分裂导线法来防止电晕的产生,就是将每相输电导线分为几根导线,但总的截面积不变(例如,500 kV 超高压输电线路采用四分裂导线)。分裂组合后的导线,相当于增大了输电导线的表面积,这样可以使导线表面的电场强度减小,从而限制电晕的形成。

三、极不均匀电场中的放电过程与极性效应

在极不均匀电场中,放电总是从曲率半径较小的电极表面(即间隙中电场强度最大的地方)开始,而与该电极的电压极性无关,这是因为放电主要取决于电场强度的大小。但以后的放电过程和击穿电压却与该电极的极性密切相关,当曲率半径较小的电极的电压极性不同时,在放电时产生的空间电荷对原电场的畸变影响也不同,致使同一间隙在不同电压极性下的电晕起始电压和击穿电压也不同,这就

是放电的极性效应。也就是说,在极不均匀的电场中,放电有着明显的极性效应。若电极的尺寸不同,则以半径较小的电极的极性为电压极性,如两个电极的几何尺寸相同,则以不接地的那个电极为极性。现以棒-板间隙为例,讨论在不同放电阶段的极性效应(以下"极性"皆指曲率半径较小电极上的电压极性,例如,正极性是指棒电极的电压为正极性,这种表示方法在高电压技术中是经常使用的)。

"棒-板"电极是典型的极不均匀电场,"棒-板"电极中,电离总是先从棒极开始,棒的极性不同,空间电荷的作用也不相同。如图 1-18 所示,当棒为负极性时,在棒极附近因电离而产生带电质点,其中的电子运动迅速(因为电子的质量小),很快离开电极散去,正离子则滞留于棒端附近(因为离子的质量大),形成空间电荷。这些正空间电荷减弱了朝向板极方向的电场强度,而加强了朝向棒极的电场强度。因此,朝向板极方向的电子崩不易形成,放电向前发展较困难,必须提高电压,间隙才能击穿,即击穿电压较高。而棒极附近,由于电场的加强,电晕容易发生,即起晕电压较低。当棒电极为正极时,情况与负棒电极时不同。如图 1-19 所示,滞留在棒极附近的正空间电荷加强了朝向板极方向的电场,而减弱了朝向棒极的电场。因此,朝向板极方向的电子崩容易形成,有利于放电向前发展,即击穿电压较低。而棒极附近由于电场较弱,发生电晕比较困难,即起晕电压较高。

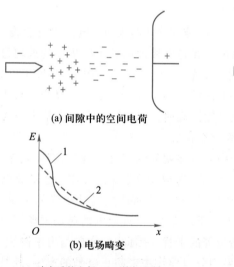

(a) 间隙中的空间电荷

(b) 电场畸变

1—畸变后的电场;2—外加电场

图 1-18　负棒-正板间隙中空间
电荷及对外电场畸变的影响

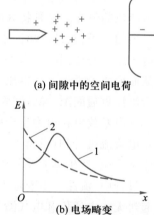

(a) 间隙中的空间电荷

(b) 电场畸变

1—畸变后的电场;2—外加电场

图 1-19　正棒-负板间隙中空间
电荷及对外电场畸变的影响

1.5　气体电介质的击穿特性

一、均匀电场中的击穿电压

工程上极少遇到很大的均匀电场间隙。因为间隙距离很大时,要消除电极的边缘效应就得采用极大尺寸的电极。因此,在均匀电场中,通常只有间隙不太大时的击穿电压实验数据。图 1-20 反映了均匀电场中空气间隙击穿电压、击穿场强与间距的关系。

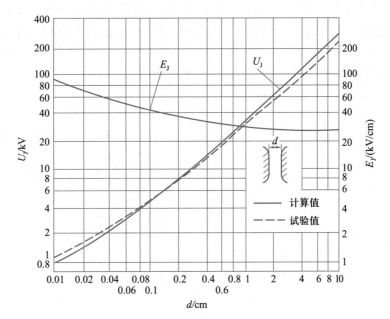

d—间隙距离;U_J—击穿电压(幅值);E_J—击穿场强(幅值)

图 1-20 均匀电场中击穿电压、击穿场强与间距的关系

从图 1-20 可知,当 $d>1$ cm 时,均匀电场中空气的击穿场强大致等于 30 kV (幅值)/cm。工程技术人员应该记住这个数量级概念。

二、不均匀电场中稳态电压作用下的间隙击穿电压

1. 稍不均匀电场中的击穿电压

工程上遇到的电场经常是不均匀电场。如前所述,根据放电现象的特点,不均匀电场可区分为稍不均匀电场和极不均匀电场。与均匀电场中类似,稍不均匀电场中也不希望存在稳定的电晕放电,因为一旦出现局部放电,即可能导致整个气隙的击穿;电场不对称时,极性效应不明显;直流下及工频下的击穿电压(幅值)以及冲击击穿电压实际上也都相同;击穿电压的分散性也不大。

在均匀电场中,直流及工频击穿电压实际上都相同,击穿电压的分散性较小。

在稍不均匀电场中,击穿电压和电场均匀程度关系极大,具体间隙的击穿电压需要通过实验来确定。但从实验中可得出这样一个规律,即电场越均匀,同样间隙距离下的击穿电压就越高,其极限就是均匀电场中的击穿电压。

在两球间距离与球的半径相比不是很大的情况下,一对球径相同的球极所组成的"球-球"间隙是典型的稍不均匀电场。一球接地时,在标准大气状态条件下,击穿电压与球间距的关系如图 1-21 所示。实验表明,当间距 d 小于球极直径的 $1/4(d<D/4)$ 时,电场相当均匀,无论在直流电压、工频电压还是冲击电压作用下,

其击穿电压都相同。而当 $d>D/4$ 后,电场不均匀度增大,大地对球隙中电场分布的影响加大,电场分布变得不对称,从而使不接地球处电场增强。结果不论是直流电压还是冲击电压,不接地球为正极性时的击穿电压开始变得大于负极性下的数值。工频电压下,由于击穿发生在容易击穿的半周,所以其击穿电压和负极性下的相同。也就是说,稍不均匀电场中也有极性效应,而且和极不均匀电场中的极性效应相反,电场最强的电极为负极性时的击穿电压反而略低于正极性时的数值。这种现象的产生也是由于空间电荷的影响。

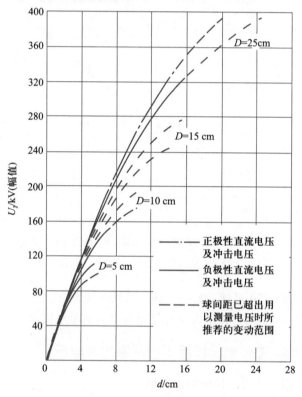

图 1-21 球-球电极空气间隙击穿电压与球间距的关系

由上述可知,利用球电极测量电压时,为了保证必要的测量准确度,对电极装置有一定要求,球隙测压器一般应在 $d \leqslant D/2$ 范围内工作。从图 1-21 中还可看到,同一间距条件下,球电极直径越大时,由于电场均匀程度增加,击穿电压也越高。

图 1-22 所示为球-板电极空气间隙工频击穿电压与间距的关系,变化趋势和图 1-21 是相同的。随着间距 d 的增加,开始时击穿电压和电晕起始电压重合,但由于电场越来越不均匀,故击穿电压上升的陡度逐渐降低。当 d 超过一定数值时,击穿前先出现电晕及刷状放电。随着 d 进一步增大,电晕起始电压增加不大,这是因为 d 很大时,间隙中最大场强和 d 的关系很小的缘故。这时,由于击穿前电晕造成的空间电荷起到了改善电场分布的作用,击穿电压上升的陡度增大。

当 d 大于一定值后,电场已成为极不均匀电场,击穿前先出现刷状放电,刷状的火花和尖端相似,因此不论球径大小,其击穿电压都和棒-板电极下的击穿电压相近。这说明间隙距离很大时,电极形状对击穿电压的影响就较小了。从图 1-22

中还可看到,当 d 大于一定值后,球-板的击穿电压还比棒-板的稍低,而且球径越大,击穿电压反而越低。这是由于电极曲率越大,击穿前电晕发展得越强烈,空间电荷使电场均匀的作用越大,从而不易形成刷状放电。因此,在一定条件下,利用空间电荷可以提高间隙的击穿电压。

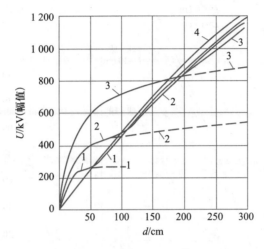

1—球直径 $D=12.5$ cm;2—球直径 $D=25$ cm;3—球直径 $D=50$ cm;4—棒-板间隙;
---电晕起始电压;——击穿电压
图 1-22 球-板电极空气间隙工频击穿电压与间距的关系曲线

图 1-23 所示为垂直圆柱体空气间隙的工频击穿电压与间距的关系曲线,可见圆柱间的击穿电压比同直径球的要高。这是由于前者的电场分布较为均匀之故。

2. 极不均匀电场中的击穿电压

与均匀及稍不均匀电场不同,极不均匀电场中直流、工频及冲击击穿电压间的差别比较明显,分散性也较大,且极性效应显著。

由图 1-22 可知,在间距很大时,不同球径电极击穿电压的差别不大,而且都接近于棒-板电极的数值。也就是说,在极不均匀电场中,由于在间隙击穿以前首先发生电晕,此后,放电都是在电晕空间电荷已强烈畸变了外电场的情况下发展的,所以影响击穿电压的主要因素是间隙距离,而与电极的形状关系不大。这具有很大的实际意义,因为根据这个现象,就可以选择电场极不均匀的极端情况——棒-板和棒-棒作为典型电极。它们的击穿电压具有代表性,工程上遇到极不均匀的电场时,就可根据这些典型电极的击穿电压数据来估计绝缘距离。如果电场分布不对称,可参照棒-板电极的数据,如果电场分布对称,则参照棒-棒电极的数据。

(1)直流电压下的击穿电压

图 1-24 所示为棒-板及棒-棒空气间隙的直流击穿电压与间距的关系。从图 1-24 中可知,对于电场分布极不对称的棒-板间隙,其击穿电压和棒电极的极性有很大关系,这就是所谓的极性效应,棒电极为正极性时的击穿电压比棒电极为负极性时低得多。而棒-棒电极间的击穿电压介于极性不同的棒-板电极之间。这是因为:一方面,棒-棒电极装置中有正极性尖端,放电容易,所以其击穿电压应比负棒-正板的低;但另一方面,棒-棒电极有两个棒端,即有两个强电场区域,而同样间隙

距离下强电场区域增多后,通常其电场均匀程度会增加,因此,棒-棒电极间的最大场强应比棒-板电极间的低,从而其击穿电压又应比正棒-负板的高。

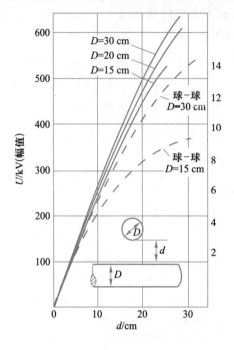

图 1-23　垂直圆柱体空气间隙的
工频击穿电压与间距的关系曲线

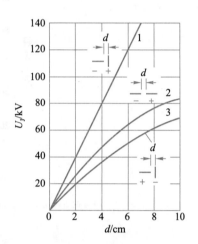

d—间距；1—负棒-正板；
2—棒-棒；3—正棒-负板

图 1-24　棒-板及棒-棒空气间隙的
直流击穿电压与间距的关系曲线

棒-板、棒-棒长空气间隙的直流击穿电压见图 1-25 及图 1-26。棒具有正方形截面,每边长 16 mm,端面和轴垂直;板的尺寸是 5 mm×5 mm。由图 1-25 可知,棒-板电极具有明显的极性效应;棒具有正极性时,平均击穿场强约为 4.5 kV/cm;负极性时,约为 10 kV/cm。测量棒-棒间隙的击穿电压时,棒水平放置于离地 7.5 m 的针式支柱绝缘子上,棒长 4.5 m。由图 1-26 可知,棒-棒间隙的击穿电压介于不同极性棒-板间隙的击穿电压之间,略高于正棒-负板。棒-棒电极仍具有微弱的极性效应,原因是一极接地后,大地使电场分布稍微不对称,加强了高压电极处的电场。不接地棒具有正极性时,棒-棒间隙的平均击穿场强约为 4.8 kV/cm,负极性时约为 5.0 kV/cm。所有情况下,在图 1-25 及图 1-26 中所示范围内,击穿电压和距离都成线性关系。

（2）工频电压下的击穿电压

图 1-27 所示为棒-棒、棒-板空气间隙的工频击穿电压与间距的关系曲线,间距最大达 250 cm。棒-板电极间施加工频电压时,击穿总是在棒的极性为正、电压达到幅值时发生,并且其击穿电压(幅值)和直流电压下正棒-负板的击穿电压相近。从图 1-27 中可知,除了起始部分外,击穿电压和距离近似成直线关系,棒-棒间隙的平均击穿场强约为 3.8 kV(有效值)/cm 或 5.36 kV(幅值)/cm;棒-板间隙的稍低一些,约为 3.35 kV(有效值)/cm 或 4.8 kV(幅值)/cm。

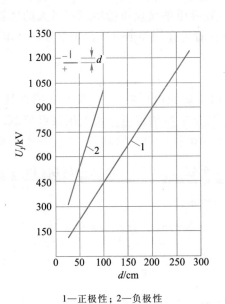

1—正极性；2—负极性

图 1-25　棒-板长空气间隙的直流
击穿电压与间距的关系曲线

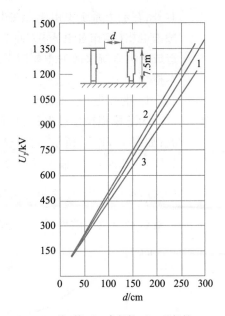

1—棒-棒；2—负极性；3—正极性

图 1-26　棒-棒长空气间隙的直流
击穿电压与间距的关系曲线

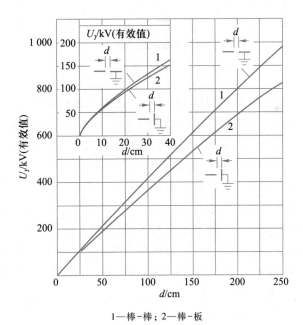

1—棒-棒；2—棒-板

图 1-27　棒-棒、棒-板空气间隙的工频击穿电压与间距的关系曲线

三、冲击电压作用下的间隙击穿电压

冲击电压就是作用时间极为短暂的电压，一般作用时间在几微秒至几十微秒之间，幅值最高可达 3~4 倍最大相电压。雷电就属于作用时间极短的冲击电压；

此外,在电力系统中由于存在电感和电容,在分、合闸操作或发生事故时也会形成冲击电压(操作过电压)。冲击电压对高压电气设备的绝缘有很大的威胁,往往是造成电力系统事故的重要因素。下面着重介绍冲击电压作用下气体放电的一些基本概念。

1. 冲击电压标准波形

为了模拟操作过电压,目前有两类试验电压波形,一类是非周期性指数衰减波,如图 1-28(a) 所示,它和模拟大气过电压的雷电冲击电压波形类似,只是波头长度 T_1 和波长 T_2 都长得多,T_1 从数十微秒至数百微秒,T_2 可达数千微秒;另一类是衰减振荡电压,振荡频率从数十赫至数百赫(Hz),即其 $\frac{1}{4}$ 周期(相当于波头)为数百微秒至数千微秒,如图 1-28(b) 所示。

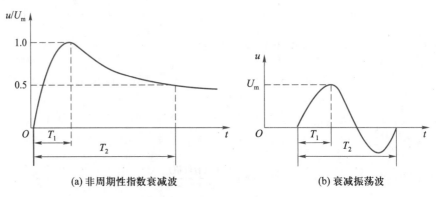

(a) 非周期性指数衰减波　　　　　(b) 衰减振荡波

图 1-28　标准模拟冲击电压的波形

国际电工委员会(IEC)推荐的冲击电压标准波形为 $T_1 = 250(1 \pm 20\%)\,\mu s$,$T_2 = 2\,500(1 \pm 60\%)\,\mu s$,即 $T_1/T_2 = 250/2\,500$,也可以在其前面加上正、负号以标明其极性。当试验中标准波形不能满足要求时,可选 T_1/T_2 为 $100/2\,500$ 和 $500/2\,500$ 的电压波形;还可采用衰减振荡电压波形,即其第一个半波持续时间为 $2\,000 \sim 3\,000\ \mu s$,而极性相反的第二个半波的幅值要尽量小一些,约为第一个半波幅值的 80%。

2. 50%冲击击穿电压

由于气隙冲击击穿电压值的离散性,所以很难确定气隙的冲击击穿电压的准确值。在工程上采用 50%冲击击穿电压($U_{50\%}$)作为气隙的冲击击穿电压值。其含义为:在气隙上加 N 次同一波形及峰值的冲击电压,可能只有 n 次发生击穿,这时的击穿概率 $P = \dfrac{n}{N} \times 100\%$。当击穿概率等于 50%时的电压即称为气隙的 50%击穿电压,记为 $U_{50\%}$。如果增大或减小外施电压的峰值,则击穿概率也随之增大或减小。对于击穿离散性的大小,一般用标准偏差 σ 表示。显然,确定 $U_{50\%}$ 时所施加电压的次数 N 越多,得到的 $U_{50\%}$ 越准确,但工作量也越大。在实际中,通常以施加 10 次电压中有 4~6 次击穿,即可认为这一电压就是气隙的 50%冲击击穿电压。

在工程上,如果采用 $U_{50\%}$ 来决定所用气隙长度时,必须考虑一定的裕度,裕度的大小取决于该气隙冲击击穿电压离散性的大小。在均匀和稍不均匀电场中,冲击击穿电压的离散性很小,其$U_{50\%}$与静态击穿电压U_0几乎一样。$U_{50\%}$与U_0之比称为冲击系数β。因此,均匀和稍不均匀电场的$\beta \approx 1$,由于放电时延短,在50%击穿电压下,击穿通常发生在波头峰值附近。在极不均匀电场中,由于放电时延较长,击穿电压离散性较大,其冲击系数$\beta > 1$,标准偏差约为3%,在50%击穿电压下,击穿通常发生在波尾部分。

3. 伏秒特性

在持续电压作用下,由于击穿电压具有确定值,在两个间隙并联的情况下,总是击穿电压较低的那一个间隙先击穿。而在冲击电压作用下,情况就可能不同。由于冲击击穿电压的离散性,当两个间隙并联时,不一定50%冲击击穿电压低的那一个先击穿。这是由于气隙的击穿特性不仅与冲击击穿电压的大小有关,还与气隙击穿时的放电时间有关。只用50%冲击击穿电压不能完全说明间隙的冲击击穿特性,因此工程上还引入伏秒特性这一概念;伏秒特性是指气隙击穿期间冲击电压的最大值和放电时间的关系,其关系曲线称为伏秒特性曲线。

伏秒特性曲线一般用实验方法得出。保持冲击电压标准波形不变,对间隙施加一系列逐级升高的冲击电压,并使间隙击穿,用示波器测量击穿电压和击穿时间。电压幅值较低时,击穿发生在波尾部分;电压幅值较高时,击穿发生在波头部分。在波尾部分击穿时,以冲击电压幅值为纵坐标,击穿时间为横坐标;在波头部分击穿时,以击穿时电压为纵坐标,以击穿时间为横坐标。这样,若每级电压下只有一个放电时间,则可绘得伏秒特性曲线,如图1-29所示。但是,由于冲击放电的离散性,每级电压下可得若干个不同的击穿时间,所以实际上伏秒特性是以上下包络线为界的一个带状区域,通常使用的是平均伏秒特性曲线。

气隙的伏秒特性的形状与极间电场的分布有关,如图1-30所示。由图可见,均匀或稍不均匀电场气隙的伏秒特性比较平坦,其放电形成时延较短,也比较稳定,只在放电时间约小于1 μs时略向上翘。这是因为放电时间小于1 μs时,时间的缩短需要提高电压的缘故。而极不均匀电场气隙的伏秒特性则比较陡峭。

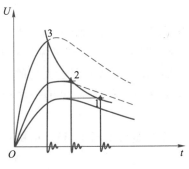

1、2—波尾部分击穿;3—波头部分击穿
图1-29 伏秒特性曲线

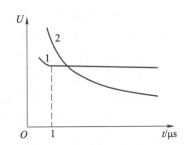

1—均匀或稍不均匀电场;2—极不均匀电场
图1-30 均匀及不均匀电场气隙的
伏秒特性曲线

伏秒特性在绝缘配合中有重要的实用意义。例如,用作过电压保护的设备(避雷器或间隙),一般要求其伏秒特性尽可能平坦并位于被保护设备的伏秒特性之下,且两者永不相交,只有这样,保护设备才能做到保护可靠,被保护设备才能免遭冲击过电压的侵害。

4. 雷电冲击电压下气隙的击穿特性

在直流和工频交流等持续电压作用下,气隙击穿所需要的时间远小于持续电压作用的时间。虽然雷电冲击电压的持续时间极短(几微秒至几十微秒),但与击穿时间相比较,雷电冲击电压仍然可以使气隙的击穿特性受到影响。

图 1-31 所示为冲击电压 U 作用在气隙上的击穿电压波形。由图可见,从冲击电压加上的瞬间经过 t_1 时间,电压由零升到气隙的静态击穿电压 U_0,但此时气隙并未击穿。这是因为在阴极附近尚未形成能引起初始电子崩的有效电子。而有效电子的形成需要一定的时间 t_2,且具有随机性。从有效电子的出现到发展成电子崩直至气隙击穿也需要一定的放电发展时间 t_3。将 t_2、t_3 分别称之为统计时延和放电形成时延,它们均具有统计性,所以整个放电时间 t 由三部分组成,即

$$t=t_1+t_2+t_3=t_1+t_s \tag{1-18}$$

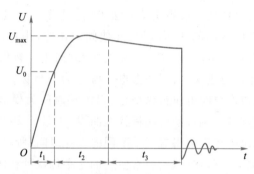

图 1-31　冲击电压下气隙的击穿电压波形

t_1 称为电压上升时间,(t_2+t_3) 总称放电时延 t_s。放电时延与许多不确定因素有关,这使得放电时延具有离散性,并与所加电压大小有关,总的趋势是电压越高,所需放电时间越短,电场越均匀,放电时间的离散性越小;电场越不均匀,放电时间的离散性则越大。

在标准雷电冲击电压作用下,当间隙距离小于 250 cm 时,棒-板、棒-棒间隙的 50% 冲击击穿电压与间距的关系曲线见图 1-32。由图可见,棒-板间隙具有明显的极性效应;棒-棒间隙也有不大的极性效应。这是由于大地的影响,使不接地的棒极附近电场增强的缘故。同时还可以看出,棒-棒间隙的击穿特性介于棒-板间隙两种极性的击穿特性之间。

棒-板、棒-棒长间隙的冲击击穿特性曲线见图 1-33。由图可见,击穿电压与间距成直线关系。

5. 操作冲击电压下气隙击穿的特点

(1)操作冲击电压波形对气隙击穿电压的影响

实验结果表明,气隙的 50% 操作冲击击穿电压 $U_{50\%}$ 与波头时间 T_1 的关系成 U 形曲线。在某一最不利的波头时间 T_e(临界波头时间)下,$U_{50\%}$ 有最小值。T_e 的值随间隙长度 d 的增加而增大。在工程实际中,T_e 值为 $100 \sim 500$ μs,这就是把标准

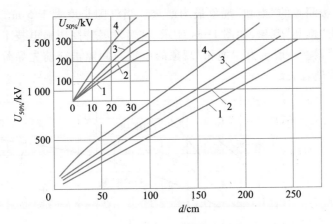

1—棒-板,正极性；2—棒-棒,正极性；3—棒-棒,负极性；4—棒-板,负极性
图 1-32　$d<250$ cm 的棒-板、棒-棒间隙的 50% 冲击击穿电压与间距的关系曲线

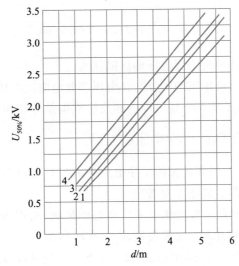

1—棒-板,正极性；2—棒-棒,正极性；3—棒-棒,负极性；4—棒-板,负极性
图 1-33　棒-板、棒-棒长间隙的冲击击穿特性曲线

操作冲击电压波的波头时间 T_1 规定为 250 μs 的主要原因。

（2）气隙的操作冲击击穿电压有可能低于工频击穿电压

实验表明,在某些波头时间范围内,气隙的操作冲击击穿电压比工频击穿电压还低。因此,在确定电气设备的空气间距时,必须考虑这一重要情况。目前认为,在额定电压大于 220 kV 的超高压输电系统中,应按操作过电压下的电气特性进行绝缘设计,超高压电气设备的绝缘也应采用操作冲击电压进行试验,而不宜进行同一般高压电气设备那样用工频交流电压做等效性试验。

（3）长间隙操作冲击击穿特性的"饱和"效应

极不均匀电场长间隙的操作冲击击穿特性具有显著的"饱和"效应。当 $d=10$ m 时,气隙的平均击穿场强已不到 2 kV/cm；当 $d=20$ m 时,气隙的平均击穿场强降低到 1.25 kV/cm；即气隙的增大并不能有效地提高其击穿电压。此特性尤以正极性

31

棒-板间隙的"饱和"现象最为严重。当气隙长度大于 5 m 以后,就开始明显地表现出"饱和"现象,如图 1-34 所示,这对发展特高压输电技术是一个极为不利的制约因素。一般认为,"饱和"现象的出现与间隙击穿前先导阶段能有较为充分的时间发展有关。

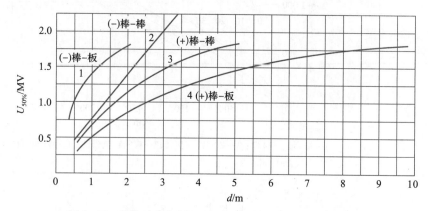

图 1-34　操作冲击电压(500/5 000)下间隙的击穿特性曲线

（4）操作冲击击穿电压的离散性大

操作冲击电压下的气隙击穿电压和放电时间的离散性均比雷电冲击电压下大得多,此时极不均匀电场气隙的相应标准偏差 σ 值可达 5%~8%。

四、不同大气状态下气体击穿电压的换算

在大气中,气体间隙的击穿电压与大气状态(气温、气压和湿度)相关,通常随空气密度及湿度的增加而增加。

因为气体的击穿电压受大气状态的影响,所以为使在各种气体状态下的测试结果进行互相比较,就需要确定一个标准的大气状态[标准大气状态为:气压 $p_0 = 101.3$ kPa(760 mmHg),温度 $t_0 = 20$ ℃,绝对湿度 $h = 11$ g/m³],在非标准状态下的测试结果,应换算到标准大气状态下。一般有关手册和文献所提供的气体击穿电压曲线和数据,除特别注明者外,都是在标准大气状态下取得的。因此,在实际试验条件下的气隙击穿电压 U 与标准大气条件下的击穿电压 U_0 之间可以通过相应的校正系数进行换算。在引用有关手册和文献所提供的气体击穿电压数据时,也需要换算到实测或运行中的大气状态下(具体方法参见有关手册或资料)。

五、提高气体间隙击穿电压的措施

在高压电气设备中经常遇到气体绝缘间隙。为了减少设备或厂房的尺寸,一般希望绝缘间隙的距离尽可能缩短。为此,需要采取措施,以提高气体间隙的击穿电压。根据前几节的分析,提高气体击穿电压不外乎两个途径:一方面是改善电场分布,使之尽量均匀;另一方面是利用其他方法来削弱气体中的电离过程。改善电场分布又可以有两种途径:一种是改进电极形状,另一种是利用气体放电本身的空间电荷畸变电场的作用。以下介绍一些提高气体间隙击穿电压的措施。但应

注意,这些措施只是提供了解决问题的思路和方向,在解决工程实际问题时,应根据具体情况灵活处理,才能得出比较有效的办法。

1. 改进电极形状以改善电场分布

从前面分析可知,电场分布越均匀,间隙的平均击穿场强越大。因此,可采取改进电极的形状、增大电极曲率半径,以改善电场分布,使之尽可能趋于均匀,从而提高气隙的电晕起始电压和击穿电压。此外,还应尽可能消除电极上的锐缘、棱角、焊斑、毛刺等,提高电极表面的光洁度,以降低气隙中的局部最大电场强度。如果不可避免地出现极不均匀电场,应尽可能采用对称电极(如棒-棒类型)。

利用球形屏蔽罩来增大电极的曲率半径是一种常用的方法。以棒-板间隙为例,如果在棒电极端部加装一只半径适当的金属球罩,就能有效地提高气隙的击穿电压。如图1-35所示,采用不同直径的屏蔽罩对提高气隙击穿电压的不同效果。由图1-35可见,对极间距离为100 cm的棒-板间隙,当在棒电极上加装一直径为75 cm的球形屏蔽罩时,可使气隙的击穿电压提高1倍。

许多高压电气设备的高压引线端部具有尖锐的形状,例如高压套管的接线端子。为了降低引线端子附近的最大电场强度,往往就需要加装球形屏蔽罩。屏蔽罩尺寸的选择应使其在最大对地工作电压下不发生电晕。

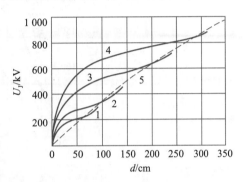

1—球极直径 $D = 12.5$ cm;2—$D = 25$ cm;
3—$D = 50$ cm;4—$D = 75$ cm;
5—棒-板间隙(虚线)

图1-35 球-板间隙工频击穿
电压(有效值)与间隙的关系曲线

2. 利用空间电荷畸变电场的作用来改善电场的分布

在极不均匀电场中,由于间隙击穿前先发生电晕放电,所以在一定条件下,可以利用放电自身产生的空间电荷来改善电场分布,提高击穿电压。所谓的"细线效应"就是这种方法的实际应用,例如,导线-板或导线-导线的电极布置方式。当导线直径减小到一定程度后,气隙的工频击穿电压反而会随导线直径的减小而提高,这种现象称为细线效应。其原因在于细线引起的电晕放电所形成的围绕细线的均匀空间电荷层相当于扩大了细线的等值半径且使表面均匀光滑,改善了气隙中的电场分布。

图1-36所示为导线-板空气间隙的工频击穿电压 U_j(有效值)与间距 d 的关系曲线。图中同时给出了均匀电场及棒-板间隙的击穿电压曲线以做比较。由图1-36可见,当导线直径 $D = 16$ mm 时,导线-板间隙击穿电压曲线的直线部分和棒-板间隙相近,即击穿电压较低。当导线减细为 $D = 3$ mm 以至 $D = 0.5$ mm 时,其击穿电压大为增加,逐渐变得和均匀电场中的相近了。但是,"细线效应"只在一定的间隙范围内有效,当间隙距离超过一定值时,细线也将产生刷状放电,从而破坏比较均匀的电晕层,此后,其击穿电压也要下降,和棒-板间隙的相近。另外,在冲击电压下,由于电压作用时间太短,来不及形成充分的空间电荷层,所以即便采用

细线,也不能提高击穿电压。当导线直径较大时,因为导线表面不可能绝对光滑,总存在电场局部加强的地方,电晕容易在这种地方产生刷状放电,使击穿电压降低,与棒-板间隙的相近。

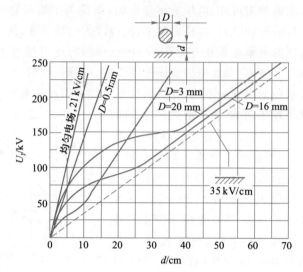

图 1-36　导线-板空气间隙的工频击穿电压与间距的关系曲线

3. 使用绝缘屏障

由于气隙中的电场分布和气体放电的发展过程都与带电粒子在气隙中的产生、运动和分布状态密切相关,所以在极不均匀的电场气隙中放置形状适当、位置合适、能有效阻拦带电粒子运动的绝缘屏障,在一定条件下,可以显著提高间隙的击穿电压,如图 1-37(a)、(b)所示。

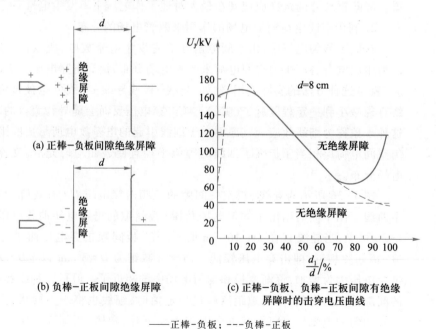

(a) 正棒-负板间隙绝缘屏障

(b) 负棒-正板间隙绝缘屏障

(c) 正棒-负板、负棒-正板间隙有绝缘
屏障时的击穿电压曲线

——正棒-负板;- - -负棒-正板

图 1-37　在直流电压下极间绝缘屏障位置对击穿电压的影响

（1）直流电压下绝缘屏障的作用

由图 1-37（c）可见，随着绝缘屏障位置不同，击穿电压有很大变化；棒电极的极性不同，绝缘屏障的影响也有区别。

① 正棒极性。当棒为正极性时，设置绝缘屏障可显著提高间隙的击穿电压，如图 1-37（c）中虚曲线所示。

这是由于绝缘屏障阻碍了棒极附近电晕放电产生的正空间电荷的运动，使其聚集在绝缘屏障向着棒极的一面上，又由于同性电荷间的斥力使其均匀地分布在绝缘屏障上，使绝缘屏障与极板间形成比较均匀的电场，如图 1-37（a）所示，从而提高了间隙的击穿电压；而且，随绝缘屏障与板电极距离的增大，击穿电压迅速提高。但当绝缘屏障离棒电极太近时，因该区域电场很强，绝缘屏障上的电荷很难均匀分布，它们将集中在较小范围，使绝缘屏障与板电极间的电场也变得不均匀，所以击穿电压又降低了，并逐渐近于无绝缘屏障时的情况。对棒-板间隙，绝缘屏障与板极距离等于气隙距离的 $\frac{4}{5} \sim \frac{5}{6}$ 时，击穿电压提高得最多，可达无绝缘屏障时的 2~3 倍。

② 负棒极性。当棒为负极性时，如图 1-37（b）所示。棒极附近电晕放电产生的负空间电荷聚集于绝缘屏障上，使绝缘屏障与板电极间也形成了比较均匀的电场，在绝缘屏障与棒电极的距离较小时，也能提高击穿电压（约为 20%）；但当绝缘屏障与棒极的距离增大时，击穿电压反而比无绝缘屏障时还要低，如图 1-37（c）中实曲线所示。这主要是由于绝缘屏障的存在，负空间电荷聚集在绝缘屏障上，一方面使部分电场变均匀，从而提高击穿电压，但另一方面聚集状态的负空间电荷形成的中间电荷，又有加强绝缘屏障与板极间电场的作用。当绝缘屏障距离棒极较远时，后一种作用占优势，故击穿电压反而比无绝缘屏障时还要低。

（2）工频电压下绝缘屏障的作用

图 1-38 所示为工频时棒-板空气间隙中设置绝缘屏障对击穿电压的影响。工频电压下极不均匀电场间隙中设置绝缘屏障，同样具有聚集空间电荷、改善电场的作用。在没有绝缘屏障时，棒-板间隙在工频电压作用下的击穿是在棒极为正极性时的半周内发生的，所以引入绝缘屏障后，击穿电压提高的情况同直流电压作用下棒极为正极性时一样。可见，在工频电压作用下，设置绝缘屏障也可以显著提高间隙的击穿电压。

（3）冲击电压下绝缘屏障的作用

图 1-39 所示为棒-板空气间隙中设置绝缘屏障后，在冲击电压作用下击穿电压（幅值）的变化情况。由图 1-39 可见，当棒电极为正极性时，绝缘屏障也可以显著提高间隙的击穿电压；而棒为负极性时，设置绝缘屏障以后间隙的击穿电压和没有绝缘屏障时相差不多。一般来说，由于冲击电压作用时间短暂，绝缘屏障上来不及积累显著的空间电荷，对提高击穿电压就不明显；而冲击电压下设置绝缘屏障为什么也会提高击穿电压呢？有研究者认为，绝缘屏障妨碍了光子的传播，从而影响了流注的发展，提高了间隙的击穿电压。实验中发现，绝缘屏障如具有小孔，冲击

电压下就不能提高击穿电压。而在持续电压作用下,只要绝缘屏障不过分靠近电极,绝缘屏障具有小孔对其聚集空间电荷的作用影响很小,因而对提高击穿电压的效果影响不大。

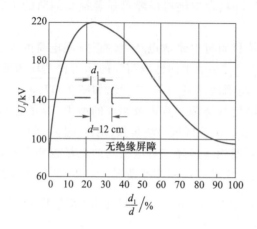

图 1-38　工频时棒-板空气间隙中设置绝缘
屏障对击穿电压的影响

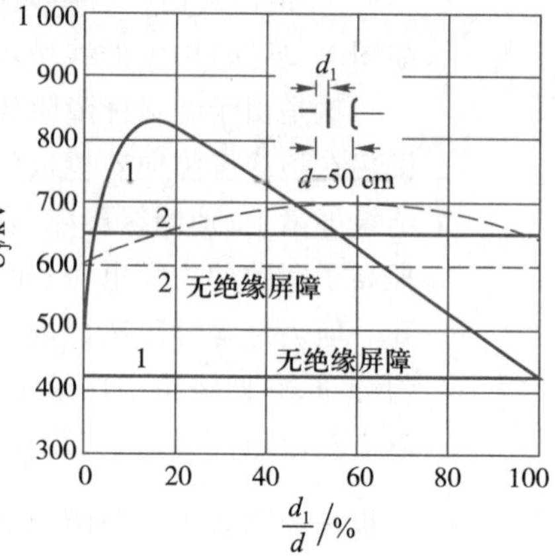

1—正棒电极;2—负棒电极
图 1-39　棒-板空气间隙中冲击电
压下绝缘屏障对击穿电压的影响

综上所述,在极不均匀电场中,在一定的条件下可以利用绝缘屏障提高间隙的击穿电压。但应该注意,在均匀电场和稍不均匀电场中,实验表明,设置绝缘屏障是不能提高气体的击穿电压的。因为这时击穿前没有电晕放电阶段,而且击穿前间隙中各处的场强都已达到很高的数值,所以绝缘屏障不能聚集空间电荷而起到改善电场的作用,也不能妨碍流注的发展,因而绝缘屏障也就起不到提高击穿电压的作用。

同样,在棒-棒间隙中,因为两个电极都将发生电晕放电,所以在两个电极附近设置绝缘屏障,也可以获得提高击穿电压的效果。

4. 高气压的采用

从巴申实验可知,提高气体压力可以提高间隙的击穿电压。工程中许多场合应用高气压的气体作为高绝缘强度的介质,如高压空气断路器、标准电容器等设备的内绝缘等。

在均匀电场中,当气体压力小于 1 MPa 时,直流击穿电压与气体压力成正比;当气体压力大于 1 MPa 时,若继续增加气体压力,击穿电压提高并不明显,且逐渐呈现饱和趋势。目前对高气压下的一些击穿机理还在进行深入研究之中。一方面,气压高时缩短了电子的自由行程,不利于形成碰撞电离,这是有利于提高击穿电压的因素;另一方面,当产生电离时,带电粒子不易扩散,电流密度较大,正空间电荷密集在阴极前而使电场显著畸变,这又有利于间隙的击穿。

为了有效地改善间隙的击穿电压,应根据电极及电场情况正确选择气体压力。但是,用提高气压来提高击穿电压时,如果压力太高,对设备的密封要求高,增加了设备造价。而且,由于空气中含有氧气,发生击穿时产生的火花容易引起绝缘物的氧化甚至燃烧,缩短绝缘的使用寿命。

5. 提高间隙的真空度

从巴申实验还得到另一结论:提高间隙的真空度也可以提高间隙的击穿电压。在真空时几乎没有空气,增大了电子的自由行程,减少了碰撞的机会,使气体不易产生电离,从而提高了间隙的击穿电压。真空时,除了使击穿电压提高外,还具有良好的灭弧能力,所以真空断路器具有良好的绝缘性能。但用提高间隙的真空度来提高击穿电压的方法不便推广使用,只在一些特殊的场合(如真空断路器)才用高真空作绝缘。

6. 高耐电强度气体的采用

为了克服真空度不易保持的缺点,近几十年来,人们研究发现许多含卤族元素的气体化合物,如六氟化硫(SF_6)、氟利昂(CCl_2F_2)等,其耐电强度比空气要高得多。这些气体通常称为高耐电强度的气体。采用这些气体代替空气可以大幅度提高间隙的击穿电压,或可以降低工作压力。表 1-2 列出了几种气体的相对耐电强度,所谓相对耐电强度是在压力和距离相同的条件下,各种气体的耐电强度与空气的耐电强度的比。表 1-2 还列出了这些气体的分子量及其在气压为 0.1 MPa 时的液化温度。

表 1-2　几种常用气体的相对耐电强度

气体名称	化学成分	分子量	相对耐电强度	液化温度/℃
氮气	N_2	28	1.0	-195.8
二氧化碳	CO_2	44	0.9	-78.5
六氟化硫	SF_6	146	2.3~2.5	-63.8
氟利昂	CCl_2F_2	121	2.4~2.6	-28
四氯化碳	CCl_4	153.8	6.3	76

卤化物气体耐电强度高的原因是:它们具有很强的负电性,容易与电子结合成为负离子,从而削弱了电子的碰撞游离能力,同时又加强了复合过程。另外,这些气体的分子量和分子直径较大,使得电子在其中的自由行程较短,不易积聚能量,减少了碰撞电离的能力。所以,这些气体的击穿电压较高。

在这些高耐电强度气体中,SF_6 气体得到了日益广泛的应用。这种气体除了具有较高的耐电强度外,还具有很强的灭弧性能。在中等压力下,SF_6 气体可以被液化,便于储藏和运输,因此,SF_6 被广泛地应用在高压断路器、高压充气电缆、高压电容器、高压充气套管等电气设备中。近年来还发展了用 SF_6 绝缘的全封闭组合电器(GIS),把整个变电站的设备(除变压器外)全部封闭在一个接地的金属外壳内,壳内充以 0.3~0.4 MPa 的 SF_6 气体,以保证电气设备的相间绝缘和对地绝缘,从而大大缩小了高压电气设备所需的空间。

六、沿面放电

电气设备的带电部分总要用固体电介质来支承或悬挂,这些固体电介质的表面在很多情况下都处于空气之中,如绝缘子、套管等。当带电体的电压超过一定限度时,常常在固体电介质与空气的交界面上出现放电现象。这种沿着固体电介质表面所发生的气体放电,称为沿面放电。当沿面放电发展到整个固体电介质表面的空气层被击穿时,称为沿面击穿或沿面闪络,简称闪络。沿面闪络电压不仅比固体电介质本身的击穿电压低很多,而且比纯空气间隙的击穿电压也低很多,并与电介质表面的状态、电极形式、污染程度、环境条件等因素有关。固体电介质实际耐受电压的大小不是取决于固体电介质本身的击穿电压,而是由其表面闪络电压来决定。在电力系统中,因固体电介质的沿面放电发展成为沿面闪络而造成事故的现象时有发生,因此,研究沿面放电对电气设备的安全运行具有重要的现实意义。

1. 均匀电场中的沿面放电

图 1-40(a)所示为固体电介质处于均匀电场中,它与气体的分界面和电力线的方向平行。此种情况下的气隙击穿总是以沿着固体电介质表面闪络的形式出现。其闪络击穿电压要比纯气体的击穿电压降低得多。这是因为:

① 固体电介质与电极表面接触不良,在它们之间存在空气隙。空气的介电常数比固体电介质小,于是气隙部分的电场强度比平均电场强度大得多,在这里将首先发生局部放电,从而使沿面闪络电压降低。

② 在电介质表面因吸附水分而形成水膜。在电场作用下,水膜中的离子沿电介质表面移动,电极附近逐渐积聚起电荷,这一部分场强增加,易于击穿,降低了沿面闪络电压。

③ 电介质表面电阻不均匀和介质表面不绝对光滑,也使电场分布变形,造成沿面闪络电压降低。

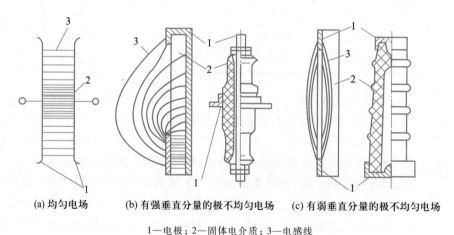

(a) 均匀电场　　(b) 有强垂直分量的极不均匀电场　　(c) 有弱垂直分量的极不均匀电场

1—电极;2—固体电介质;3—电感线

图 1-40　固体电介质在气体电介质中的几种典型布置方式

2. 不均匀电场中的沿面放电

图 1-40(b)、(c)所示的是不均匀电场中沿面放电的两种情况。

图 1-40(b)所示是固体电介质处于极不均匀电场中,其电场强度垂直于电介质表面的分量要比平行于电介质表面的分量大很多(如套管)。图 1-41 所示为套管沿面放电示意图。由于套管法兰附近的电场强度最大,电感线也最密,在一定的电压作用下,此处首先出现电晕放电,如图 1-41(a)所示;随着电压的继续升高,放

电电晕逐渐变成许多平行的火花细线,形成刷状放电,如图 1-41(b)所示;当电压超过某一临界值后,放电性质就发生了变化,电晕迅速向前延伸,转变为光度很明亮的、树枝状的火花,这些放电火花在法兰的不同位置上交替出现,一处产生后紧贴电极表面向前发展,随即很快消失,而后在新的地方又产生,这一放电形式称为滑闪放电,如图 1-41(c)所示。滑闪放电的长度随外加电压的增加迅速增大,最后达到另一电极,形成完全击穿(闪络)。此后,根据电源容量的大小,放电将转入空气中的火花放电或电弧放电。

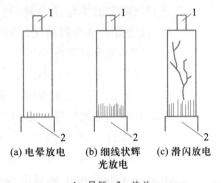

(a) 电晕放电   (b) 细线状辉   (c) 滑闪放电
光放电

1—导杆;2—法兰

图 1-41 套管沿面放电示意图

图 1-40(c)所示为固体电介质处于极不均匀电场中,但在电介质表面大部分地方(除紧靠电极的很小区域外)的电场强度平行于表面的分量比垂直分量大(如支柱绝缘子)。在这种情况下,其沿面放电与均匀电场中的沿面放电类似,只是由于电场本身已经不均匀,任何其他使电场不均匀性增大的因素对击穿电压的影响都不会像在均匀电场中那样显著,其沿面闪络电压较之均匀电场明显降低。为了提高沿面闪络电压,可适当改变电极的形状。

因此,在不均匀电场中的沿面放电,大致可以分为三个阶段:电压较低时,在电场最强处首先发生电晕;随着电压升高,电晕放电转入滑闪放电;电压再升高,火花延伸,导致沿面闪络。

3. 提高沿面闪络电压的方法

针对沿面闪络电压比同一间隙纯空气击穿电压低的原因,根据不均匀电场中沿面放电的发展过程,提高沿面闪络电压的方法通常有以下几种。

(1) 调整电场

如图 1-42 所示,图中电极 A 处附近的固体电介质表面的电位分布是很不均匀的,容易发展沿面放电。若将电极形状改良成如图中电极 B 所示,则沿固体电介质表面电位分布将均匀得多,从而可以提高沿面闪络电压。如图 1-43 所示,将电极埋入固体电介质内部,使电极外部边缘处空气里的电场强度减小,也能提高沿面闪络电压。

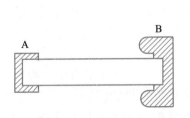

A—改良前;B—改良后

图 1-42 改良电极

电极

图 1-43 将电极埋入电介质内部

此外,在电场最强处的电介质表面(如图 1-41 中法兰处的电介质表面)涂以适当电阻率的半导体涂料,可减小该处的表面电阻,从而减小那里的表面电位梯度,也能有效地抑制沿面放电的发展。

(2)绝缘屏障的采用

安放在电极间的固体电介质沿电场等位面方向设置有突出的凸棱(如图 1-44 中 3 所示),亦称绝缘屏障。采用这种绝缘屏障能够显著地提高沿面闪络电压。最有效的形式是使绝缘屏障的边缘与电场等位面平行,而且平行于电场等位面的凸棱长度越长,就能使沿面闪络电压提高越大。这是因为带电粒子沿平行于等位面的绝缘屏障表面运动时,不能从电场吸取能量以造成游离的缘故。靠近电极处的绝缘屏障的作用比远离电极处的绝缘屏障的作用要大些,这是因为游离尚未充分发展即被阻止的缘故。在不均匀电场中,如果沿面放电首先是从某电极开始发展的,则靠近该电极处的绝缘屏障的作用要比靠近另一处时的作用要大。现代的绝缘子就是应用绝缘屏障的原理而设计的,当然,由于照顾到其他方面的因素,绝缘屏障的边缘不能做得很尖锐,绝缘屏障的方向也不能完全与等位面相平行。

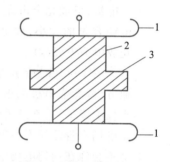

1—电极；2—固体电介质；3—绝缘屏障

图 1-44　绝缘屏障示意图

(3)固体电介质表面的处理

在固体电介质表面涂以憎水性涂料(如硅油、硅脂或地蜡等),能防止固体电介质表面水膜连成一片,大大减小电介质表面的电导,也可提高沿面闪络电压。此外,保证合理地周期性清扫(擦拭或用水冲洗),使电介质保持清洁,也是提高沿面闪络电压的方法之一。

1.6　液体电介质的击穿

一、液体电介质的击穿过程

当液体电介质外加电压达到一定值时,将使液体电介质击穿。目前对液体电介质的击穿机理研究还不充分,一般认为它与气体电介质的击穿机理类似,也可以用碰撞电离来解释。也就是说,从电极上或液体分子本身游离出来的初始电子,在电场的作用下,获得能量并产生碰撞电离,形成电子崩,导致液体电介质被击穿。但是,由于液体电介质的密度远大于气体,电子的自由行程很小,所以纯净液体电介质的击穿电压也远大于气体电介质的击穿电压。

纯净液体电介质的击穿场强虽高,但其提纯极其复杂,而且设备的制造及运行中又难免产生一些水分、纤维等杂质。这些杂质在外加电场的作用下,将发生一系列的变化,形成"小桥",使泄漏电流增大,温度升高,进而又使水分汽化,气泡扩大,游离加强,最后可能在气体通道中形成击穿。

二、影响液体电介质击穿电压的因素

1. 水分

水分可使液体电介质击穿电压大大降低。因为水的介电常数很大,水珠在电场力的作用下被拉长,并沿电场方向排列,当有相当数量的水珠时,便可在两极间形成一个导电"小桥","小桥"连接两电极,会明显降低击穿电压。但是,只有一定数量的水分能以悬浮状态存在于油中,其余的部分将沉积在底部,所以随着含水量的增大,油的电气强度降低是有限的。

2. 温度

在液体电介质中大多含有水分,故使其击穿电压随温度而变化。在不同的温度下,水分在油中的存在方式也不同。当水以溶解状存在于液体电介质中时,由于它在电介质中高度分散,因此并不会使电气强度降低多少;若以悬浮状存在时,将会使击穿电压显著降低。随着温度由零开始上升,油中原来呈悬浮状存在的水逐渐变为溶解状,于是液体电介质的击穿电压明显增加。在 $60 \sim 80 \ ℃$ 时,击穿电压达到最大值;当温度继续升高,水分蒸发,在油中造成气泡,反而使击穿电压下降;在 $-5 \sim 0 \ ℃$ 时,介质中的水分全部呈悬浮状,导电"小桥"最易形成,击穿电压也最低。随着温度的继续降低,水变成冰,其介电常数也下降,同时电介质本身也开始变稠、粘度增大,这些都使"小桥"效应减弱,油的击穿电压又提高。如果液体电介质很干燥,在一定的温度范围内,击穿电压几乎与温度无关。

3. 纤维和其他杂质

介质中杂质除水分外,还有其他固体杂质,如纤维。吸收水分的纤维在电场力的作用下,沿电场方向排列,形成导电"小桥",导致击穿。此外,还由于放电所产生的碳粒和氧化所生成的残渣等,它们都会使电场变得不均匀,还可附着于固体表面,降低沿面放电电压。

4. 压力

液体电介质中含有气体时,其工频击穿电压随液体压力的增大而升高,因为压力增加时,气体在液体中的溶解度增大,不易形成"小桥",并且气泡的局部放电起始电压也提高,比较难于电离,从而提高了击穿电压。

5. 电场均匀程度

液体电介质的纯净度越高,越有利于改善电场的均匀程度,就越能使工频、直流击穿电压提高。但在品质较差的电介质中,对电场均匀程度的影响并不显著,因杂质的影响能使电场畸变。在冲击电压作用下,由于液体电介质中杂质的作用减弱,改善了电场,能提高其击穿电压。

6. 电压作用的时间

液体电介质的击穿电压会随加压时间的增加而下降。这是由于液体电介质中的杂质在电场的作用下,从积聚到电极之间并形成"小桥"到使电介质发热,均需要一定的时间。当液体电介质的纯净度提高时,将使电压作用时间对击穿电压影响减小。长期工作后的液体电介质,由于老化、变脏等因素,会使其击穿电压缓慢下降。在不太脏的情况下,1 min 的击穿强度与较长时间的击穿强度相差不大,因此,在耐压试验时通常设置加压时间为 1 min。图 1-45 所示为变压器油的击穿电压与电压作用时间的关系曲线。

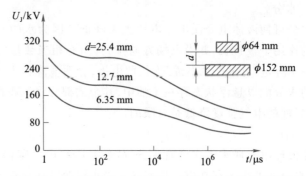

图 1-45　变压器油的击穿电压与电压作用时间的关系曲线

三、减少杂质影响的措施

从前面的叙述中可以明显地看出,杂质(包括水分、气泡和其他固体杂质)对液体电介质的击穿电压影响较大,所以为了提高击穿电压,必须设法除去杂质,或设法减少杂质的影响。工程上除去杂质或减少杂质影响的措施主要有以下几方面。

1. 过滤

用滤纸过滤可以除去液体电介质中的纤维和部分水分,也可以先在液体电介质中加一些吸附剂,吸附电介质中的杂质,然后过滤。

2. 防潮

电气设备的绝缘部件在浸油前必须烘干,有的还要进一步采用抽真空的方法除去水分。在设备制造和检修过程中,要防止水分、杂质侵入。有些设备的液体绝缘,因考虑其他原因不可能完全与大气隔绝时,则要在空气进口处装设带有干燥剂的呼吸器等,防止潮气与油面直接接触(如油浸式变压器)。

3. 脱气

常用的脱气办法是将油加热、喷成雾状,且抽真空,以除去其中的水分及气体,并在真空状态下将油注入高压电气设备中,另外,被注油设备也脱气,可避免油中混入气泡,有利于油渗入设备内部。

4. 采用"油-绝缘屏障"

在稍不均匀电场中曲率半径较小的电极上,常覆以薄的电缆纸或黄蜡布或涂以漆膜,如图 1-46(a)所示(若是对称电极,两个电极都应覆盖)。这层覆盖虽然很薄(零点几毫米以下),但它可以阻止杂质"小桥"的发展,使工频击穿电压显著提高,在均匀电场中可提高 70%~100%;在极不均匀电场中也可提高 10%~15%。因此,在充油电气设备里极少采用裸导体。

如图 1-46(b)所示,在不均匀电场中曲率半径小的电极上包缠较厚的电缆纸或皱纹纸、黄蜡布等固体绝缘层。这些固体绝缘层不仅可以减小电介质中杂质的

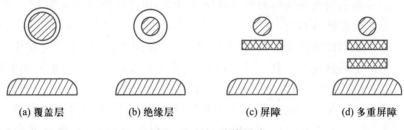

(a) 覆盖层　　　　(b) 绝缘层　　　　(c) 屏障　　　　(d) 多重屏障

图 1-46　油-绝缘屏障

影响,而且绝缘层还承担一定的电压,使绝缘表面处电介质中最大电场强度降低,有利于提高整个间隙的工频和冲击击穿电压。

如图 1-46(c)所示,在处于不均匀电场的油间隙中放置尺寸较大(与电极形状相适应)、厚度为 1~3 mm 的绝缘屏障。当曲率半径小的电极处先发生游离后,离子积聚在绝缘屏障一侧,使绝缘屏障与另一个电极间的电场变得均匀,也提高了油间隙的工频击穿电压,在稍不均匀电场中可比无绝缘屏障时提高 25%;在极不均匀电场中效果更为显著,可提高两倍或更高。

若将油间隙用多重绝缘屏障分隔成多个较短的油间隙,如图 1-46(d)所示,则油间隙越多,击穿电压也越高。但是细而长的油间隙中,如绝缘屏障过多将会阻止油的流动,不利于散热,因此,采用多重绝缘屏障时,应进行综合考虑。

1.7　固体电介质的击穿

实验证明,随着电介质上所加电压的不断增加,当达到某一电压值时,电介质中通过的电流将急剧增大,即发生了击穿。对于固体电介质来说,其击穿后便丧失了绝缘性能,变为导体。这与气体和液体电介质不同,当外施电压除去后绝缘性能还可恢复。但是,固体电介质的击穿强度一般都比气体和液体电介质的高,例如,在均匀电场中,云母的工频击穿强度可达 2 000~3 000 kV/cm。

固体电介质在电场中工作,或受到其他能量(热、机械、化学等)的作用,都会使其绝缘性能下降,因此,固体电介质的击穿是上述各因素共同作用的结果。固体电介质的击穿,一般可分为电击穿、热击穿和电化学击穿三种形式。

一、固体电介质的击穿过程

1. 电击穿过程

对固体电介质施加电压后,当电介质中电场强度足够时,会使电介质内部存在的少量自由电子得到加速,产生碰撞电离,使电子数增多,这些电子在电场的作用下,再参与碰撞电离,如此循环发展下去,就像气体中产生碰撞电离那样,电子迅速增多,形成"电子崩",电流猛增,最终导致击穿,这种击穿形式称为电击穿。其特点是:过程极快,击穿电压值高,持续击穿电压和时间关系很小,电介质发热不显著,击穿场强与电场均匀程度关系密切,而与周围环境温度无关。

2. 热击穿过程

在固体电介质受到电压较长时间的作用时,电介质中将发生损耗。如果损耗所产生的热量大于其散发的热量,电介质温度就会升高,而电介质又具有负的温度系数,即温度上升时电阻将变小,这又会使电流进一步增大,损耗发热也跟着增大,最后由于温升过高而使电介质发生局部分解、熔化、烧焦等,导致绝缘性能完全丧失,电介质即被击穿。如果电介质原来存在局部缺陷,则该处损耗比其他地方增大,温升会更快,所以击穿易在局部有缺陷的地方发生。这种与热的形成过程相关的击穿称为热击穿。热击穿除与环境温度、电压作用时间、电源频率有关外,还与周围媒体的热传导方式、散热条件及电介质本身导热系数、损耗大小及厚度等有关。一般情况下,热击穿电压与外施电压作用时间成反比,随电介质的温度升高而降低。但击穿电压与电场的均匀程度关系不大。

3. 电化学击穿过程

电气设备在长期运行中,由于受到热、化学、机械的作用,使电介质的绝缘性能逐渐降低。这一过程一般是不可逆的,即在除去电压后,电介质不再恢复它原来的特性,这一过程称为老化。导致电介质老化的原因主要有局部过热(热损耗),高电场强度下电介质的局部放电及其所产生的臭氧(O_3)和氧化氮(NO、NO_2)等具有腐蚀性的氧化物的腐蚀,机械撞击以及不同温度系数造成的应力损伤,或电介质不均匀及电场边缘场强集中引起局部过电压。这些因素可能同时作用于电介质,导致绝缘老化、性能变坏,以致在工作电压或过电压下形成击穿,称此过程为电化学击穿。由于电化学击穿通常是在电压长期作用下逐步发展而形成的,它与固体电介质本身的耐电离性能、制造工艺、工作条件等都有密切的关系。此外,电化学击穿的击穿电压比电击穿和热击穿的击穿电压更低,所以对固体电介质的电化学击穿更应引起足够的重视。

二、影响固体电介质击穿的因素及提高其电气强度的措施

1. 影响固体电介质击穿电压的主要因素

(1) 电压作用时间

外施电压作用时间对击穿电压的影响很大,如果电压作用时间很短(如 0.1 s 以下),固体电介质的击穿往往是电击穿,击穿电压也较高,这是因为在时间很短时,热和化学的作用尚来不及起作用。随着电压作用时间的增长,击穿电压将下降,如果在加电压后数分钟到数小时才引起击穿,则热击穿往往起主要作用。不过两者有时很难分清,在工频交流 1 min 耐压试验中的试品被击穿,常常是电和热双重作用的结果。电压作用时间长达数十小时甚至几年才发生击穿时,大多属于电化学击穿的范畴。

(2) 温度

固体电介质在某个温度范围内其击穿性质属于电击穿,这时的击穿场强很高,且与温度几乎无关。超过某个温度后将发生热击穿,温度越高热击穿电压越低;如果周围媒体的温度也高,且散热条件又差,热击穿电压将更低。因此,以固体电介

质作绝缘材料的电气设备,如果某处局部温度过高,在工作电压下就有热击穿的危险。不同的固体电介质其耐热性能和耐热等级是不同的,因此它们由电击穿转为热击穿的临界温度也是不同的;即使同一材料,如材料越厚,散热越困难,在较低温度时也会被热击穿。

（3）电场均匀程度

均匀致密的固体电介质在均匀电场中耐压较高,击穿电压与厚度近似有线性关系;在不均匀电场中,则随着电介质厚度的增加电场更不均匀,击穿电压大大降低,且与厚度不再呈线性增加。随着厚度的增加,电介质散热会更困难,有可能造成热击穿,此时增加厚度的意义就不大了。

常用的固体电介质并不是理想的均匀致密材料,一般含有杂质和气隙,这时即使处于均匀电场中,其自身存在的气孔等缺陷也会使内部的电场发生畸变,最大电场强度集中在气隙等缺陷处。在气隙中发生局部放电并逐步损害到固体电介质,使击穿电压下降。若经过真空干燥、浸油、浸漆等工艺处理,则可明显提高击穿电压。

（4）受潮

绝缘材料受潮后击穿场强的下降程度与该材料的性能有关。对于不易吸潮的材料(如聚乙烯、聚四氟乙烯等中性电介质),受潮后击穿电压下降约50%。但是,对于易吸潮的极性电介质(如棉纱、纸等纤维材料),吸潮后的击穿电压可能只有干燥时的几百分之几或更低,这是由于电导率和介质损耗大大增加的缘故。因此,高压绝缘结构不但在制造时要注意除去水分,在运行中还要注意防潮,并定期检查受潮情况。

（5）累积效应

在不均匀电场中,特别在雷电等冲击电压作用下,固体电介质内部可能出现局部损伤,并留下局部碳化、烧焦或裂缝等痕迹。多次加电压时,局部损伤会逐步发展,称之为累积效应。有时虽未形成贯穿的击穿通道,但已在固体电介质中形成局部损伤或不完全击穿。在多次冲击或工频试验电压作用下,一系列的不完全击穿将导致电介质的完全击穿。

主要以固体电介质作绝缘材料的电气设备,随着施加冲击或工频试验电压次数的增多,很可能因累积效应而使其击穿电压下降。因此,在确定这类电气设备耐压试验时加电压的次数和试验电压值时,应考虑这种累积效应,而在设计固体绝缘结构时,应保证一定的绝缘裕度。

2. 提高固体电介质击穿电压的措施

为了提高固体电介质的击穿电压,可以从以下几方面考虑:

① 改进制造、维修工艺。如尽可能地清除固体电介质中残留的杂质、气泡、水分等,使固体电介质尽可能做得均匀致密。这可以通过精选材料,改善工艺,真空干燥,加强浸渍(油、胶、漆等)等方法来达到。

② 改进绝缘设计。如采取合理的绝缘结构,使各部分绝缘的耐电强度能与其所承受的场强相适配;改进电极的形状,使电场尽可能均匀;改善电极与绝缘体的接触状态,设法消除接触处的气隙。

③ 改善运行条件。如注意防潮,防止尘污和各种有害气体的侵蚀,加强散热冷却（如自然通风、强迫通风、氢冷、油冷、水内冷)等。

自我检测题

1. 电介质的基本电气特性有哪些？与这些特性相对应的参数是什么？

2. 什么是电介质的相对介电常数？在工程上有何应用？

3. 电介质的极化方式有几种？各有什么特点？

4. 电介质电导与金属电导有何区别？

5. 什么是吸收比,在工程上有何意义？

6. 介质损耗的形式有哪些？在交直流电压作用下有何区别？

7. 什么是介质损耗？$\tan \delta$ 的工程含义是什么？

8. 气体放电的主要形式有哪些？

9. 电离的形式有哪些,其特点是什么？

10. 带电粒子是如何产生和消失的？

11. 简要说明汤逊放电理论。

12. 流注理论的主要内容是什么？

13. 均匀和不均匀电场气隙击穿特性有何不同？

14. 为什么要用 50% 冲击击穿电压作为气隙的冲击击穿电压？

15. 什么是伏秒特性？在工程上如何应用？

16. 操作冲击电压下气隙击穿的特点有哪些？

17. 如何提高气体间隙的击穿电压？

18. 提高沿面闪络电压的方法有几种？

19. 影响液体电介质击穿电压的因素有哪些？各有什么特点？

20. 如何减少液体电介质中杂质的影响？

21. 固体电介质的击穿过程有几种,各有何特点？

第 2 单元　过电压及其防护

2.1 概述

一、过电压的定义及其分类

在正常运行状态下,电气设备与系统的绝缘一般只承受电网的额定电压,但在运行中由于雷击、开关操作、故障或参数配合不当等原因,某些部分的电压可能升高,甚至远远超过正常的额定电压,从而引起电气设备与系统的绝缘遭到破坏。这种超过正常运行电压,并可能使电气设备或系统损坏的电压称为过电压。按引起过电压的能量来源的不同,过电压可分为内部过电压与大气过电压。

如果是由于系统外部突然加入一定的能量而引起的,例如,由于雷击或雷电感应引起的过电压,则称大气过电压,也称外部过电压或雷电过电压。如果是由于系统内部的电磁场能量发生交换,例如,系统产生谐振等内部因素引起的过电压,通常称为内部过电压。

不论是大气过电压还是内部过电压,只要幅值高过一定程度,都是很危险的,它可能使输配电线路及电气设备的绝缘弱点发生击穿或闪络,从而破坏电力系统的正常运行。

大气过电压一般可分为直击雷过电压、雷电感应过电压和雷电反击过电压三种。

直击雷过电压是雷云直接对设备放电,包括雷云绕过接闪杆和接闪线对设备直接放电(绕击)所造成的过电压。

雷电感应过电压则是雷云对设备周围的其他物体(含过电压保护装置)放电引起的过电压耦合到该设备上所造成的过电压。

雷电反击过电压则是雷云对过电压保护装置放电时,雷电流泄放通道的阻抗上的电压降过大,从而对临近设备或装置造成的过电压。

内部过电压通常可以分成两大类:一类是由于开关操作或者故障原因使系统运行状态发生变化,引起系统的电磁场能量发生改变而产生的过电压,称为操作过电压;另一类是由于系统中电感、电容和电阻的参数在特定的配合下发生谐振而引起的过电压,称为谐振过电压。

操作过电压传统上主要指以下三种:

① 切空载长线和切并联电容器组。

② 合空载长线。

③ 切空载变压器、并联电抗器和电动机。

实际上还有三种操作过电压也不可忽视:

① 合大型空载变压器。

② 投串联电容补偿装置。

③ 切串联电容补偿装置。

谐振过电压依其参数的特征也可分为三种：

① 线性谐振过电压，即系统三参数(R、L、C)均在线性状态的谐振过电压。

② 铁磁谐振过电压，即电感参数 L 因非线性而致饱和状态时产生的谐振过电压。

③ 参数谐振过电压，即发电机参数呈周期性变化时产生的谐振过电压。

不论哪种过电压，它们的作用时间都很短(谐振过电压有时较长)，但有效值较高，都可能使电力系统的正常运行受到破坏，使设备的绝缘受到威胁。为了保证系统安全、经济地运行，必须研究过电压产生的机理和它发展的物理过程，从而提出限制过电压的有效措施，以保证电气设备能正常运行和得到可靠保护。

二、雷电的形成及其危害

电闪雷鸣是一种雄奇壮丽的自然现象，但同时又是一种严重的自然灾害。大气过电压是由雷云放电产生的。雷电放电的同时伴随着划破长空的耀眼的闪光和震耳欲聋的霹雳声，因而常称之为雷电。雷电给人类生活和生产活动带来很大影响，它具有很大的破坏作用，不仅能击毙人畜、劈断树木、破坏建筑物及各种设施，还可能引起火灾和爆炸事故。雷电以其巨大的破坏力给人类社会带来了惨重的灾难，尤其是近几十年来，雷电灾害频繁发生，对国民经济造成的危害日趋严重。雷电灾害已被联合国有关部门列为"最严重的十种自然灾害之一"。

1. 雷电的产生

雷电是雷云之间或雷云对地面放电的一种自然现象。在雷雨季节里，地面上的水分受热变成水蒸气，并随热空气上升，在大气中与冷空气相遇，使上升气流中的水蒸气凝成水滴或冰晶，形成积云。当水平移动的冷、暖气流相遇时，冷气团下降，暖气团上升，在高空凝成小水滴，形成宽度达几千米的锋面积云，当云中悬浮的水滴很多时，形成了带电云层。

由于静电感应，带电的云层在大地表面会感应出与云块异性的电荷，当电场强度达到一定值时，即发生雷云与大地之间的放电；在两块异性电荷的雷云之间，当电场强度达到一定值时，便发生云层之间放电。放电时伴随着强烈的电光和声音，这就是常见的雷电现象。

雷云放电时，亦即是由于雷云中的电荷逐渐聚积增加使其电场强度达到一定程度时，周围空气的绝缘性能就被破坏，于是正雷云与负雷云之间或者雷云与地之间，发生强烈的放电现象。云层与云层之间的放电虽然有很大响声和强烈的闪光，但对地面上的建筑物、构筑物、人、畜没有多大影响，只对飞行器和敏感的电子设备有危害。但当云层对大地放电时，就会对自然界和人类社会产生巨大的破坏作用。

雷云是产生雷电的基本因素，而雷云的形成必须具备下列三个条件：

① 空气中有足够的水蒸气。

② 有使潮湿的空气能够上升并凝结为水珠的气象或地形条件。

③ 具有气流强烈持久地上升的条件。

雷云的放电过程可以分为先导放电阶段、主放电阶段以及余辉放电阶段。当雷云对大地之间有较高的电位时，由于静电感应，雷云下面的大地感应出异性电荷,两者之间构成了一个巨大的空间电容器,开始聚集电荷,使这个区域的电势逐渐上升,当其附近电场强度达到足以使附近空气绝缘破坏的程度,约为 25~30 kV/cm 时,空气发生电离,形成导电性的通道,称为雷电先导。雷电先导进展到离地面 100~300 m 高度时,地面受感应而聚集的异性电荷更加集中,特别在较突起或较高的地面突出物上,形成迎雷先导,向空中的雷电先导快速接近。当两者接近并达到闪击距离时,地面的异性电荷经过迎雷先导通道与雷电先导通道中的电荷发生强烈的中和,出现极大的电流而产生强烈的闪光并伴随巨大的声音,这就是雷电的主放电阶段。主放电阶段存在的时间极短,一般为 50~100 μs,但放电电流可达数百千安。主放电阶段结束后,雷云中的残余电荷继续经放电通道入地,称为余辉阶段。余辉电流一般为 100~1 000 A,持续时间一般为 0.03~0.15 s。雷云放电波形如图 2-1 所示。

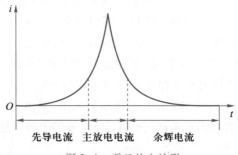

图 2-1　雷云放电波形

由于雷云中可能同时存在着几个电荷聚集中心,所以第一个电荷聚集中心完成对地的放电后,可能引起第二个、第三个中心也沿第一次放电通道放电。因此,雷云放电往往具有多重性,2~3 次的较为常见,每次相隔几百微秒至几百毫秒不等,电流则一般逐次减小。

2. 雷电参数

为了进行大气过电压的计算和采取合理的防护措施,必须掌握有关雷电的参数。几十年来,人们对雷电进行了大量的观察和测量,积累了不少有关雷电参数的资料。但是,由于在雷云放电中,放电间隙的长度、雷云电位的大小等,都有极大的变化范围,加之气象和地理、地质条件对一些参数也有很大影响,所以雷电参数是一个概率统计参数。从雷电过电压计算和防雷设计的角度来看,值得注意的雷电参数如下。

(1) 雷电活动频度——年平均雷暴日数 T_d

雷电的大小与多少和气象条件有关。为了统计雷电的活动频繁程度,一般采用雷暴日数为单位。在一天内只要听到雷声或者看到雷闪就算一个雷暴日。由当地气象台站统计的多年雷暴日的年平均值,称为年平均雷暴日数。据 GB 50343—2012《建筑物电子信息系统防雷技术规范》,此值不超过 25 天的地区称为少雷区;此值超过 25 天但不超过 40 天的地区为中雷区;此值超过 40 天但不超过 90 天的地区称为多雷区;此值超过 90 天的地区称为强雷区。在防雷设计中,标准雷暴日数一般取为 40 天。也有用雷暴小时作单位的,即在 1 h 内只要听到雷声或看到雷闪就算一个雷暴小时。在我国大部分地区,一个雷暴日约折合为 3 个雷暴小时。在防雷设计中,应根据雷暴日数的多少因地制宜。不同地区的年平均雷暴日数变化较大,例如,我国年平均雷暴日数最大的海南省儋州市 T_d 高达 121 日/年,而青海省格尔木市 T_d 仅为 2.3 日/年。

（2）地面落雷密度（γ）和雷击选择性

雷暴日或雷暴小时仅仅表示某一地区雷电活动的频度,它并不区分是雷云之间的放电、还是雷云对地面的放电。但从防雷的观点出发,最重要的是后一种雷击的次数,所以需要引入地面落雷密度（γ）这个参数,它表示每平方千米地面在一个雷暴日中受到的平均雷击次数。世界各国的取值不尽相同,年平均雷暴日数（T_d）不同的地区 γ 值也各不相同,一般 T_d 较大的地区 γ 值也较大。按我国标准,对 $T_d = 40$ 的地区取 $\gamma = 0.07$。

运行经验还表明:某些地面的落雷密度远大于上述平均值,如土壤电阻率 ρ 较周围土地小得多的场地、在山谷间的小河近旁、迎风的山坡等,称为易击区。在为发电厂、变电所、输电线路选址时,应尽量避开这些雷击选择性特别强的易击区。

（3）雷道波阻抗（Z_0）

主放电过程沿着先导通道由下而上地推进时,原来的先导通道变成了雷电通道（即主放电通道）,它的长度可达数千米,而半径仅为数厘米,因而类似于一条分布参数线路,具有某一等值波阻抗,称为雷道波阻抗。这样,我们就可将主放电过程看作一个电流波沿着波阻抗为 Z_0 的雷电通道投射到雷击点 A 的波过程。如果这个电流入射波为 I_0,则对应的电压入射波 $U_0 = I_0 Z_0$。根据理论计算结合实测结果,我国有关规程建议取 $Z_0 \approx 300\ \Omega$。

（4）雷电的极性

根据研究者实测数据,负极性雷击均占 75%～85%。再加上负极性过电压波沿线路传播时衰减较少较慢,因而对设备绝缘的危害较大。故在防雷计算中一般均按负极性考虑。

（5）雷电流幅值（I）

雷电的强度可用雷电流幅值 I 来表示。雷电的破坏作用主要是极大的雷电流引起的。雷电流具有冲击特性。雷电流幅值即雷电冲击电流的最大值,亦即主放电时雷电流的最大值。雷电流幅值是表示雷电强度的指标,也是产生雷电过电压的根源,所以是最重要的雷电参数,也是人们研究得较多的一个雷电参数。

雷电流幅值的变化范围很大,一般为数十千安至数百千安。据 DL/T 620—1997《交流电气装置的过电压保护和绝缘配合》,我国一般地区雷电流幅值大于 $I(kA)$ 的概率 P 可用下式表示

$$\lg P = -\frac{I}{88} \tag{2-1}$$

平均年雷暴日数在 20 天及以下的地区（如陕南以外的西北地区、内蒙古自治区的部分地区）,雷电活动较弱且幅值较小,雷电流幅值超过 $I(kA)$ 的概率 P 则可用下式表达

$$\lg P = -\frac{I}{44} \qquad (2-2)$$

雷电流的幅值和极性可用磁钢记录器测量。

（6）雷电流的波前时间、陡度及波长

雷电流的波形如图 2-2 所示。实测表明，雷电流的波前时间 T_1 处于 $1 \sim 4$ μs 的范围内，平均约为 2.6 μs。雷电流的波长（半峰值时间）T_2 处于 $20 \sim 100$ μs 的范围内，多数约为 40 μs。我国规定在防雷设计中一般采用 2.6/40（单位均为 μs）的波形。而在绝缘的冲击高压试验中，把标准雷电冲击电压的波形定为 1.2/50（单位均为 μs）。

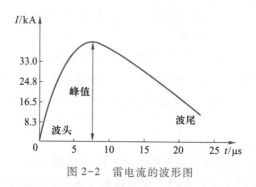

图 2-2　雷电流的波形图

雷电流的幅值和波前时间决定了它的陡度 α，它也是防雷计算和决定雷电防护措施时的一个重要参数。我国规定波前时间 $T_1 = 2.6$ μs，所以雷电流波前的平均陡度

$$\alpha = \frac{I}{2.6} \qquad (2-3)$$

实测还表明，雷电陡度的最大值一般可取 50 kA/μs，平均值则约为 30 kA/μs。

3. 雷电的危害

雷电产生数十千安乃至数百千安的冲击电流，从而带来巨大的电磁效应、机械效应和热效应。冲击电流流过被击物体形成幅值很高的冲击电压波，使电气设备绝缘破坏；冲击电流的电动力作用，使被击物体炸裂；冲击电流使导线等金属物体温度突然升高，以致熔断毁坏。

线路遭雷击可能导致两种破坏性后果：① 使线路发生短路接地故障。雷电过电压的作用时间虽然很短（数十微秒），但导线对地（接闪线或杆塔）发生闪络以后，工频电压将沿此闪络通道继续放电，进而发展成为工频电弧接地。此时继电保护装置可能会动作，使断路器跳闸，影响正常送电。② 雷电波侵入变电所，并在变电所内经历复杂的折、反射过程，可能使电力设备承受很高的过电压，以致破坏设备绝缘，造成停电事故。

发电厂是电能供应的来源，变电所是电力系统的枢纽，一旦它们发生雷害事故，将造成大面积停电；而且发电机、变压器等主要电气设备的内绝缘大都没有自恢复功能，万一被雷害损坏，修复起来十分困难，势必延长停电时间，严重影响国民经济和人民生活。因此，发电厂和变电所的雷电过电压保护必须十分可靠。

发电厂和变电所的雷害可来自两个方面,一是雷直击于发电厂、变电所,二是雷击输电线路产生的雷电过电压波沿线路侵入发电厂、变电所。由于雷击线路比较频繁,因此,雷电过电压波侵入是造成发电厂、变电所雷害事故的主要原因。侵入变电所的雷电波幅值虽然在一定程度上受到线路绝缘水平的限制,但因为线路的绝缘水平一般高于变电所电气设备的绝缘水平,因此,限制侵入波仍是发电厂和变电所防雷的主要工作。

三、大气过电压

电气设备上的大气过电压是由于雷云放电引起的。一种是由于雷电直接对设备放电而使电气设备产生过电压,称为直击雷过电压;另一种则是雷电对设备附近的物体或大地放电时,使电气设备引起的感应过电压。

1. 直击雷过电压

如图 2-3 所示,有一高度为 h 与大地连接的金属导体(如接闪杆,俗称避雷针),当它对大地传导电流时,大地所呈现的冲击电阻为 R_{sh}。现在来分析当雷电直接对该接闪杆放电时,其顶端的电位 u 与哪些因素有关。

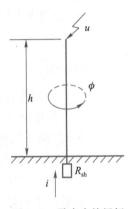

图 2-3　雷直击接闪杆

显然,雷电流 i 流过 R_{sh} 的压降为 iR_{sh}。而在雷电流由零上升到最大值的这一部分(即波前部分),由于陡度很大,即单位时间内的电流上升很快,所以在针的周围磁通的变化率很大。设接闪杆单位长度的电感为 L_0,雷电流的上升速度为 $\dfrac{\mathrm{d}i}{\mathrm{d}t}$,那么,由于磁场变化所产生的对地电压就为 $L_0 h \dfrac{\mathrm{d}i}{\mathrm{d}t}$,故其顶端的对地电压为

$$u = iR_{sh} + L_0 h \frac{\mathrm{d}i}{\mathrm{d}t} \tag{2-4}$$

由式(2-4)可见,直击雷过电压是雷电流在被击物阻抗上的压降。为了决定直击雷过电压,需要知道:① 被击物阻抗的性质及参数。② 雷电流的幅值、上升的速度或雷电流的波形。

2. 雷电感应过电压

现以雷击输电线路附近的地面为例,说明雷电感应过电压产生的物理概念。当雷击于输电线路附近的地面时,会在输电线路上产生雷电感应过电压。这是因为,在雷电放电的先导阶段,在先导通道中充满了电荷(如负电荷),如图 2-4(a)所示,它对导线产生了静电感应,在先导通道附近的导线上积累了异性束缚电荷(如正电荷)。因为先导发展速度较慢,所以导线上正电荷集中的过程也很缓慢,其电流可以忽略不计。当雷击大地时,主放电开始,先导通道中的电荷被自下而上中和,这时导线上的束缚电荷失去束缚,转变为自由电荷向导线两侧流动,如图 2-4(b)所示。由于主放电速度很快,所以导线中的电流也很大,雷电感应过电压会达到很大的数值。

53

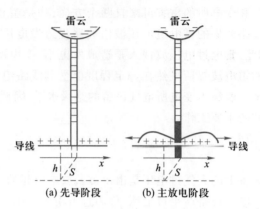

图 2-4　雷电感应过电压的形成

由以上分析可见,雷电感应过电压的幅值 U 将与雷电主放电电流的幅值 I 成正比;与雷击地面点距导线的距离 S 成反比。导线的悬挂高度 h 也显然影响到 U 的大小。

四、内部过电压

1. 操作过电压

操作过电压是内部过电压的一种类型,发生在由于"操作"引起的过渡过程中。所谓"操作",包括断路器的正常操作,如分、合闸空载线路或空载变压器、电抗器等;也包括各类故障,如接地故障、断线故障等。由于"操作",使系统的运行状态发生突然变化导致系统内部电感元件和电容元件之间电磁能量的互相转换,这个转换常常是强阻尼的、振荡性的过渡过程。因此,操作过电压不同于工频电压升高和谐振过电压,它具有幅值高、存在高频振荡、强阻尼以及持续时间短等特点。

由于操作过电压的能量来源于系统本身,所以过电压幅值与系统的额定电压大致存在一定的倍数关系,通常以系统的最高运行相电压幅值 U_{pm} 为基值来计算过电压幅值的倍数 K。操作过电压与系统结构、设备特性、特别是断路器的特性有关。在电力设备绝缘设计中,根据过电压保护规程,一般规定操作过电压倍数为 2.5~4.0。

由于影响过电压的因素很多,而且一些因素具有随机性,因此,过电压的波形参数、幅值均为随机的数值,但由大量的计算或模拟试验、系统的实测可以给出它们位于一定范围内的概率。

由于操作过电压的数值与系统的额定电压有关,所以随着系统额定电压的提高,操作过电压的幅值亦迅速增长。对于 220 kV 及以下系统,通常设备的绝缘结构设计允许承受可能出现的 3~4 倍的操作过电压,因而不必采取专门的限压措施。然而对于 330 kV 及以上超高压系统,如果仍按 3~4 倍的操作过电压考虑,势必导致设备绝缘费用的迅速增加;此外,由于外绝缘及空气间隙的操作冲击强度对绝缘距离的"饱和"效应,会使设备的绝缘结构复杂、体积庞大,进一步影响到设备的造价、工程的投资等经济指标。因此,在超高压系统中必须采取措施将操作过电压强迫限制在一定水平以下。目前采取的有效措施主要有:线路上装设并联电抗器、采用带有并联电阻的断路器以及磁吹、阀型或金属氧化物避雷器（MOA）等。随着这些限制措施的采用以及系统本身性能的改善，超高压系统中操作过电压的倍数会有所降低。

2. 谐振过电压

电力系统中包括许多电感元件和电容元件。例如，电感元件有电力变压器、互感器、发电机、消弧线圈以及线路导线等；电容元件有线路导线的对地电容和相间电容、补偿用的串联和并联电容器组以及各种高压设备的寄生电容等。在系统进行操作或发生故障时，这些电感元件和电容元件，可能形成各种不同的振荡回路，在一定的电源作用下，产生谐振现象，引起谐振过电压。

谐振过电压不仅会在进行操作或发生故障的过程中产生，而且可能在过渡过程结束后的较长时间内稳定存在，直到发生新的操作，谐振条件受到破坏为止。谐振过电压的严重性既取决于它的幅值，也取决于它的持续时间。谐振过程不仅会产生过电压，危及电气设备的绝缘和产生持续的过电流而烧毁设备，而且还可能影响过电压保护装置的工作条件，如影响阀型避雷器的灭弧条件等。

2.2　防雷设备

雷电具有巨大的电磁效应、机械效应和热效应，其放电电压可达数千伏至数万千伏，放电电流可达几十千安至几百千安，远远大于发、供电系统的承受能力，因而其破坏性极大。

根据 GB 50057—2010《建筑物防雷设计规范》（自 2011 年 10 月 1 日起实施）规定，建筑物应根据其重要性、使用性质、发生雷电事故的可能性和后果，分为下列三类。

（1）在可能发生对地闪击的地区，遇下列情况之一时，应划为第一类防雷建筑物：

① 凡制造、使用或贮存火炸药及其制品的建筑物，因电火花而引起爆炸，会造成巨大破坏和人身伤亡者。

② 具有 0 区或 20 区爆炸危险场所的建筑物。

③ 具有 1 区或 21 区爆炸危险场所的建筑物，因电火花而引起爆炸，会造成巨大破坏和人身伤亡者。

（2）在可能发生对地闪击的地区，遇下列情况之一时，应划为第二类防雷建筑物：

① 国家级重点文物保护的建筑物。

② 国家级的会堂、办公建筑物、大型展览和博览建筑物、大型火车站和飞机场（不含停放飞机的露天场所和跑道）、国宾馆、国家级档案馆、大型城市的重要给水水泵房等特别重要的建筑物。

③ 国家级计算中心、国际通信枢纽等对国民经济有重要意义的建筑物。

④ 国家特级和甲级大型体育馆。

⑤ 制造、使用或贮存火炸药及其制品的危险建筑物,且电火花不易引起爆炸或不致造成巨大破坏和人身伤亡者。

⑥ 具有 1 区或 21 区爆炸危险场所的建筑物,且电火花不易引起爆炸或不致造成巨大破坏和人身伤亡者。

⑦ 具有 2 区或 22 区爆炸危险场所的建筑物。

⑧ 有爆炸危险的露天钢质封闭气罐。

⑨ 预计雷击次数大于 0.05 次/年的部、省级办公建筑物及其他重要或人员密集的公共建筑物以及火灾危险场所。

⑩ 预计雷击次数大于 0.25 次/年的住宅、办公楼等一般性民用建筑物。

注:预计雷击次数应按本规范附录 A 计算。

（3）在可能发生对地闪击的地区,遇下列情况之一时,应划为第三类防雷建筑物:

① 省级重点文物保护的建筑物及省级档案馆。

② 预计雷击次数大于或等于 0.01 次/年且小于或等于 0.05 次/年的部、省级办公建筑物及其他重要或人员密集的公共建筑物以及火灾危险场所。

③ 预计雷击次数大于或等于 0.05 次/年且小于或等于 0.25 次/年的住宅、办公楼等一般性民用建筑物或一般性工业建筑物。

④ 在平均雷暴日大于 15 天/年的地区,高度在 15 m 及以上的烟囱、水塔等孤立的高耸建筑物;在平均雷暴日小于或等于 15 天/年的地区,高度在 20 m 及以上的烟囱、水塔等孤立的高耸建筑物。

常用的防雷装置有避雷针、避雷线、避雷网、避雷带以及避雷器和接地装置等。避雷针(线)用以防止雷电直接击中被保护物体,它是直击雷保护装置。避雷器主要用以防止沿输电线路侵入变电站的雷电波毁坏电气设备,它是侵入波保护装置。特别指出,在从 2011 年 10 月 1 日起实施的 GB 50057—2010《建筑物防雷设计规范》中,避雷针改称接闪杆,避雷线改称接闪线,避雷网改称接闪网,避雷带改称接闪带。

在本书的叙述中,有时还保留原来的习惯俗称。

一、直击雷防护装置

一个传统的、完整的防直击雷装置一般由接闪器、引下线和接地装置三部分组成。经常采用的接闪器有接闪杆、接闪线、接闪网和接闪带等。

1. 接闪器

接闪器就是专门用来接受雷击的金属导体。接闪杆、接闪线、接闪网和接闪带都是常用的接闪器。

接闪器利用其高出被保护物的突出地位,把雷电引向自身,并通过引下线和接地装置,把雷电流泄入大地,从而使周围一定范围内的物体免受直接雷击。因此,所谓避雷针实质上是引雷针。这也是 GB 50057—2010《建筑物防雷设计规范》将避雷针改称接闪杆的重要原因。

接闪杆一般用热镀锌圆钢或钢管制成。杆长 1 m 以下时,圆钢直径不得小于 12 mm,钢管直径不得小于 20 mm;针长 1~2 m 时,圆钢直径不得小于 16 mm,钢管直径不得小于 25 mm;装在烟囱上方时,因烟气有腐蚀作用,故宜采用直径 20 mm 以上的圆钢或直径不小于 40 mm 的钢管。

接闪线一般采用截面积不小于 50 mm^2 的镀锌钢绞线或铜绞线。

接闪网和接闪带一般采用圆钢或扁钢,特殊情况下也采用铜材或不锈钢等。圆钢直径不得小于 8 mm。扁钢厚度不小于 4 mm,且截面积不得小于 100 mm^2。

接闪网分为明装接闪网和暗装接闪网。明装接闪网是在屋顶上部以较疏的明装金属网格作为接闪器,适用于较重要部位的防雷保护;暗装接闪网是利用建筑物内的钢筋连接而成,例如,利用建筑物屋面板内的钢筋作为接闪装置,从而将接闪网、引下线和接地装置三部分组成一个整体较密的钢铁网笼,亦称笼式接闪网。

采用明装接闪带与暗装接闪网相结合的方法是最常用的防雷措施,即在建筑物屋面、女儿墙上安装接闪带,并与暗装的接闪网连接在一起,也称"法拉第笼"。

在电子信息类设备较多的建筑物的防雷工程中,应慎用接闪杆,多用接闪网。若必须用接闪杆保护时,应以相应的配套措施(如分流和均压等)来减少接闪杆接闪时带来的一些负面影响。

除第一类防雷建筑物外,金属屋面的建筑物宜利用其屋面作为接闪器,并应符合下列要求:金属板下面无易燃物品,其厚度不应小于 0.5 mm。金属板下面有易燃物品时,其厚度,铁板不应小于 4 mm,铜板不应小于 5 mm,铝板不应小于 7 mm;金属板之间的搭接长度不应小于 100 mm;金属板应无绝缘被覆层。

除第一类防雷建筑物和突出屋面排放爆炸性危险气体、蒸汽或粉尘的放散管、呼吸阀、排风管道等应符合规定外,屋顶上的永久性金属物,如旗杆、栏杆、装饰物等宜作为接闪器,但其各部件之间均应连接成电气通路。钢管、钢罐的壁厚不小于 2.5 mm,但钢管、钢罐一旦被雷击穿,其介质可能对周围环境造成危险时,其壁厚不得小于 4 mm。

接闪器应热镀锌或涂漆。在腐蚀性较强的场所,应加大截面积或采取其他防腐措施。

2. 引下线

引下线是连接接闪器与接地装置的金属导体。它应满足机械强度、耐腐蚀和热稳定性等的要求。

引下线一般采用热镀锌圆钢或扁钢,其尺寸和防腐蚀要求与接闪网和接闪带相同(见前),如用钢绞线作引下线,其截面积不应小于 25 mm^2。

引下线可沿建、构筑物外墙敷设,并经最短途径接地。对建筑艺术要求高者,可以暗设,但截面积应适当加大,亦可利用建筑物的结构钢筋等作为引下线。建筑物的消防梯、钢柱等金属构件,亦可用作引下线,但所有金属构件之间均应连接成电气通路。

为便于测量接地电阻和检查引下线和接地装置,宜在引下线距地面 0.3~1.8 m 的位置设置断接卡。

在易受机械损伤和防人身接触的地方,地面上约 1.7 m 的一段引下线应采取暗敷或采用镀锌角钢、改性塑料管或橡胶管等保护。注意：决不能采用钢管或其他金属管来保护防雷引下线。请同学们思考"为什么"？

利用混凝土内钢筋、钢柱作为引下线时，应在室内外的适当地点设若干联结板，该板可用作测量、接人工接地体和作等电位联结。联结板应与作引下线的钢筋焊接，联结板设置在引下线距地面不低于 0.3 m 处，并应有明显标志。

防雷装置的引下线一般至少不应少于两根。

3. 接地装置

接地装置包括接地干线和接地体，是防雷装置的重要组成部分。接地装置向大地均匀泄放雷电流，使防雷装置对地电压不至于过高。

人工接地体一般有两种埋设方式，一种是垂直埋设，称为人工垂直接地体；另一种是水平埋设，称为人工水平接地体。

接地装置可用热镀锌扁钢、圆钢、钢管等钢材或铜材、不锈钢等制成。人工垂直接地体宜采用角钢、钢管或圆钢；人工水平接地体宜采用扁钢或圆钢。接地装置所用材料的最小尺寸见表 2-1。

表 2-1　防雷接地装置所用材料的最小尺寸

圆钢直径/mm	扁钢		角钢厚度/mm	钢管壁厚/mm
	截面积/mm²	厚度/mm		
10	100	4	4	3.5

接地线应与水平接地体的截面相同。

在腐蚀性较强的土壤中，应采取热镀锌等防腐蚀措施或加大截面。

人工垂直接地体的长度一般宜采用 2.5 m。埋设深度不应小于 0.5 m。人工垂直接地体一般由多根直径为 50 mm 的钢管或 50 mm×50 mm×5 mm 的角钢组成，可成排布置，也可环形布置。为减小接地体间的电磁屏蔽效应，相邻钢管或角钢之间的距离一般不应小于 5 m。钢管或角钢上端用扁钢或圆钢焊接连成一个整体。

人工水平接地体可采用 40 mm×4 mm 的扁钢或直径为 16 mm 的圆钢。人工水平接地体埋深为 0.5 m，多为放射形布置，也可成排布置或环形布置。水平接地体间的距离可视具体情况而定，但一般也不宜小于 5 m。

除人工接地体外，钢筋混凝土基础等自然导体亦可作为防雷接地装置的接地体，但钢筋的截面积应满足要求。

埋在土壤中的接地装置，其联结应采用焊接，并在焊接处做防腐处理。

除第一类防雷建筑物的独立接闪杆外，在接地电阻满足要求的前提下，防雷装置可以和其他接地装置共用。

为了减小跨步电压，防直击雷的接地装置应距建筑物出入口及人行道不小于 3 m，否则宜将水平接地体局部深埋 1 m 或更深，也可在水平接地体局部包以 50~80 mm 厚的沥青层。

用作防雷装置的所有金属材料应有足够的截面积，因为它要承受巨大的雷电流，并要有足够的机械强度和热稳定性，且能耐腐蚀。

4. 接地电阻

接地装置是否良好以及接地电阻的大小,对被保护物的安全有着密切的关系。对防雷接地来说,其允许的接地电阻值应符合有关规定。

① 冲击接地电阻与工频接地电阻:当接地装置流过工频电流时所呈现的电阻值叫工频接地电阻。而冲击接地电阻则是指雷电流经接地装置泄放入地时的接地电阻,包括接地线电阻和地中散流电阻。按 GB 50057—2010 规定,冲击接地电阻 R_{sh} 可按下式计算

$$R_E = AR_{sh} \tag{2-5}$$

式中　R_E——工频接地电阻;

　　　A——换算系数,为 R_E 与 R_{sh} 的比值,由图 2-5 确定。

图 2-5 的 l_e 为接地体的有效长度,按下式计算(单位为 m)

$$l_e = 2\sqrt{\rho} \tag{2-6}$$

式中　ρ——土壤电阻率,$\Omega \cdot m$。

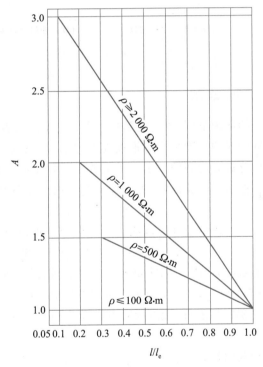

图 2-5　确定换算系数 A 的曲线

在图 2-6 中,l 为接地体的实际长度,按图 2-6 所示方法计算,详见 GB 50057—2010(附录 C)。

② 在高土壤电阻地区,降低接地装置的接地电阻,宜采用下列方法:采用多支线外引接地装置,外引长度不应大于有效长度,有效长度应符合式(2-6);将接地体埋于较深的低电阻率土壤中;采用专用的复合降阻剂或半导体接地模块;或局部地进行土壤置换处理。

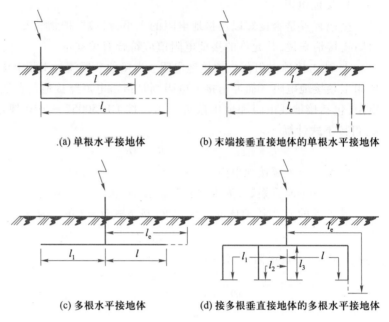

(a) 单根水平接地体　　　　　(b) 末端接垂直接地体的单根水平接地体

(c) 多根水平接地体　　　　　(d) 接多根垂直接地体的多根水平接地体

图 2-6　接地体实际长度的计量

二、接闪器保护范围的确定

接闪杆的保护范围，以它能防护直击雷的空间来表示。

接闪杆的保护范围是人们根据雷电理论、模拟试验和雷击事故统计等三种研究结果进行分析而规定的。由于雷电放电受很多因素的影响，保护范围也不是绝对安全的。但运行经验证明，处于保护范围内的设备和建筑物受到雷击的可能性很小。

我国过去的防雷设计规范或过电压保护规程，对接闪杆或接闪线的保护范围是按"折线法"来确定的，而国家标准 GB 50057—2010《建筑物防雷设计规范》则参照国际电工委员会(IEC)标准规定，采用"滚球法"来确定。但是，主要用于电力行业的 GB/T 50064—2014《交流电气装置的过电压保护和绝缘配合设计规范》中，仍以"折线法"确定接闪杆、接闪线对电力设施和架空线路的保护范围。下面仅介绍"滚球法"。

1. 保护范围检验

所谓"滚球法"，就是选择一个半径为 h_r（滚球半径）的球体，沿需要防护直击雷的部位滚动；如果球体只触及接闪器（包括被利用作为接闪器的金属物）或者接闪器和地面，而不触及需要保护的部位时，则该部位就在这个接闪器的保护范围之内。

采用"滚球法"来计算保护范围的原理是以闪击距离为依据的。滚球半径 h_r 就相当于闪击距离。滚球半径较小，相当于模拟雷电流幅值较小的雷击，保护概率就较高。滚球半径是按建筑物的防雷类别确定的，见表 2-2。

表 2-2 按建筑物的防雷类别布置接闪器及其滚球半径

建筑物的防雷类别	接闪网尺寸(不大于)	滚球半径
第一类防雷建筑物	5 m×5 m 或 6 m×4 m	30 m
第二类防雷建筑物	10 m×10 m 或 12 m×8 m	45 m
第三类防雷建筑物	20 m×20 m 或 24 m×16 m	60 m

IEC(国际电工委员会)规范规定,可用"滚球法"来检验屋面接闪器对建筑物外侧的保护范围,如图 2-7 所示。对于不同类别的建筑物采用不同半径的滚球见表 2-3。滚球从建筑物顶点由上而下滚动,建筑物的侧面如不会被滚球碰到则受到保护,如图 2-7(a)及(b)的 60 m 以下的高度,建筑物的侧面如被滚球碰到则没有受到保护,如图 2-7(b)的 60 m 以上的高度。

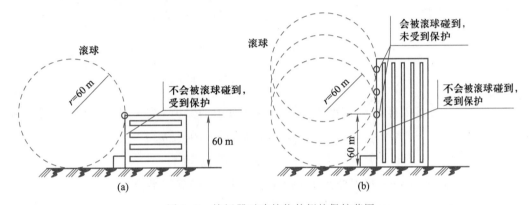

图 2-7 接闪器对建筑物外侧的保护范围
(图中数据适用于第三类防雷建筑物)

表 2-3 布置接闪器用几何条件的特性数据

建筑物类别	圆板直径 d/m	球体半径 R/m
第三类防雷建筑物	20(10~20)	60(45~60)
第二类防雷建筑物	10(5~10)	45(30~45)
第一类防雷建筑物	5(5~10)	30(20~30)

注:括号内的数值为有分歧意见的范围。

滚球半径较小相当于模拟雷击电流较小的雷击,保护概率就较高。因此,对于第三类建筑物,滚球半径采用 60 m;而对于第一类建筑物,滚球半径便缩小到 30 m。

2. 接闪杆的保护范围

接闪杆有直接安装在被保护建筑物上的接闪杆和安装在地面上的独立接闪杆两种类型。独立接闪杆多用于保护露天变、配电装置,以及有可燃、爆炸危险的建筑物。下面介绍单支接闪杆的保护范围。

(1)接闪杆高度 $h \leq h_r$

当接闪杆高度 $h \leq h_r$ 时,单支接闪杆的保护范围可按下列步骤通过作图确定。

① 距地面 h_r 处作一平行地面的平行线。

② 以针尖为圆心,h_r 为半径,作弧线交于平行线的 A、B 两点。

③ 以 A、B 为圆心,h_r 为半径作弧线,该弧线与针尖相交、与地面相切。从此弧线起到地面止就是保护范围。保护范围是一个对称的锥体,如图 2-8 所示。

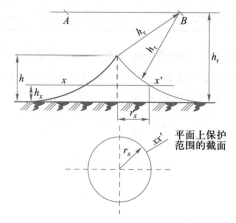

图 2-8　单支接闪杆的保护范围

接闪杆在 h_x 高度的 xx' 平面和地面上的保护半径 r_x 也可按下列计算式确定

$$r_x = \sqrt{h(2h_r - h)} - \sqrt{h_x(2h_r - h_x)} \tag{2-7}$$

$$r_o = \sqrt{h(2h_r - h)} \tag{2-8}$$

式中　r_x——接闪杆在 h_x 高度的 xx' 平面上的保护半径,m;

　　　h_r——滚球半径,m;

　　　h_x——被保护物的高度,m;

　　　r_o——接闪杆在地面上的保护半径,m;

　　　h——接闪杆的高度,m。

(2)接闪杆高度 $h > h_r$

当接闪杆高度 $h > h_r$ 时,在接闪杆上取高度为 h_r 的一点代替单支接闪杆针尖作为圆心。其余的做法同(1)项。

双支及多支接闪杆的保护范围等内容详见 GB 50057—2010,此处略。

3. 接闪网和接闪带的保护范围

当建筑物上部不装设突出的接闪杆保护时,可采用接闪网、接闪带保护。由于接闪网、接闪带安装比较容易,并且不影响外观,所以现在建筑物采用接闪网、接闪带保护方式的越来越多。

当接闪网、接闪带与其他接闪器组合使用时,或当保护低于建筑物的物体时,可把接闪网、接闪带处于建筑物屋顶四周的导体当作接闪线来看待,可采用滚球法确定其保护范围。

对于建筑物易受雷击的屋角、屋脊、檐角、屋檐或屋顶边缘、女儿墙及其他建筑物边角部位都可设接闪带保护。接闪带也可利用直接敷设在房顶和房屋突出部分的接地导体作为接闪器。

当建筑物顶部面积较大时,可敷设接闪网。接闪网网格的大小可根据具体情况,参照表 2-2 所提供的接闪网网格尺寸布置。例如,对不同防雷等级的建筑物,可分别取 5 m×5 m、10 m×10 m 和 20 m×20 m 等。

三、避雷器

避雷器是一种专用的防雷设备,它主要用来保护电力设备,也用作防止雷电波沿架空线路侵入建筑物内的安全设施,还可用来抑制操作过电压等。

避雷器的类型主要有保护间隙、管型避雷器、阀型避雷器和较新的氧化锌(MOA)避雷器等几种。

当雷直击于线路时,雷电感应过电压以及雷电波会以波的形式侵入发电厂、变电站和电力设备,从而直接威胁电力设备的安全。因此,就需要限制侵入波的大小来保证设备安全运行。目前,限制侵入波大小的主要设备就是避雷器。现代电气设备的绝缘水平就是根据经避雷器限制后的过电压(残压)来决定的。在正常情况下,避雷器中无电流流过。一旦线路上传来危及被保护设备绝缘的过电压波时,避雷器立即动作,使雷电波电荷泄入大地,将过电压限制在一定的水平。当过电压作用过去以后,避雷器又能自动切断工频电压作用下通过避雷器的工频电流(工频续流),使电力系统恢复正常工作。因此,正确地选择和合理地使用避雷器,对防止雷电灾害事故是十分重要的。

对避雷器一般有以下两个基本要求:

① 当过电压超过一定值时,避雷器应发生放电(动作),将导线直接或经电阻接地,以限制过电压。

② 在过电压作用过去后,应能迅速截断在工频电压作用下的电流(工频续流),使系统恢复正常运行,避免供电中断。

图 2-9 为避雷器保护的接线原理图。

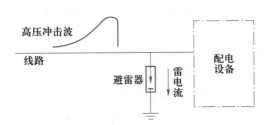

图 2-9　避雷器保护的接线原理图

避雷器并联装设在被保护物的电源引入端,其上端接电源线路,下端接地。正常情况时,避雷器的间隙保持绝缘状态,不影响电力系统的运行。当雷击时,若有高压雷电波沿线路袭来,避雷器间隙被击穿而接地,切断冲击波,这时能够进入被保护电气设备的电压,仅为雷电波通过避雷器及其引线和接地装置时产生的残余电压(残压)。雷电流通过以后,避雷器间隙又恢复绝缘状态,电力系统则可正常运行。

根据截断续流(避雷器动作后流过冲击电流途径的工频电流)的方法不同,避雷器可分为管型及阀型两种。

管型避雷器实质上是一个具有较高灭弧能力的保护间隙,主要由灭弧管和内、外间隙组成。外间隙数值见表 2-4。

表 2-4　管型避雷器外间隙的数值/mm

额定电压/kV	3	6	10	20	35	66	110	
							中性点直接接地	中性点不直接接地
外间隙最小值/mm	3	10	15	60	100	200	350	400

内间隙由棒形电极和环形电极组成,装在由纤维材料、胶木或塑料等产气材料制成的灭弧管内。在雷电波冲击下,内、外间隙击穿,雷电流泄入大地,雷电波被截断;随之而来的工频续流也产生强烈的电弧,电弧高温燃烧,灭弧管内壁产生大量气体,并以很大的压力从管内喷出,迅速吹灭电弧,恢复正常工作。

阀型避雷器主要是由瓷套管、一些串联的火花间隙和一些串联的非线性电阻阀片组成。

火花间隙是由多个间隙串联而形成的。每个火花间隙均由两个黄铜电极和一个云母垫圈组成。云母垫圈的厚度为 0.5~1 mm。

非线性电阻阀片是直径 56~100 mm、高 20~30 mm 的饼形元件,是用金刚砂(碳化硅)和水玻璃共同混合,模制成饼状,在低温下熔烧而成。阀片两面喷铝,以减少接触电阻,阀片侧面涂以无机的绝缘瓷釉,防止表面闪络。非线性电阻的阻值不是一个常数,是根据电流大小而变化的。在雷电流通过阀片电阻时,其电阻甚小,产生的残压不超过被保护设备的绝缘水平。当雷电流通过后,工频续流尾随而来时,其电阻变大,以保证火花间隙能可靠灭弧。也就是说,非线性电阻和火花间隙类似于一个阀门的作用:对于雷电流,阀门打开,使电流泄入地下;对于工频续流,阀门关闭,迅速切断。"阀型"之名就是由此而来的。

避雷器主要应用于配电线路的过电压保护。为了防止雷电感应过电压沿线路侵入损坏变压器的绝缘,在变压器的高、低压侧均需装设避雷器。由于建筑物的电源输入端 10 kV 高压输电线路的绝缘水平较低,不管高压侧还是低压侧遭受到感应的雷电波,都会使变压器的高压侧中性点附近的绝缘和高压侧绝缘击穿,所以低压侧也需每相都装设避雷器。高、低压两侧避雷器的接地线与变压器金属外壳以及低压侧中性点连在一起后再接地,即组成四点联合接地,或称共同接地,如图 2-10 所示。

1. 保护间隙

保护间隙由两个电极组成,如图 2-11 所示。保护间隙与被保护设备并联于线路上,为了使被保护设备得到可靠保护,间隙的伏秒特性上限应低于被保护设备绝缘冲击放电伏秒特性的下限,并有一定的安全裕度。当雷电波侵入时,间隙先击穿,线路接地,避免被保护设备上的电压升高,从而保护了设备。但过电压消失后,间隙中仍有工作电压所产生的工频续流,此续流将是间隙安装处的短路电流。由

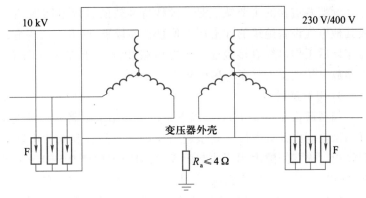

图 2-10 配电变压器的防雷接地示意图

于间隙的熄弧能力较差,有时不能自动熄弧,故会引起断路器跳闸。这样,虽然保护间隙限制了过电压、保护了设备,但将造成线路跳闸事故,这是保护间隙的主要缺点。为此,可将保护间隙配合自动重合闸使用。

2. 管型避雷器(排气式避雷器)

管型避雷器实质上是一种具有较高熄弧能力的保护间隙,其原理结构如图 2-12 所示。在正常情况下,避雷器通过内间隙 S_1、外间隙 S_2,使电网与大地隔开。当大气过电压波传来,达到避雷器冲击放电电压时,使内、外间隙击穿,工作母线接地,避免了被保护设备上的电压升高,从而保护了设备绝缘。当过电压消失后,间隙中仍有由工作电压所产生的工频续流。工频续流电弧的高温使产气管内产气材料分解出大量气体,管内压力急剧升高(可达数十以至上百

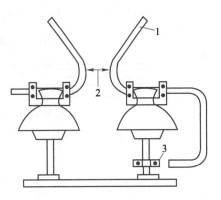

1—圆钢;2—主间隙;3—辅助间隙
图 2-11 保护间隙

个标准大气压)。气体在高压力作用下由喷气口喷出,形成强烈的"纵向吹弧"作用,从而使电弧在工频续流过零时熄灭,使电网恢复到正常运行状态。

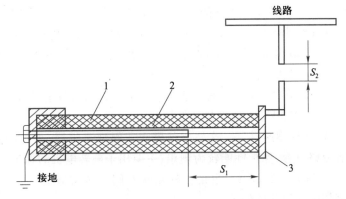

1—产气管;2—内部电极;3—外部电极;S_1—内间隙;S_2—外间隙
图 2-12 管型避雷器

管型避雷器的主要缺点是:伏秒特性较陡且放电离散性较大,而一般变压器或其他电气设备绝缘的冲击放电伏秒特性较平,两者不能很好地配合;管型避雷器动作以后工作母线直接接地形成电压截波,对变压器的绝缘有损害;此外,管型避雷器放电特性受大气条件影响较大。

3. 阀型避雷器

阀型避雷器在 220 kV 及以下系统主要用于限制大气过电压,在超高压系统还可用来限制内部过电压。阀型避雷器由火花间隙和阀片串联组成,装在密封的瓷套管内。火化间隙由铜片冲制而成,每对间隙用厚 0.5~1 mm 的云母垫圈隔开,如图 2-13(a)所示。正常情况下,火花间隙可阻止线路上的工频电流通过;但在雷电过电压作用下,火花间隙被击穿放电。阀片是用陶料粘固起来的电工用金刚砂(碳化硅)颗粒组成的,如图 2-13(b)所示。这种阀片具有非线性特性,正常电压时,阀片电阻很大,过电压时,阀片电阻变得很小,如图 2-13(c)所示,因此,当线路上出现过电压时,火花间隙被击穿,阀片能使雷电流顺畅地向大地泄放。而当过电压消失后,线路上恢复工频电压时,阀片则呈现很大的电阻,使火花间隙绝缘迅速恢复而切断工频续流,从而保证线路恢复正常运行。

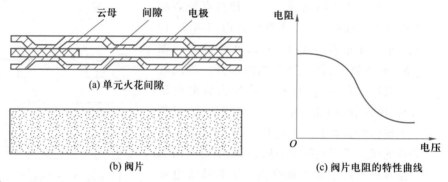

图 2-13　阀型避雷器的组成部件及特性

必须注意:雷电流流过阀片电阻时要形成电压降,这就是残余的过电压,称为残压。残压要加在被保护设备上,因此残压不能超过设备绝缘允许的耐压值,否则设备绝缘仍可能被击穿。

根据结构性能和用途的不同,阀型避雷器主要有以下几种型号:

① FS 型避雷器。这是一种普通阀式避雷器,结构较为简单,保护性能一般,价格低廉,一般用来保护 10 kV 及以下的配电设备。如配电变压器、柱上断路器、隔离开关、电缆头等。

② FZ 型避雷器。这种避雷器在火花间隙旁并联有分路电阻,保护性能好。主要用于 3~220 kV 电气设备的保护。

③ FCD 型避雷器。这是一种磁吹式阀型避雷器,火花间隙不但有分路电阻,还有分路电容,保护性能较为理想,主要用于旋转电机的保护。

④ FCZ 型避雷器。也是一种磁吹式阀型避雷器,电气性能更好,专用于变电所高压电气设备的保护。

阀型避雷器的工作原理如下:在电力系统正常工作时,间隙将阀片电阻与工作母线隔离,以免由工作电压在阀片电阻中产生的电流使阀片烧坏。当系统中出现过电压且幅值超过间隙的放电电压时,间隙先击穿,冲击电流通过阀片流入大地,由于阀片的非线性特性,其电阻在流过大的冲击电流时变得很小,故在阀片上产生的残压将不会很高,使其低于被保护设备的冲击耐压值,设备得到保护。当过电压消失后,间隙中由工作电压产生的工频续流仍将继续流过避雷器,此续流由于受阀片电阻的限制远较冲击电流为小。此时阀片电阻值变得很大,从而进一步限制了工频续流的数值,使间隙能在工频续流第一次经过零值时就将电弧切断,电网恢复正常运行。

4. 氧化锌避雷器(MOA)

氧化锌避雷器是一种新型避雷器。这种避雷器的阀片以氧化锌(ZnO)为主要原料,辅以少量能产生非线性特性的金属氧化物,经高温焙烧而成。氧化锌阀片具有很理想的伏安特性,其非线性系数很小,一般为 0.01～0.04,当作用在氧化锌阀片上的电压超过某一值(此值称为动作电压)时,阀片将发生"导通"。"导通"后氧化锌阀片上的残压与流过它的电流基本无关,为一定值。在工作电压下,流经氧化锌阀片的电流很小,仅为 1 mA,不会使氧化锌阀片烧坏,因此氧化锌避雷器可以不用串联间隙来隔离工作电压。

由于氧化锌避雷器具有伏安特性优良、无续流、无间隙、体积小、质量轻、通流能力较高等特点,目前已大量取代有间隙的碳化硅阀型避雷器。

2.3　典型设施的防雷

一、变电所的防雷

变电所是电力系统的中心环节之一,如果遭受雷击,可能造成大面积的停电事故,严重地影响国民经济和人民生活,因此变电所的防雷保护必须十分可靠。

变电所遭受雷害可能来自两方面:雷直击于变电所;输电线路因雷击而产生的雷电波沿线路向变电所侵入。这两方面的雷害事故都要设法加以防止。

1. 变电所的直击雷保护

(1) 直击雷保护的基本原则

为了防止雷直击于变电所,一般采用接闪器保护。

用接闪杆进行直击雷保护时,应使变电所的所有设备都处于保护范围之内。

当雷直击于接闪器时,由于接闪器上的对地电位很高,若接闪器与被保护设备间的绝缘距离不够,就有可能从接闪器至被保护设备间发生放电,这种现象称为二次雷击或反击。发生反击时,仍然有可能将高电位加到被保护设备上,从而造成事故,因此,必须采取措施,防止反击现象的发生。

(2) 防止反击的措施

① 保持不发生雷电从接闪器向被保护物反击的空气距离 S_K。在一般情况下,S_K 不应小于 5 m。为了降低雷击接闪器时感应过电压的影响,在条件许可时,此距

离宜适当增加。

②接闪器的接地体与被保护物的接地体之间也应保持一定的地中距离 S_d,以免当接闪器受雷击时在土壤中向被保护物接地体发生闪络。

在一般情况下,S_d 不应小于 3 m,如图 2-14 所示。

对于 110 kV 及以上的变电所,可以将接闪杆架设在配电装置的构架上。装设接闪杆的配电构架应装设辅助接地装置,此接地装置与变电所接地网的连接点离开主变压器接地装置与变电所接地网的连接点之间的距离不应小于 15 m。由于变压器的绝缘较弱,加之变压器又是变电所中最重要的设备,故在变压器门型构架上不应装设接闪杆。

对于 35 kV 及以下的变电所,因其绝缘水平较低,故不允许在配电构架上装设接闪杆,以免出现反击事故,需要装设独立接闪杆,并应满足不发生反击的要求。

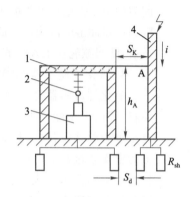

1—构架；2—母线；3—变压器；4—接闪杆

图 2-14　独立接闪杆离配电构架距离

关于线路终端杆塔上的接闪线能否与变电所的构架相连的问题,也可按上述装设接闪杆的原则(即是否会发生反击的原则)来处理。110 kV 及以上的变电所允许相连;35 kV 及以下的变电所一般不允许相连,若土壤电阻率不大于 500 Ω·m,则可以相连。

2. 变电所的进线段防雷保护

为了防止沿输电线路侵入的雷电波损坏变电所内的电气设备,应从以下两方面来采取保护措施:① 使用阀型避雷器。② 在距离变电所适当范围内装设进线段保护。下面,分别对这两方面的问题进行讨论。

(1) 避雷器的保护作用

① 阀型避雷器与被保护设备的绝缘配合。变电所中的绝缘配合,就是指阀型避雷器的伏秒特性与被保护设备绝缘的伏秒特性之间的配合,也就是说,变电所中所有电气设备的绝缘都应受到阀型避雷器的保护。

若避雷器直接连在变压器旁,则变压器上的过电压与避雷器上的相同。若变压器的冲击耐压值大于避雷器的冲击击穿电压或 5 kV 以下的残压,则变压器将得到可靠的保护。

② 阀型避雷器与被保护设备间最大电气距离的确定。如前所述,当避雷器与变压器间的电气距离为零时,只要绝缘特性相互配合得当,变压器就得到可靠的保护。

然而,在变电所中有很多电气设备,不可能也没有必要在每一个设备旁边都装一组避雷器,一般只需在靠近变压器的母线上装设一至两组避雷器。这样一来,避雷器离开各电气设备都有一段长度不等的距离,当雷电波侵入时,各设备上的电压将与避雷器上的不相同。究竟两者之间最大电气距离不得超过多少,设备才能受到避雷器的保护?现分析如下:当避雷器离开变压器一定的电气距离 l 时,雷电波侵入,作用在变压器上的过电压,就会超过避雷器的击穿电压或残压,连线越长,则超过的电压(ΔU)就越高。

在雷电波侵入变电所时,只有变压器上受到的最大冲击电压 U 不大于它的冲击耐压值 U_J 时,变压器绝缘才不会发生击穿事故,否则,可能造成雷害事故。因此,为了保证变压器的安全运行,必须满足 $U \leqslant U_J$。

上面仅仅是从最简单的情况,而且也是比较严格的情况来考虑的。实际上,变压器的电容、变电所引出的连线等因素,可以使变压器上所受的过电压减小一些。例如,当变电所母线上的出线增多时,侵入波电压将降低。为此引入系数 K,即变压器到避雷器的最大允许电气距离 l_m 为

$$l_m \leqslant \frac{1}{2\alpha}(U_J - U_S)K \tag{2-9}$$

式中 l_m——变压器与避雷器间最大允许电气距离,m;

  α——雷电侵入波陡度,kV/m;

  U_J——变压器冲击耐压值,kV;

  U_S——避雷器 5 kV 下的残压,kV;

  K——系数(不小于 1)。

在所有电气设备中变压器绝缘的冲击耐压值一般是最低的,以上分析结果对其他电气设备也是适用的。

(2)变电所的进线段保护

如前所述,要使避雷器能可靠地保护变电所内的电气设备,必须设法使避雷器中流过的雷电流幅值不超过 5 kA,而且在被保护设备到避雷器的一定的电气距离 l 内,必须保证雷电侵入波的陡度不得超过一定的允许值。

如果输电线路没有架设接闪线,那么,当雷直击于变电所附近的导线上时,流经避雷器的雷电流幅值显然会超过 5 kA,而且陡度也会超过允许值。因此,在这种线路靠近变电所的一段进线上必须架设接闪线。架设接闪线的这段进线称为变电所的进线段保护,其长度一般取为 1~2 km。

图 2-15(a)为 35~110 kV 未沿全线装设接闪线线路的变电所进线段保护典型接线方式。进线段保护内接闪线的保护角一般不应超过 20°,最大不应超过 30°。另外,进线段保护内线路绝缘应有较高的耐雷水平(不致使线路绝缘发生闪络的最大雷电流称为线路的耐雷水平),不同电压等级进线段保护的耐雷水平见表 2-5。

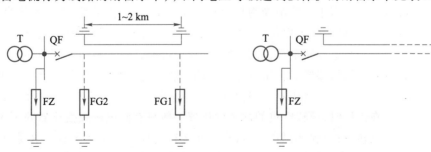

(a) 未全线装设接闪线的变电所进线保护接线 (b) 全线有接闪线的变电所进线保护接线

图 2-15 35 kV 以上变电所进线段保护接线

表 2-5　不同电压等级进线段保护的耐雷水平

额定电压/kV	35	66	110	220	330	500
耐雷水平/kA	30	60	75	120	140	160

对于全线有接闪线的线路,也将变电所附近 1~2 km 长的一段线路称为进线段保护,此段线路的耐雷水平及接闪线的保护角也应符合上述规定。全线有接闪线的变电所进线保护接线如图 2-15(b)所示。

在进线保护段内,由于有接闪线,而且其保护角较小,所以在这一段输电导线上发生雷击的可能性很小;又由于这段线路绝缘的耐雷水平较高,加之杆塔的接地电阻要求较小(一般不大于 10 Ω),所以,当杆塔顶部或接闪线受雷击时,对输电导线因发生反击而造成事故的可能性也很小。这样,侵入变电所的雷电波就主要由进线保护段以外的输电导线上遭受雷击而产生。

当进线保护段以外的输电导线上遭受雷击时,进线段保护的作用就在于可以限制流经避雷器的雷电流幅值和侵入波陡度不超过允许值,从而防止从进线保护段以外输电导线上的侵入波使变电所遭受雷害事故。

在图 2-15(a)所示的 35~110 kV 线路进线段保护的典型接线方式中,还用虚线画出了管型避雷器 FG1 和 FG2。对一般线路来说,无需装设 FG1。但对冲击绝缘很高的线路(如木杆线路、钢筋混凝土杆木横担线路或降压运行的线路等),其雷电侵入波的幅值会相应增加。这样,变电所阀型避雷器中的雷电流有可能超过 5 kA。为此,就需在进线保护段首端装一组管型避雷器 FG1,以限制侵入波的幅值。而对于管型避雷器 FG2,只有在断路器或隔离开关处于开路状态,线路侧又有工频电源时,才需采用。FG2 的外间隙整定值应使其在断路器开路时能可靠地动作,以保护断路器或隔离开关;而在断路器闭合时,不应动作,即此时 FG2 应在变电所阀型避雷器保护范围之内。

二、旋转电机的防雷

旋转电机包括发电机、同期调相机、电动机等,大容量的旋转电机一般都是电力系统中非常重要的设备,因此,需要特别可靠的防雷措施。

1. 旋转电机的绝缘特点及防雷基本要求

旋转电机的绝缘由于结构和工作条件方面的原因,具有两个特点:一是它的绝缘水平低。由于它的绝缘物是放在定子铁心的槽中,在制造过程将绕组压入槽内时,绝缘有可能受到损伤,形成弱点;由于它不能像变压器那样将绕组放在油中,而是只靠固体电介质绝缘,且在制造过程中可能含有气泡而易于发生游离;同时也不像变压器绕组那样能采用电容补偿的方法,以使冲击电压的分布均匀些。因此,旋转电机的绝缘比变压器还弱得多,尤其是冲击绝缘水平比同电压级的变压器低很多。在出厂时,旋转电机的冲击耐压值一般只有同电压级变压器的 1/3。

旋转电机绝缘的另一个特点是在运行过程中老化很严重。这是由于电机的工作条件差所造成的。电机绝缘在运行过程中可能受潮、脏污以及受臭氧等化学物的侵蚀,同时又经常受机械力的作用。电机绝缘(如云母)受破坏的累积效应也比较强,特别在导线出槽口处,由于电场极不均匀,所以每逢过电压作用时,该处绝缘就受一次轻微损伤。这样,运行较久的电机,可能由于累积效应使绝缘存在一些弱点。这时,虽然大部分绝缘的强度还很高,但整个电机的冲击耐压强度要下降很多。

由于旋转电机绝缘的以上特点,使得旋转电机的防雷比较困难。

由于电机的绝缘水平低,一般不用普通阀型避雷器来保护电机,而是用 FCD 型磁吹避雷器或氧化锌避雷器,并应设法限制流过避雷器的雷电流不超过 3 kA。

如前所述,由于旋转电机绝缘在运行过程中老化严重,运行中的电机绝缘预防性试验的交流耐压值为 1.5 倍额定电压($1.5U_N$)。严格来说,运行中电机绝缘的保险冲击耐压只有 $1.5\sqrt{2}U_N$,它已低于相应磁吹避雷器的残压。因此,单靠磁吹避雷器来保护电机是不可靠的,磁吹避雷器必须与电容器、电抗器、电缆段甚至变压器联合作用,才能可靠地保护电机。

对旋转电机的保护,除考虑主绝缘外,还应同时考虑它的匝间绝缘(指多匝电机)以及中性点绝缘。为保证匝间绝缘的安全,必须将侵入波陡度限制在 5 kV/μs以下;当电机中性点不接地时,为了使中性点电位不致高于相端电位,则侵入波陡度必须限制在 2 kV/μs 以下。

如果旋转电机与架空输电线路不是直接相连,而是中间经过变压器,则由于变压器绕组的电感和电容的作用,使侵入电机的雷电波幅值和陡度都大大减低,所以防雷的问题不太突出。但是,直接与架空输电线路相连的旋转电机,即直配电机,因线路上的雷电波会直接传入电机,故其防雷保护显得特别突出。考虑到对直配电机的防雷保护还不能达到十分完善的地步,故按有关规定:对单机容量为 60 000 kW 以上的电机,不应与架空线直接相连。

2. 直配电机防雷的接线方式

直配电机的防雷保护接线方式种类很多,不同容量的电机应采用不同的保护接线方式。同时,还要根据当地雷电活动强度、对供电可靠性的要求、电机本身的绝缘状况以及保护设备的具体条件来确定,既要保证必要的安全,又要经济合理。

下面仅对大容量直配电机防雷保护的接线方式进行讨论。

单机容量为 25 000 ~ 60 000 kW 的直配电机的典型防雷保护接线方式如图 2-16所示。

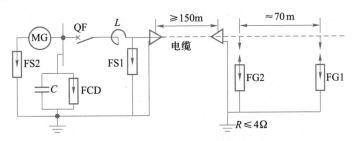

图 2-16　大容量直配电机防雷保护接线

这种具有电缆段和管型避雷器的保护接线,主要是利用电缆外皮的分流降压作用。当雷击使架空线首端 FG1 和 FG2 动作时,绝大部分雷电流沿电缆外皮流入大地,并能在电缆线芯中感应出反电动势,这样就能阻碍雷电流沿电缆线芯侵入,从而限制了通过 FCD 型避雷器的雷电流。FG1 和 FG2 的接地端,应该用导线连接后悬挂在杆塔导线下面(距离各相导线不应小于 2 m),并与电缆首端的金属外皮在装有 FG2 的杆塔处共同接地,其接地电阻不应超过 4 Ω。

为了使管型避雷器易于放电,其外间隙不可过大,应调整到在预放电时间为 2 μs 时,整个避雷器的冲击放电电压不超过 40 kV(对额定电压为 3 kV 者)或 50 kV(对额定电压为 6 kV 者)和 60 kV(对额定电压为 10 kV 者)。

为了充分利用电缆外皮的分流作用,应将电缆段的全长或一段直接埋入土中。若受条件限制不能直埋时,可以将它的金属外皮多点接地(即除两端接地外,再在中间一段作 3~5 m 处接地)。

FG1 和 FG2 的距离一般选择约为 70 m。电缆的长度一般应大于 150 m。

在电缆和出线断路器 QF 之间,通常有一组限制工频短路电流用的电抗器,如图 2-16 中的 L,它并非为防雷专设。由于它对雷电波侵入电机母线具有良好的限制作用,所以必须充分加以利用。但应在电抗器的外侧加装一组避雷器(图中的 FS1)以保护电抗器的绝缘和电缆终端的绝缘,由于 L 的存在,侵入波到达 L 处将发生反射使电压升高,FS 动作,使流经 FCD 的电流得到进一步限制。

在电机的母线上,除了装设一组保护电机主绝缘专用的 FCD 型避雷器之外,还应装设一组并联电容器 C(其电容值一般采用每相 0.25~0.5 μF)来保护电机的匝间绝缘和防止感应过电压。为防止三相来波时在电机中性点出现危险的过电压,还应在电机中性点上装一只相当于最高运行相电压的阀型避雷器(图中的 FS2),以免电机中性点的绝缘受损坏。上述各项过电压保护设备的接地都应连在一起,并接到总接地网上。

如果电缆段首端的短路电流过大,没有适当的管型避雷器可以选用,或者当管型避雷器动作以后,产生的短路电流对电机定子端部线圈的机械强度有可能造成危害时,应分别用阀型避雷器 FS1 和 FS2 来代替 FG1 和 FG2,具体接线如图 2-17 所示。此时,由于 FS 放电后有一定的残压,而不像管型避雷器放电那样,相当于电缆芯和外皮直接短路,这样电缆段的限流作用大为降低。因此,将 FS1 前移到离电缆首端约 150 m 处。又由于这段架空线增长,受直击雷的可能性增大,通常应将这 150 m 架空线段用接闪线保护。接闪线的保护角最大不得超过 30°。进线保护段上所装设的 FS 型避雷器的接地端,也应与电缆的金属外皮和接闪线连接后共同接地,其接地电阻值不应超过 4 Ω。

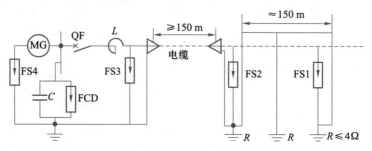

图 2-17　不用管型避雷器时大容量直配电机防雷保护接线

三、配电网的防雷

1. 架空配电线路的防雷

（1）防止雷直击线路

配电线路绝缘水平低,即使装接闪线也极易反击,对于防直击雷的作用不大。所以,一般 10 kV 及以下线路都不装接闪线。条件许可时最好将架空线路改为电缆线路。

（2）减小雷击后冲击闪络的概率

加强线路绝缘是减小冲击闪络、提高耐雷水平的有效措施。

按我国有关规定,3~10 kV 钢筋混凝土杆配电线路,可以采用瓷横担。若是铁横担,宜采用高一级绝缘水平的绝缘子。混凝土杆用瓷横担,其冲击绝缘水平可满足需要,但机械强度稍差。瓷横担宜用于以农业供电为主的线路,城镇居民区尽量不用瓷横担。在个别乡镇和林区,因地制宜,也可用木横担提高线路冲击绝缘水平。

对污秽地区,为了防止工频污闪,需增大绝缘子爬距,采用防污绝缘子,并可将线路绝缘再提高一级,使线路冲击绝缘水平随之提高。

线路绝缘水平的提高,也将明显地减小雷电感应过电压造成线路闪络的概率。

从限制雷电感应过电压考虑,对于空旷地区架空配电线路设置接地避雷线,将会收到一定的效果。避雷线的接地电阻不作严格要求,只要取得地电位,能起屏蔽作用即可。

（3）减小建立相间稳定工频电弧的概率

采用瓷横担、木横担或增大绝缘距离,可有效地降低由冲击电弧转变为工频稳定电弧的概率。

采用不平衡绝缘是减小相间闪络的另一有效措施。对三角排列的导线,一般顶相采用弱绝缘,两边相采用强绝缘,并注意杆塔接地。当顶相受雷击闪络接地后,中性点不接地的 10 kV 系统仍可继续运行。此时顶相导线起到耦合地线的作用,降低了两边相绝缘上承受的电压,减小了相间闪络的概率。

电网中性点经消弧线圈接地,也是消除单相接地电弧的有效措施。雷击闪络大多数是从单相发展为相间的,因此,正确整定消弧线圈的运行,可明显减小相间闪络建立工频电弧的概率。

（4）避免中断供电

在架空线路上装设自动重合闸装置是减少供电中断的重要技术措施。对重要的架空线路,条件许可时,可采用二次自动重合闸。对多支线配电线路,可在支线上装一次重合保险器,以便缩小故障范围,提高供电可靠性。

此外,采用环网供电或不同杆的双回路供电,是保证不中断供电的另一有效措施。

2. 电力电缆护层过电压及防护

电力电缆的金属护层是应该接地的,一般应两端接地。对于三芯电缆,正常运行时,通过三芯线的三相电流的相量和为零,电缆外皮处基本上没有磁场,金属外皮不会有感应电压,所以三芯电缆外皮两端接地处也没有感应电流通过。若采用三根单芯电缆时,芯线通过单相电流,其磁感线匝链金属外皮,如将单芯电缆金属外皮两端接地,则相当于构成一个 1∶1 的电流互感器,将在外皮中产生很大的感应电流,不仅在金属外皮中产生热能损耗,加速电缆绝缘老化,还会使正常运行时缆芯载流量降低约 40%,这是不允许的。但是,若只将金属外皮一端接地,虽然在正常运行时不产生环流,但当雷电波或操作波沿芯线流动时,电缆外皮不接地端将出现过电压;也会在系统短路,工频短路电流通过芯线时,在不接地端产生较高的工频感应电压;当金属外皮的绝缘护层不能承受这些电压的作用而损坏时,会造成金属外皮的多点接地,同样会在外皮中出现很大的感应电流。因此,采用单芯电缆时,必须限制电缆金属外皮护层的过电压。

最常用的限制护层过电压的方法是金属外皮(如铅包)的交叉互连,其原理接线如图 2-18 所示。交叉互连是将电缆外皮的全长三等分(或三等分的整数倍),每段相邻相的金属外皮端点交叉相互连接。正常运行时,三相芯线的电流大小相等,相位互差 120°。三等分互连后,彼此连接的三段金属外皮具有大小相等、相位互差 120° 的感应电压,三段互连金属外皮总的感应电压为零。两端接地,不会在正常运行时形成环流而造成电能损耗。

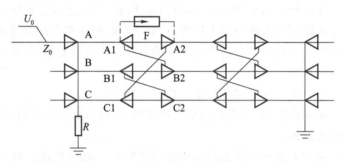

图 2-18　单芯电缆金属外皮交叉互连

但交叉互连需将金属外皮中断,若中断处不加保护,当芯线有雷电过电压或操作过电压波流动时,会在护层上出现过电压。

为限制护层过电压,可将避雷器接在 A1、A2 之间,三相组成三角形联结。因避雷器接在断连两端,避雷器承受工频电压很低,所选用的阀片数很少,动作时,在冲击电流作用下等值电阻很小,可以认为被绝缘接头隔离的金属外皮通过避雷器接通,芯线冲击电流仍能继续以金属外皮为回路流动,外皮断连处不呈现开路状况,外皮的电位也就被固定了。

在三角形联结的基础上,还可改进为星形联结,如图 2-19 所示。在这种保护接线中,冲击电压作用在两个避雷器上,所以星形联结的每个避雷器的片数可比三角形联结减少一半,避雷器的冲击残压大为降低,保护性能更为优越。运行经验表明,保护器的星形联结能保证单芯电缆的安全运行。

3. 配电变压器的防雷

我国 3~10 kV 配电变压器以前多数为 Y yn0 联结,在遭受雷电波时易损坏。配电变压器高压侧用阀型避雷器保护,避雷器的接地线、变压器低压侧中性点、变压器金属外壳连在一起,形成共同接地,如图 2-20 所示。但这种接法,会将变压器接地装置上由雷电流产生的压降,通过低压侧 N 线(中性线)传递到低压用户中去。因此,必须注意接户线的防雷。

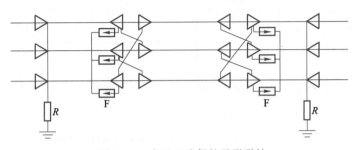

图 2-19　交叉互连保护星形联结

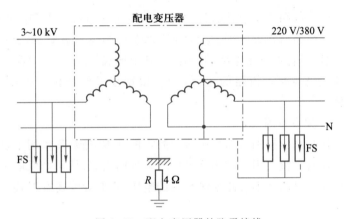

图 2-20　配电变压器的防雷接线

在低压侧加装低压避雷器,限制低压绕组两端的过电压值,不仅能保护低压绕组,而且能保护高压绕组。尤其是在多雷区,更应如此,低压侧避雷器的连接方式与高压侧类似,如图 2-20 所示。低压避雷器可采用普通阀型或氧化锌避雷器。

在年平均雷暴日数超过 90 日/年的强雷区,若配电变压器低压侧避雷器残压不够低,不足以保护高压侧绝缘时,可选用 D yn11 联结的配电变压器,或者 Y zn11 联结的防雷变压器。但低压侧落雷时仍可能会直接损坏低压绕组绝缘。

4. 低压架空接户线防雷

当低压架空接户线遭受直击雷、雷电感应过电压或由配电变压器高压侧传递至低压线,以及雷击建筑物反击于接户线时,都可能使雷电波沿线路进入用户。低压架空接户线可采用下列防雷措施:

① 对重要用户,在低压线进入建筑物前 50 m 处安装一组低压避雷器,并设有专用的人工接地装置。进入建筑物后,再装一组低压避雷器,如图 2-21 所示。

② 将架空接户线的绝缘子铁脚接地并设专用的接地装置。当线路遭受雷击时,导线对绝缘子铁脚形成放电间隙,可限制雷电压幅值。

③ 多雷地区或易击地段,直接与架空线路相连的电能表,应加装低压电涌保护器(SPD)。

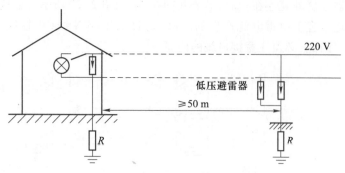

图 2-21　接户线防雷

四、输电线路的防雷措施

输电线路防雷设计的目的是提高线路的耐雷水平和降低线路的雷击跳闸率。在确定线路防雷方式时,应综合考虑系统的运行方式,线路的电压等级和重要程度、线路经过地区雷电活动的强弱、地形地貌特点、土壤电阻率的高低等自然条件,并参考当地原有线路的运行经验,根据技术经济比较的结果,采取合理的保护措施。

1. 架设接闪线

这是高压特别是超高压线路防雷的基本措施,其作用主要是防止雷直击导线,同时还有分流作用以减小流经杆塔入地的电流,从而降低塔顶电位;通过对导线的耦合作用可以减小线路绝缘承受的电压,它对导线还有屏蔽作用,可以降低感应过电压。

110 kV 及以上电压等级的线路一般都应全线架设接闪线,35 kV 及以下电压等级的线路则一般不全线架设或不架设接闪线。接闪线的保护角大多取20°～30°。

330 kV 及以上的超高压、特高压线路都架设双接闪线,保护角在 15° 及以下,国外有许多超高压线路还根据电气几何模型确定保护角,要求绕击闪络区为零。

为了降低正常运行时接闪线中感应电流的附加损耗和利用接闪线兼作高频通道,超高压线路常将接闪线通过一个小间隙接地。正常运行时接闪线对地绝缘,雷击时间隙被击穿,使接闪线接地。

2. 降低杆塔接地电阻

对于一般高度的杆塔,降低杆塔冲击接地电阻是提高线路耐雷水平,降低雷击跳闸率的有效措施。

在土壤电阻率低的地区,应充分利用铁塔、钢筋混凝土杆的自然接地电阻。在土壤电阻率高的地区,用一般方法难以降低接地电阻时,可采用多根放射形接地体,或连续伸长接地体或采用专用的接地模块降低接地电阻值。

3. 架设耦合地线

在降低杆塔接地电阻有困难时,可采用架设耦合地线的措施,即在导线下方加设一条接地线。它具有分流作用,又加强了接闪线与导线间的耦合,可使线路绝缘子的过电压降低。运行经验证明,耦合地线对降低线路的雷击跳闸率效果显著,大约可降低 50%。

4. 采用消弧线圈接地方式

在雷电活动强烈而接地电阻又难以降低的地区,对于 110 kV 及以下电压等级的电网可考虑采用系统中性点不接地或经消弧线圈接地方式。这样可使绝大多数雷击单相闪络接地故障被消弧线圈消除,不至于发展成为持续工频电弧。而当雷击引起二相或三相闪络故障时,第一相闪络并不会造成跳闸,先闪络的导线相当于一根接闪线,增加了分流和对未闪络相的耦合作用,使未闪络相绝缘上的电压下降,从而提高了线路的耐雷水平。我国的消弧线圈接地方式运行效果很好,雷击跳闸率大约可以降低 1/3。据报道,我国重庆和温州的一些 110 kV 架空线路已经采用中性点经消弧线圈接地方式。

5. 加强绝缘

对于输电线路的个别大跨越、高杆塔地段,落雷机会增多;塔高等值电感大,塔顶电位高,感应过电压也高;绕击的最大雷电流幅值大,绕击率高。这些都增高了线路的雷击跳闸率。为降低跳闸率,可在高杆塔上增加绝缘子串的片数,加大大跨越档相线与地线之间的距离,以加强线路绝缘。

6. 采用不平衡绝缘方式

在现代高压及超高压线路中,采用同杆并架双回线路的日益增多。为了降低雷击时双回路同时跳闸的故障率,当用通常的防雷措施无法满足要求时,可考虑采用不平衡绝缘方式,也就是使两回线的绝缘子片数有差异。这样,雷击时绝缘子片数少的回路先闪络,闪络后的导线相当于地线,增加了对另一回路导线的耦合作用,使其耐雷水平提高,不再发生闪络,保证线路继续送电。一般认为两回路绝缘水平的差异宜为 2 倍相电压(峰值),差异过大将使线路的总跳闸率增加。

7. 装设自动重合闸装置

由于架空线路的空气绝缘具有自恢复性能,大多数雷击造成的冲击闪络在线路跳闸后能够自行消除,因此,安装自动重合闸装置对降低架空线路的雷击事故率效果较好。据统计,我国 110 kV 及以上的高压架空线路一次重合闸成功率达 75%~95%,35 kV 及以下的架空线路为 50%~80%。因此,各级电压的架空线路都应尽量装设自动重合闸装置。应特别注意:电缆线路一般不宜装设自动重合闸装置。请同学们思考"为什么"?

自我检测题

1. 接闪杆上照明灯的电源线为什么要用金属外皮并经深埋入地中以后才允许与低压配电装置相连?

2. 在哪种情况下,保护变电所免受直击雷的接闪杆可以装设在变电所构架上?哪种情况下则不行?为什么?

3. "只要避雷器比变压器更早地遇到雷电侵入波,就可以保证变压器绝缘的安全。"这种说法准确吗?为什么?

4. 建筑物有几类防雷等级？它们各自适用于什么场合？

5. 建筑物防直击雷系统一般由几部分组成？防直击雷有哪些措施？

6. 接闪带的组成及其在防雷系统中的作用是什么？

7. 接闪杆的保护范围与哪些因素有关？

8. 输电线路主要有哪些防雷措施？

第3单元　电击事故及其防护

　　电是现代社会使用最广泛的二次能源,它不仅为工农业生产、交通运输和科学技术等提供主要动力,而且是现代家庭的重要能源。同时电又是很危险的,电击事故是经常发生的一种电气事故,它会造成人员伤害甚至死亡。如果人们在工作和生活中不懂得用电的安全知识,不采取可靠的防护措施,或者违反《电业安全工作规程》,就可能发生电击事故。人身遭受电击有直接接触电击和间接接触电击之分。直接接触电击是指电气装置正常工作时(未发生故障),人体触及(或过分接近)带电体时遭受的电击。间接接触电击是指人体触及那些正常时不带电,但故障时会带危险电压的电气设备外露可导电部分时遭受的电击。触电是电击的俗称。

　　直接接触电击的防护措施主要有绝缘、屏护和间距等。

　　间接接触电击防护措施主要包括自动切断电源(包括过电流保护和剩余电流保护),接地和等电位联结,采用Ⅱ类电气设备,采用特低电压,电气隔离(例如采用隔离变压器),设置非导电场所等。以上有些内容属于兼有直接接触电击防护和间接接触电击防护的措施。

　　间接接触电击防护的一部分是在电气设备的产品设计和制造中予以配置,而另一部分则是在电气装置的设计和安装中予以补充。因此,电气技术人员必须了解电气设备本身具备的防间接接触电击的功能和措施,并在电气装置的设计和安装中补充必要的措施,使之相辅相成、趋于完善。

　　这些知识也是电气维修和运行人员必备的。

　　本单元介绍电流对人体的作用、人体触电的方式、防止触电的技术措施、正确使用安全用具、电气作业安全及触电急救的方法等。

3.1 安全用电常识

一、电流对人体的危害

电对人体的作用是一个很复杂的问题,影响因素很多,至今尚未完全掌握。不同类型的电流可能对人体有害,也可能对人体无害,甚至有益,如用于医疗等。本书主要研究电对人体的伤害。IEC 通过研究表明,电对人体的伤害,主要来自电流。

电流流过人体时,电流的热效应会造成人体电灼伤;它引起的化学效应会造成电烙印和皮肤金属化;其产生的电磁场能量对人体的辐射会导致人头晕、乏力和神经衰弱等。

电流通过人体的头部会使人立即昏迷,甚至死亡,通过人体脊髓时会使人肢体瘫痪,通过中枢神经或有关部位会导致中枢神经系统失调而死亡,通过心脏会引起心室纤维性颤动致使心脏停止跳动而死亡。

电流对人体的伤害可以分为电伤和电击两种类型。

1. 电伤

电伤是指由于电流的热效应、化学效应而对人体的外表造成的局部伤害,如电灼伤、电烙印、皮肤金属化等。

(1)电灼伤

电灼伤一般分接触灼伤和电弧灼伤两种。接触灼伤一般发生在高压触电事故时电流流过人体皮肤的进出口处。一般进口处比出口处灼伤严重,接触灼伤的面积较小,但深度大,大多为 3 度灼伤,灼伤处呈现黄色或褐黑色,并可累及皮下组织、肌腱、肌肉及血管,甚至使骨骼呈现碳化状态,一般需要治疗的时间较长。

(2)电烙印

电烙印发生在人体与带电体之间有良好的接触部位处。在人体不被电击的情况下,在皮肤表面留下与带电接触体形状相似的肿块痕迹。电烙印边缘明显,颜色呈灰黄色。在触电后有时也可能并不立即出现电烙印,而是在相隔一段时间后才出现。电烙印一般不发炎或化脓,但往往造成局部麻木和失去知觉。

(3)皮肤金属化

皮肤金属化是由于高温电弧使周围金属熔化、蒸发并飞溅渗透到皮肤表面形成的伤害。皮肤金属化以后,表面粗糙、坚硬。金属化后的皮肤经过一段时间后一般能自行脱离,对身体机能一般不会造成不良的后果。

2. 电击

电击是指电流流过人体内部造成人体内部器官的伤害。当电流流过人体时,人体内部器官(如呼吸系统、血液循环系统、中枢神经系统等)发生变化,机能紊乱,严重时会导致人休克乃至死亡。

电击使人致死的原因有三个方面：第一是流过心脏的电流过大、持续时间过长，引起心室纤维性颤动而致死；第二是因电流的作用使人窒息而死亡；第三是因电流的作用使心脏停止跳动而死亡。研究表明，心室纤维性颤动致死是最根本、占比例最大的原因。

二、电流对人体伤害程度的影响因素

1. 电流强度及电流持续时间

流经人体的电流大小不同，对人体的效应也不同。一般来说，通过的电流愈大，持续的时间越长，人体的生理反应越明显，感觉也越强烈。按电流通过人体时的生理机能反应和对人体的伤害程度，一般将电流分成以下三级：

感知电流：使人体能够感觉，但不遭受伤害的电流。感知电流的最小值为感知阈值，一般可取为 0.5 mA。感知电流通过时，人体有麻酥、针刺感。

摆脱电流：人体触电后能够自主摆脱的电流。摆脱电流的最大值是摆脱阈值，一般可取通用值为 10 mA。摆脱电流通过时，人体除有麻酥、针刺感外，主要是疼痛、心律障碍感。

致命电流：人触电后危及生命的电流。由于导致触电死亡的主要原因是发生心室纤维性颤动（简称心室纤颤），故将致命电流的最小值称为致颤阈值。

以上三级电流的具体大小与电流流过人体的持续时间有密切的关系。如电流持续时间越长，其对应的致颤阈值越小，对人体的危害越严重。这是因为时间越长，体内积累的外能量越多，人体电阻因出汗及电流对人体组织的电解作用而变小，使伤害程度进一步增加。另外，人的心脏每收缩、舒张一次，中间约有 0.1 s 的间隙，在这 0.1 s 的时间内，心脏对电流最为敏感，若电流在这一瞬间通过心脏，即使电流很小（几十毫安），也会引起心室纤维性颤动。显然，电流持续时间越长，重合这段危险期的概率越大，危险性也越大。一般认为，工频电流 15~20 mA 以下及直流 50 mA 以下，对人体是基本安全的；但如果持续时间很长，即使电流小到 8~10 mA，也可能使人致命。

图 3-1 所示为通过人体的交流电流 I_b 与通电时间 t 的关系曲线。由曲线可见，人体流过不同电流及通电时间时的反应可分为四个区域：

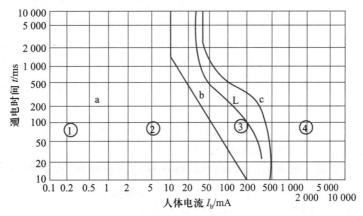

①—安全区；②—感知区；③—不易摆脱区；④—致颤区

图 3-1　通过人体的交流电流 I_b 与通电时间 t 的关系曲线

（1）安全区

在图 3-1 中，①区为无感知区（安全区），在此区域中的电流流过人体时，人一般是没有感觉的，且与接触时间的长短没有关系。人对交、直流的无感知电流分别小于 0.5 mA 和 2 mA。

（2）感知区

当电流增大，超过了安全区，就进入感知区②。在此区域内，一般人能感受到电流，但可以自由摆脱，通常不会对人产生危险的生理效应。很明显，①区和②区的交界线 a 处即为感知阈值 0.5 mA。

与交流电不同，直流电在感知电流范围内，人并没有感觉，只有在接通和断开时人才有感知。同样的刺激效应，直流电的幅值要比交流电大 2~4 倍，故人体对直流电流的感知阈值为 2 mA。

（3）不易摆脱区

进入这个区域内，人体会发生明显的电流效应，如肌肉收缩，呼吸困难，形成心脏搏动和心脏搏动传导的可恢复性混乱，而且通常不易摆脱，但一般不会损害有机组织，不会发生心室纤维性颤动而死亡。②区与③区的交界处即为摆脱阈值，它随触电时间的延长而下降，对交流电而言，当接触时间 t 为 0.02 s 时，人的摆脱阈值约为 150 mA；t 为 10 s 时，摆脱阈值为 10 mA。

与交流电不一样，直流电流低于 300 mA 时，没有确定的摆脱阈值。

（4）致颤区

在此区域，电流流过人体时，会发生心室纤维性颤动，可能导致死亡。③区与④区的交界线处即为致颤阈值，它也与触电时间 t 有关，且随 t 的延长而下降。对交流电，当触电时间为 0.1 s、电流为 400 mA 时，人就可能发生心室纤维性颤动；若持续时间为 2 s，则在 30 mA 时人也会产生心室纤维性颤动。

直流的致颤阈值在持续时间长于一个心脏跳动周期（约 1 s）的电流冲击时，要比交流的高几倍；对小于 0.2 s 的电流冲击，与交流致颤阈值大致相等。

2. 人体电阻

由欧姆定律可知：人体触电时，流过人体的电流由人体的电阻决定（当触电电压一定时），人体电阻越小，流过的电流则越大，人体所遭受的伤害也越大。

人体电阻不是固定不变的，它的数值随着接触电压的升高而下降，并且和皮肤的干湿程度等因素有关。人体电阻主要包括人体内部电阻和皮肤电阻。人体内部电阻是固定不变的，并与接触电压和外界条件无关，约为 500 Ω。皮肤电阻一般是指手和脚的表面电阻，它随皮肤表面的粗糙和干湿程度及接触电压而变化。

不同类型的人，皮肤电阻差异很大，因而使人体电阻差别也大。一般认为，人体电阻可按 1 000~2 000 Ω 考虑。

影响人体电阻的因素很多，除皮肤厚薄粗细外，皮肤潮湿、多汗、有损伤，或带有导电性粉尘等，都会降低人体电阻，接触面积加大、接触压力增加也会降低人体电阻。不同条件下的人体电阻见表 3-1。

表 3-1　不同条件下的人体电阻

加于人体的电压/V	人体电阻/Ω			
	皮肤干燥	皮肤潮湿	皮肤湿润	皮肤浸入水中
10	7 000	3 500	1 200	600
25	5 000	2 500	1 000	500
50	4 000	2 000	875	440
100	3 000	1 500	770	375
250	2 000	1 000	650	325

注：① 本表基本条件:电流为基本通路,接触面积较大。

② 皮肤潮湿相当于有水或汗痕。

③ 皮肤湿润相当于有水蒸气或特别潮湿的场合。

④ 皮肤浸入水中相当于游泳池内或浴池中,基本上是体内电阻。

⑤ 表中数值为大多数人的平均值。

3. 作用于人体的电压

当人体电阻一定时,作用于人体的电压越高,通过人体的电流也越大。但是,通过人体的电流强度,并不与作用在人体的电压成正比。这是因为随着作用于人体的电压的升高,人体电阻急剧下降(见表 3-1),致使电流迅速增加,而对人体的伤害更为严重。

当 220~1 000 V 工频电压作用于人体时,通过人体的电流可同时影响心脏和呼吸中枢,引起呼吸中枢麻痹致使呼吸中断和心脏停止跳动。更高的电压还可能引起心肌纤维透明性变,甚至引起心肌纤维断裂和凝固性变。

4. 电流路径

电流通过人体的路径不同,使人体出现的生理反应及对人体的伤害程度是不同的。电流通过人体头部会使人立即昏迷,严重时,使人死亡;电流通过脊髓,使人肢体瘫痪;电流通过呼吸系统,会使人窒息死亡;电流通过中枢神经,会引起中枢神经系统的严重失调而导致死亡;电流通过心脏会引起心室纤维性颤动,心脏停搏造成死亡。研究表明,电流通过人体的各种路径中,哪种电流路径通过心脏的电流分量大,其触电伤害程度就大。电流路径与流经心脏的电流比例关系见表 3-2。左手至脚的电流路径,心脏直接处于电流通路内,因而是最危险的;右手至脚的电流路径的危险性相对较小。电流从左脚至右脚这一电流路径,危险性小,但人体可能因痉挛而摔倒,导致电流通过全身或发生二次事故而产生严重后果。

表 3-2　电流路径与通过人体心脏电流的比例关系

电流路径	左手至脚	右手至脚	左手至右手	左脚至右脚
流经心脏的电流占通过人体总电流的比例	6.4%	3.7%	3.3%	0.4%

5. 电流种类及频率

电流种类不同,对人体的伤害程度不一样。当电压在 250~300 V 以内时,触及频率为 50 Hz 的交流电,比触及相同电压的直流电的危险性大 3~4 倍。不同频率的交流电流对人体的影响也不相同。通常 50~60 Hz 的工频交流电对电器制造较为有利,但对人体的伤害却最为严重,频率偏离工频越远,交流电对人体的伤害越轻。在直流和交流高频情况下,人体可以耐受更大的电流值,但高压高频电流对人体依然是十分危险的。频率在 20 kHz 以上的交流小电流,对人体已无危害,可以在医学上用于理疗。250~300 V 条件下不同频率的死亡率见表 3-3。

表 3-3　250~300 V 条件下不同频率的死亡率

频率/Hz	10	25	50	60	80	100	120	200	500	1 000
死亡率	21%	70%	95%	91%	43%	34%	31%	22%	14%	1↑

6. 人体的健康状态

人体的健康状态和精神正常与否,是决定触电伤害程度的内在因素,一个患有心脏病、结核病、精神病、内分泌器官疾病或酒醉的人,由于自身的抵抗能力较弱,并可能诱发原有的病,而使触电后果更为严重。相反,一个身体健康、经常从事体力劳动和体育锻炼的人,因触电引起的后果相对来说会轻一些。

三、人体的触电方式

人体的触电方式主要有三类。

（一）直接接触电击

指因接触到正常工作的带电导体而产生的电击,如电工在检修时不小心触及带电导体等。人体与带电体的直接接触电击可分为单相触电和两相触电。

1. 单相触电

当人体直接碰触三相电网中带电设备的其中一相时,电流通过人体流入大地,这种触电现象称为单相触电。对于高压带电体,人体虽未直接接触,但由于超过了安全距离,高电压对人体放电,造成单相接地引起的触电,也属于单相触电。

低压电网通常采用变压器低压侧中性点直接接地(如 TN 系统)和中性点不接地(如 IT 系统)的接线方式,这两种接线方式中发生单相触电的情况如图 3-2(a)和(b)所示。

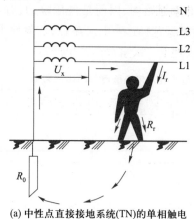

(a) 中性点直接接地系统(TN)的单相触电　　(b) 中性点不接地系统(IT)的单相触电

图 3-2　单相触电示意图

① 中性点直接接地系统的单相触电：以 380 V/220 V 的低压配电系统为例，当人体触及某一相导体时，此相导体与大地间的相电压便加于人体，电流经过人体、大地、系统中性点接地装置、中性线形成闭合回路，如图 3-2(a)所示。由于接地装置的电阻 R_0 比人体电阻 R_r 小得多，则相电压几乎全部加在人体上。设人体电阻 R_r 为 1 000 Ω，电源相电压为 220 V，则通过人体的电流 I_r 约为 220 mA，远大于人体的摆脱阈值，足以使人致命。不过，一般情况下，工作人员脚上穿有鞋子，有一定的限流作用；人体与带电体之间以及站立点与地之间也有接触电阻，所以实际电流较 220 mA 要小，人体触电后，有时可以摆脱。但人体触电后由于遭受电击的突然袭击，慌乱中易造成二次伤害事故（如空中作业触电时摔到地面等），所以工作人员工作时应穿合格的绝缘鞋；在配电室的地面上应垫有绝缘橡胶垫，以防触电事故的发生。

② 中性点不接地系统的单相触电：如图 3-2(b)所示，当人站立在地面上，接触到系统的某一相导体时，表面看起来没有闭合回路，但由于导线与地之间存在对地阻抗 Z_C（由线路的绝缘电阻 R 和对地电容 C 组成），则电流通过人体、大地、另两相导线对地阻抗 Z_C 构成回路，通过人体的电流与线路的绝缘电阻及对地电容的数值有关。在低压系统中，对地电容 C 很小，通过人体的电流主要决定于线路的绝缘电阻 R。正常情况下，R 相当大，通过人体的电流很小，一般不致造成对人体的伤害；但当线路绝缘下降、R 减小时，单相触电对人体的危害仍然存在。而在高压系统中，线路对地电容较大，特别在较长的电缆线路上，则通过人体的电容电流较大，将危及触电者的生命。

2. 两相触电

当人体同时接触带电设备或线路中的两相导体时，两相导体间的线电压加于人体，电流从一相导体经人体流入另一相导体，这种触电方式称为两相触电，如图 3-3 所示。通过人体的电流与系统中性点运行方式无关，其大小由人体电阻和人体与之相接触的两相导体的接触电阻之和决定。由于线电压是相压的 $\sqrt{3}$ 倍，因此，它比单相触电的危险性更

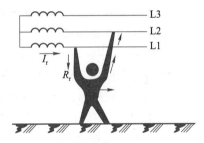

图 3-3　两相触电示意图

大，如 380 V/220 V 低压系统的线电压为 380 V，设人体电阻为 1 000 Ω，则通过人体的电流约为 380 mA，大大超过人的致颤阈值，足以致人死亡。两相触电多在带电作业时发生，由于相间距离小，安全措施不周全，使人体直接或通过作业工具同时触及两相导体，造成两相触电。

（二）间接接触电击

间接接触电击是指正常工作时不带电的部位，因任何原因（主要是故障）带上危险电压后被人触及而产生的电击。例如，当电气设备绝缘损坏而发生接地或短路故障（俗称"碰壳"或"漏电"）时，其金属外壳便带上危险电压。间接接触电击包括跨步电压触电和接触电压触电等。

1. 跨步电压触电

如图 3-4 所示，当电气设备或载流导体发生接地故障时，接地电流将通过接地

体流向大地,在该接地体周围,接地点处的电位最高,离接地点越远,电位越低,其电位分布呈伞形下降。此时,人在该区域内行走时,其两脚之间(一般为 0.8 m 的距离)呈现出电位差,此电位差称为跨步电压 U_{step}。由跨步电压引起的触电称为跨步电压触电。

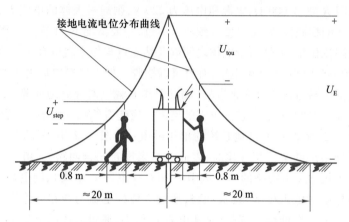

接地电流电位分布曲线

U_E—接地短路电压;U_{tou}—接触电压;U_{step}—跨步电压

图 3-4　接地故障点的地面电位分布示意图

在距离接地点 10 m 以内,电位的变化率较大,跨步电压高,触电危险性高;在离接地故障点 10 m 以外,跨步电压较低,触电的危险性明显降低。在跨步电压的作用下,电流将从一只脚经腿、胯部、另一只脚构成回路,当跨步电压较高时,触电者脚发麻、抽筋、可能跌倒在地,而跌倒后,电流可能改变路径(如从手至脚)而流经人体的重要器官,使人致命。《电业安全工作规程》规定,发生高压设备、导线接地故障时,室内不得接近故障点 4 m 以内,室外不得接近故障点 8 m 以内。如果要进入此范围内工作,为防止跨步电压触电,进入人员应穿绝缘鞋。

需要指出,跨步电压触电还可能发生在另外一些场合,例如,接闪杆或者是避雷器动作,其接地体周围的地面也会出现伞形电位分布,同样会发生跨步电压触电。

2. 接触电压触电

在正常情况下,电气设备的金属外壳是不带电的,由于绝缘损坏,可能使设备的金属外壳带电。接触电压是指人触及漏电设备的外壳,其手、脚之间所承受的电压 U_{tou},一般指距离漏电设备水平方向 0.8 m 处,这时人手触及设备外壳,手与脚两点之间的电位差。由于接触电压而引起的人体触电称为接触电压触电,如图 3-4 所示。

当人需要接近漏电设备时,为防止接触电压触电,应戴绝缘手套、穿绝缘鞋。

(三) 人体与带电体的距离小于安全距离的触电

前述几类触电事故,都是人体与带电体直接接触或间接接触时发生的。实际上,当人体与带电体(特别是高压带电体)的空气间隙小于一定的距离时,虽然人体没有接触带电体,也可能发生触电事故。这是因为人体与带电体的距离足够近时,若人体与带电体间的电场强度大于空气的击穿场强,空气将被击穿,带电体将会对人体放电,并在人体与带电体间产生电弧。此时人体将受到电弧灼伤及电击的双重伤害。这种与带电体的距离小于安全距离的弧光放电触电事故多发生在高压系统中。为防止这类事故的发生,国家有关标准规定了不同电压等级的最小安全距离(详见第4单元4.1节),工作人员距带电体的距离不允许小于此距离值。

3.2 防止人身触电的技术措施

人身触电事故的发生,一般不外乎两种情况:一是人体直接触及或过分靠近电气设备的带电部分;二是人体碰触平时不带电但因绝缘损坏而带电的金属外壳或金属架构。针对这两种人身触电情况,从根本上说,应加强工作人员的安全思想教育,严格执行《电业安全工作规程》的有关规定。同时,也要对设备本身、工作环境采取一定的技术措施。这些技术措施主要包括:

① 采用安全特低电压。

② 保护接地。

③ PEN 线保护。

④ 使用剩余电流保护电器 RCD(俗称漏电保护器)。

另外,还需要采用相应的防护措施,如在检修工作过程中装设遮栏和围栏,在运行中采用网状遮栏、栅栏,保证工作中的安全距离等。

一、安全特低电压

安全特低电压与通常所说的低电压是两个不同的概念。《电业安全工作规程》规定对地电压 250 V 及以下的电压为低电压;《电力设备接地设计技术规程》规定额定电压 1 kV 以下的电压为低电压。但是,这两种规程所规定的低电压对于人身电击事故而言都是非常危险的。

根据欧姆定律,人体触电时的安全电压是根据人体安全电流和人体实际电阻的乘积来确定的,但人体的电阻存在着一定的差异,而且不同条件下人体的电阻变化也很大,所以不同条件下人体的安全电压也不相同。GB/T 3805—2008《特低电压(ELV)限值》规定,我国安全电压额定值的等级为 42 V、36 V、24 V、12 V 和 6 V,应根据作业场所、操作员条件、使用方式、供电方式、线路状况等因素选用。例如,特别危险环境中使用的手持电动工具应采用 42 V 特低电压;有电击危险环境中使用的手持照明灯和局部照明灯应采用 36 V 或 24 V 特低电压;金属容器内、特别潮湿处等特别危险环境中使用的手持照明灯应采用 12 V 特低电压;水下作业等场所应采用 6 V 特低电压。

采用安全特低电压在一定程度上可有效地防止电击事故的发生,但由于工作电压降低,要传输一定的功率,工作电流就必须增大。这就要求增加低压回路导线的截面积,使投资费用增加。一般安全电压只适用于小容量的设备,如行灯、机床局部照明灯及危险度较高的场所中使用的电动工具等。当前我国电力系统中使用的安全特低电压体系如下:

　　① 携带式作业灯,隧道照明,机床局部照明,离地面 2.5 m 高度的照明,以及部分手持电动工具等,安全电压均采用 36 V。

　　② 在发电机定子膛内工作时一般采用 24 V 安全电压。

　　③ 在地方狭窄、工作不便、潮湿阴暗、有导电尘埃、高温等工作场所,以及在金属容器内工作(气包内),必须采用 12 V 安全电压。

　　采用降压变压器(即行灯变压器)取得安全电压时,应采用双绕组变压器而不能采用自耦变压器,以使一、二次绕组之间只有电磁耦合而不直接发生电的联系。

　　必须指出,安全电压并非是绝对安全的。根据 IEC 关于慎用"安全"一词的原则,"安全电压"中的"安全(Safety)"一词,并不具有"确保不发生电击"的含义,而是指用较低的电压值来保证较小的电击危险性。

二、保护接地

　　为保障人身安全、防止间接接触电击造成伤亡或设备损坏而将设备的外露可导电部分进行接地的措施称为保护接地。保护接地有下面几种情况:

　　1. 经各自保护接地线分别接地

　　将电气设备的外露可导电部分经各自的保护接地线(PE 线)分别进行接地,使其处于地电位,一旦电气设备带电部分的绝缘损坏时,可以减轻或消除电击危害。例如,TT 系统和 IT 系统的接地如图 3-5 所示。IT 系统中一般不引出 N 线。

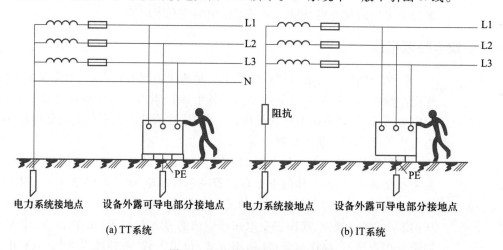

图 3-5　TT 系统和 IT 系统的接地

　　2. 经公共保护接地线或中性线接地

　　将电气设备的外露可导电部分经公共的保护接地线(PE 线)或保护接地中性线(PEN 线)接地,如 TN 系统的接地。我国过去称这种保护接地方式为"保护接零",目前有些资料中仍不适当地保留这一名称。

　　3. 重复接地

　　在电源中性点直接接地的 TN 系统中,为确保公共 PE 线或 PEN 线安全可靠,除在电源中性点进行工作接地外,还必须在 PE 线或 PEN 线的下列地方进行必要的重复接地,例如:

① 在架空线路的干线和分支线的终端及沿线每间隔 1 km 处。

② 电缆和架空线在引入车间或大型建筑物处。

否则,在 PE 线或 PEN 线发生断线并有设备发生一相接地故障时,接在断线后面的所有设备的外露可导电部分都将呈现接近于相电压的对地电压,如图 3-6(a)所示,这是很危险的。如果进行了重复接地,如图 3-6(b)所示,则在发生同样故障时,断线后面的 PE 线或 PEN 线的对地电压为 U'_E。假设电源中性点接地电阻 R_E 与重复接地电阻 R'_E 相等,则断线后面一段 PE 线或 PEN 线的对地电压 $U'_E = U_\varphi/2$,危险程度大大降低。当然,实际上由于 $R'_E > R_E$,所以 $U'_E > \dfrac{1}{2} U_\varphi$,对人还是有危险的,因此,应尽量避免发生 PE 线或 PEN 线的断线故障。施工时,一定要保证 PE 线和 PEN 线的安装质量。运行中也要特别注意对 PE 线和 PEN 线状况的检视。根据同样的理由,PE 线和 PEN 线上一般不允许装设开关或熔断器。

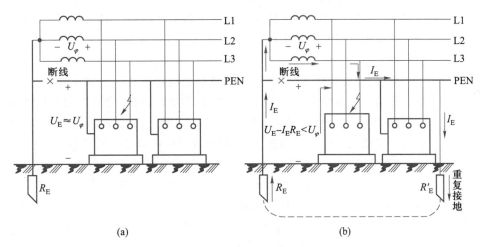

图 3-6　重复接地作用比较图

4. 低压电力系统的接地方式

（1）TN 系统

TN 系统的电源中性点直接接地,并引出有 N 线。当其设备发生一相接地故障时,就形成单相短路,其过电流保护装置动作,迅速切除故障部分。

（2）TT 系统

TT 系统的电源中性点直接接地,也引出有 N 线,而设备的外露可导电部分经各自的保护线（PE 线）分别进行接地。其保护接地的功能可用图 3-7 来说明。

如果设备的外露可导电部分未接地,如图 3-7(a)所示,则当设备发生一相接地故障时,外露可导电部分就带上相电压。由于故障设备与大地接触不良,故障电流较小,通常不足以使故障设备电路中的过电流保护装置动作来切除故障设备,这样就增加了人体触电的危险。

如果设备的外露可导电部分采取直接接地,如图 3-7(b)所示,则当设备发生一相接地故障时,就通过保护接地装置形成单相短路电流 $I_K^{(1)}$,这一电流通常足以使故障设备电路中的过电流保护装置动作,迅速切除故障设备,从而大大减少了人

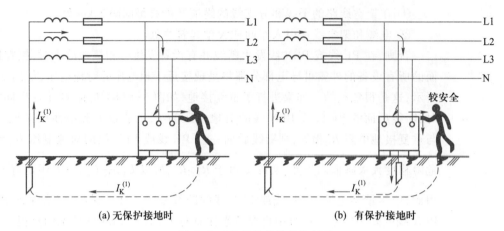

(a) 无保护接地时　　　　　　　　(b) 有保护接地时

图 3-7　TT 系统保护接地原理

体触电的危险。即使在故障未切除时人体触及故障设备的外露可导电部分,也由于人体电阻远大于保护接地电阻,因此通过人体的电流也比较小,对人体的危险性也较小。

但是,如果这种 TT 系统中的设备只是绝缘不良引起漏电时,则由于漏电电流较小而可能使电路中的过电流保护装置不动作,从而使漏电设备的外露可导电部分长期带电,这就增加了人体触电的危险。因此,为保障人身安全,这种系统应考虑装设灵敏的触电保护装置,例如剩余电流保护电器(RCD)等。

TT 系统由于所有设备的外露可导电部分都是经各自的 PE 线分别直接接地的,各自的 PE 线间无电的联系,因此适于对数据处理、精密检测装置等供电;同时,TT 系统又与 TN 系统一样可构成三相四线制系统,接用相电压的单相设备也很方便,如果装设了剩余电流保护装置,对人身安全也有保障,所以这种系统在国外应用比较广泛,在我国也正在逐步推广。

(3) IT 系统

指电力系统的带电部分与大地绝缘,或其中一点(通常为中性点)经阻抗与大地相连。电气设备的外露可导电部分是接地的。

IT 系统的电源中性点不接地或经阻抗(约 1 000 Ω)接地,且通常不引出 N 线,因此它一般为三相三线制系统,其中电气设备的外露可导电部分均经各自的 PE 线分别直接接地。这种系统中的设备如发生一相接地故障时,其外露可导电部分将呈现对地电压,并经设备外露可导电部分的接地装置、大地和非故障的两相对地电容以及电源中性点接地装置(如采取中性点经阻抗接地时)而形成单相接地故障电流,如图 3-8 所示。如果电源中性点不接地,则此故障电流完全为电容电流,这种 IT 系统属小接地电流系统。小接地电流系统在发生一相接地故障时,其三个线电压仍维持不变,因此三相用电设备仍可继续正常运行。因此,在 IT 系统应装设绝缘监察装置,当 IT 系统内发生接地故障时,由绝缘监察装置或单相接地保护装置发出音响或灯光信号,以提醒值班人员及时排除接地故障。否则,当另一相再发生接地故障时,将发展为两相接地短路,使故障扩大。

IT 系统的一个突出特点是:当发生一相接地故障时,所有三相用电设备仍可

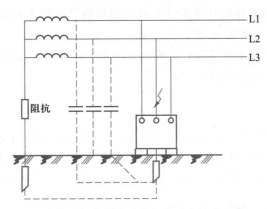

图 3-8　IT 系统发生单相接地时故障电流

暂时继续运行。但同时另外两相的对地电压将由相电压升高为线电压,增加了对人身和设备安全的威胁。IT 系统的另一个特点是其所有设备的外露可导电部分,与 TT 系统一样,都是经各自的 PE 线分别直接接地,各设备的 PE 线之间无电的联系。而且,一般情况下 IT 系统最好不要设置中性线。

IT 系统可用于对供电连续性要求高的场所,或用于对电击防护要求较高的场所,如矿山的巷道或医院的重要手术室等。

5. 多种接地的兼容性

当多根接地极彼此间距离比较接近时,接地极间存在电流屏蔽效应,即靠近的接地极入地电流的流散相互受到排挤,由于这种屏蔽效应,使得接地装置的利用率下降。因此,如果施工条件允许,可考虑彼此靠近的多种接地共用一个接地装置,这个接地装置应能满足所连接的不同类别接地的所有要求。另外,从图 3-4 中入地电流形成的电位分布图可以看出,采用两个或更多的接地装置,如果相距不到 20 m,则接地电流在地中所产生的电位相互影响,达不到降低接触电压或跨步电压的要求。如果将彼此靠近的各类接地连接在一个接地装置上,彼此电位相差很少,所受到的影响要小得多。因此,除有特殊要求外,应尽可能采用共同接地。

6. 保护接地的范围

下列设备的外露可导电部分,除有特殊规定者外,一般都需要通过 PE 线进行接地:

① 携带式及移动式用电器具(如便携式照明灯具和手电钻等)的金属外壳。

② 电动机、变压器等的金属底座和外壳。

③ 互感器二次绕组的一端。

④ 配电柜、控制柜、开关柜、配电箱的金属构架以及可拆卸的或可开启的部分;箱式变电站的金属箱体。

⑤ 电力和控制电缆的金属外皮和铠装,敷设导线的金属管、母线盒及支撑结构、电缆桥架以及在金属支架上所安装的电气设备的其他金属结构。

⑥ 起重机的导轨和提升机的金属构架。

⑦ 在非沥青地面的居民区内,不接地或经消弧线圈接地和高电阻接地的系统中,无接闪线架空线路的金属杆塔和钢筋混凝土杆塔。

⑧ 室内外配电装置的金属构架和钢筋混凝土构架中的钢筋以及靠近带电部分的金属围栅和金属门。

⑨ 装在配电线路杆上的开关设备及装有接闪线的架空线路杆塔。

⑩ 电力电容器的金属外壳。

三、PEN 线保护

在 TN-C 系统(如图 3-9 所示)中,将 PE(保护接地)线和 N(中性)线合用为一根线,称为 PEN 线(保护接地中性线),同时承担两者的功能。在用电设备处,PEN 线既连接到负荷中性点上,又连接到设备的外露可导电部分。

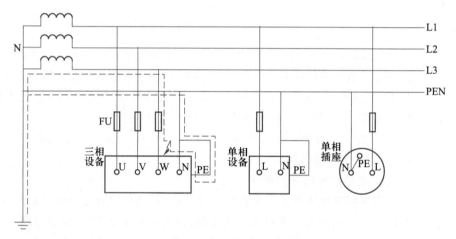

图 3-9　TN-C 系统的 PEN 线

TN 系统的电击防护主要依靠过电流防护电器(如熔断器和低压断路器)切断电源而实现。如图 3-9 中虚线所示,单相碰壳故障变成了单相短路(接地)故障,较大的故障电流使熔断器 FU 熔断,切断电源,实现了保护。

PE 线和 N 线的功能本来不同,用一根 PEN 线来同时承担两者的功能,必然带来一些技术上的弊端。例如,某一设备外壳上的故障电压可能经 PEN 线窜到其他设备外壳;当 PEN 线断线时,设备外壳上可能带上危险的故障电压;正常工作时,PEN 线因通过中性线电流和 $3n$ 次谐波电流而产生电压降,从而使所接设备的金属外壳对地带电位等。

TN-C 系统曾在我国广泛应用,但由于它所固有的技术上的一些弊端,现在已很少采用。尤其是在民用配电中已不允许采用 TN-C 系统。

四、接地系统的组成及接地电阻的测量方法

(一) 接地系统的组成

无论是工作接地还是保护接地,接地任务都要依靠接地系统来实现,接地系统将电气设备的外露可导电部分通过导体与大地相连接。图 3-10 为接地系统示意图。

1. 接地系统

接地极与接地线总称接地系统,如图 3-10 所示。

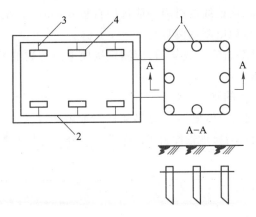

1—接地体；2—接地干线；3—接地支线；4—电气设备

图 3-10　接地系统示意图

2. 接地极

针对不同的电气系统，为了满足不同系统对接地电阻的要求，人为埋入或利用已经埋入地下的、与大地紧密接触并与大地形成电气连接的金属导体称为接地极。接地极分自然接地极和人工接地极两种。

（1）自然接地极

利用与大地接触的建筑物的金属构件、金属管道（但输送易燃易爆物质的金属管道除外）、电缆外皮、混凝土基础内的钢筋等兼作接地极，如高层建筑可利用它的建筑物钢筋混凝土基础作为接地极。这种接地极称为自然接地极。若条件允许，应首先考虑利用自然接地极，因为利用自然接地极有以下诸多优点：

① 节约钢材，节约投资，施工相对简单，比较容易操作。

② 利用建筑物基础钢筋作自然接地极，接地极埋地深度容易达到要求，且与大地接触面积大，接地电阻值稳定。

③ 对建筑物，尤其是城市高层建筑物，整个建筑物避雷体系包括接闪带、引下线和接地极，都可利用建筑物基础钢筋以及金属构件作自然接地极，形成一个整体，隐藏在建筑物结构内，不但连接可靠、免受机械损伤、防腐蚀，而且不影响建筑物的外观。

④ 自然接地极在地下交错分布，且分布面积较大，可起到均衡电位的作用。

（2）人工接地极

人为埋入地下，专门用于接地，并与大地有良好接触的导体称为人工接地极。

人工接地极的常用形式有两种，即垂直接地极和水平接地极。

3. 接地线

接地线是连接接地极与电气设备（包括避雷设施）接地点的金属导体。接地线也分为自然接地线和人工接地线。

与自然接地体相同，也可利用建筑物的金属构件，如钢筋混凝土梁柱内的钢筋、金属管道（输送易燃易爆物质的金属管道除外）、电缆外皮、混凝土基础内的钢筋等兼做接地线。

人工接地线即人为敷设的用以连接接地极与电气设备（包括避雷设施）接地点

的金属导体,接地线的材料一般选用直径 8 mm 以上的圆钢或 40 mm×4 mm 扁钢。

（二）接地电阻的测量

在接地装置安装完毕后,应测定接地电阻的数值,以确定是否满足设计或有关规程的要求。

接地电阻的测量主要是流散电阻的测量。由接地电阻的定义可知,若接地电流一定,则接地电阻值愈小,接地装置的对地电压也就愈小,所以接地电阻值的大小表明了电气设备对接地性能要求的高低。部分电力装置要求的接地电阻值见表 3-4。

表 3-4　部分电力装置要求的接地电阻值

电力系统类别	接地装置应用范围	接地电阻要求值
1 kV 以上大电流接地系统	单独用于该系统	$R_E \leqslant \dfrac{2\ 000\ V}{I_K^{(1)}}$,当 $I_K^{(1)} > 4\ 000\ A$ 时,$R_E \leqslant 0.5\ \Omega$
1 kV 以上小电流接地系统	单独用于该系统	$R_E \leqslant \dfrac{250\ V}{I_E}$,且 $R_E \leqslant 10\ \Omega$
	与 1 kV 以下系统共用接地装置	$R_E \leqslant \dfrac{120\ V}{I_E}$,且 $R_E \leqslant 10\ \Omega$
1 kV 以下系统	与总容量 100 kV·A 以上的发电机或变压器相连的接地装置	$R_E \leqslant 4\ \Omega$
	与总容量 100 kV·A 以上的发电机或变压器相连的重复接地装置	$R_E \leqslant 10\ \Omega$
	与总容量 100 kV·A 及以下的发电机或变压器相连的接地装置	$R_E \leqslant 10\ \Omega$
	与总容量 100 kV·A 及以下的发电机或变压器相连的重复接地装置(不少于 3 处)	$R_E \leqslant 30\ \Omega$
建筑物防雷	第一类防雷建筑物(防雷电感应)	$R_{sh} \leqslant 10\ \Omega$
	第一类防雷建筑物(防直击雷和雷电波侵入)	$R_{sh} \leqslant 10\ \Omega$
	第二类防雷建筑物(防直击雷、雷电感应和雷电波侵入共用)	$R_{sh} \leqslant 10\ \Omega$
	第三类防雷建筑物(防直击雷)	$R_{sh} \leqslant 30\ \Omega$
	其他建筑物(防雷电波侵入)	$R_E \leqslant 30\ \Omega$

注:R_E 为工频接地电阻,Ω;R_{sh} 为冲击接地电阻,Ω;$I_K^{(1)}$ 为流经接地装置的单相接地电流,A;I_E 为单相故障接地电流,A。

　　测量接地电阻的方法很多,有电流-电压表法、电桥法、接地电阻测量仪法等。目前一般采用接地电阻测量仪进行测量,既简单又方便。

　　下面主要介绍电流-电压表测量法和电阻测量仪测量法。

1. 电流-电压表测量法

　　电流-电压表法测量接地电阻的原理如图 3-11 所示。一般为了使被测线路与电源隔离,应采用隔离变压器。电流表要求不低于 0.5 级,为减少该支路分流作用,电压表应采用高阻抗的表。测量接地电阻时,其测试用辅助接地极 C 与被测接地体 E 之间的距离,一般在 40 m 以上,中间接地极 P 应设在被测地线与辅助接地极之间的零位上(可设在两接地极的中点处)。为消除外部干扰,需加大测量电流,一般测量电流不应小于 4~5 A。调节电流的方法,可在电路中串一个可变电阻。被测接地体的接地电阻(Ω)由下式计算

$$R_E = \frac{U}{I} \tag{3-1}$$

式中　U——被测接地装置和零电位之间电压,V;

　　　　I——被测接地装置所通过的电流,A。

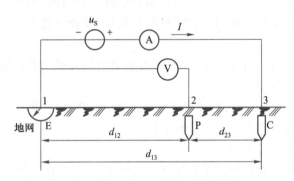

图 3-11　利用电流-电压表法测量接地电阻

2. 接地电阻测量仪测量法

　　目前国产接地电阻测量仪有 ZC-8 型和 ZC-29-1 型等多种。ZC-8 型接地电阻测量仪外形如图 3-12 所示,它与兆欧表相似,俗称接地摇表。它们都具有体积小,重量轻,便于携带,使用方便的特点。下面以 ZC-8 型接地电阻测量仪为例进行简要介绍。

(1) 仪表结构

　　ZC-8 型接地电阻测量仪的内部主要元件有手摇发电机、电流互感器、滑线电阻器及零指示器等。全部机构都装在铝合金铸造的携带式外壳内。另外附有接地探针两支(电位探针,电流探针),导线三根(其中 5 m 长一根用于接地极,20 m 长一根用于电位探针,40 m 长一根用于电流探针接线)。

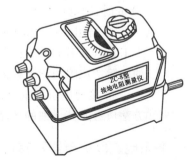

图 3-12　ZC-8 型接地电阻测量仪外形

（2）具体测量方法

接地系统包括接地体和接地线两部分。接地系统的敷设指接地体、接地线安装以及将它们组成接地网和进行等电位联结等工作。

① 在接地电阻测试前要先拧开接地线或防雷接地引下线断接卡子的紧固螺栓。

② 按图 3-13 所示接线图接线，沿被测接地极 E′，将电位探针 P′和电流探针 C′依直线彼此相距20 m 插入地中。电位探针 P′要插在接地极 E′和电流探针 C′之间。

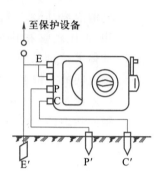

E′—被测接地体；P′—电位探针；
C′—电流探针

图 3-13　接地电阻测量接线

③ 用仪表所附的导线分别将 E′、P′、C′连接到仪表相应的端子 E、P、C 上。

④ 将仪表摆放在水平位置，调整零指示器，使零指示器指针指到中心线上。

⑤ 将"倍率标度"置于最大倍数，慢慢转动手摇发电机的手柄，同时旋动"测量标度盘"使零指示器的指针指在中心线。在零指示器指针接近中心线时，加快发电机手柄转速，并调整"测量标度盘"使指针指于中心线。

⑥ 如果"测量标度盘"的读数小于"1"，应将"倍率标度"置于较小倍数挡，然后再重新测量。

⑦ 当零指示器指针完全平衡指在中心线上后，将此时"测量标度盘"的读数乘以倍率标度即为所测的接地电阻值。

（3）注意事项

使用接地电阻测量仪测接地电阻时，必须注意以下几个问题：

① 当零指示器的灵敏度过高时，可将电位探针 P′插入土壤中浅一些。若其灵敏度不够时，可沿电位探针 P′和电流探针 C′之间的土壤注水，使其湿润。

② 在测量时必须将接地装置线路与被保护的设备断开，以保证测量数据准确。

③ 如果被测接地体 E′和电流探针 C′之间的距离大于 20 m 时，电位探针 P′的位置插在 E′、C′之间直线外几米，则测量误差可以不计。但当 E′、C′之间距离小于 20 m 时，则电位探针 P′一定要正确插在 E′、C′直线中间。

④ 当用 0~1/10/100 Ω 规格的接地摇表测量小于 1 Ω 的接地电阻时，应将表上 E 的连接片打开，然后分别用导线连接到被测接地体上，以消除测量时连接导线的电阻造成附加测量误差。

⑤ 接地电阻测量除常用的 ZC 型接地摇表外，还有其他形式的测试仪。使用方法应参照其详细的产品说明书。若不按要求测量，则可能测不准接地电阻值。

五、剩余电流保护电器及其应用

采用 PEN 线保护和保护接地固然在大多数情况下可起到防止人体触电的作

用,但在某些情况下,会受到限制或起不到保护作用。例如,个别远距离的单台设备或不便敷设 N 线的场所,以及土壤电阻率太大的地方,都将使接地和 PEN 线保护难以实现。另外,当人与带电体意外直接接触时,接地和 PEN 线也难以起到保护作用。

剩余电流保护电器(RCD)是 IEC 对电流型漏电保护电器的规定名称。这里所说的"剩余电流"是指"从设备工作端子以外的地方流出去的电流",即"漏电电流"。低压配电系统中装设 RCD 是防止电击事故的有效措施,也是防止电弧性接地故障起火的有效方法。

(一)剩余电流保护电器的工作原理

剩余电流保护电器的核心部分为剩余电流检测器件,电磁型剩余电流保护电器中使用电流互感器作检测器件的原理如图 3-14 所示。图中,所有正常工作时有电流通过的线路都穿过电流互感器的铁心环。根据基尔霍夫电流定律(KCL),正常工作时,这些电流之和为零,不会在铁心环中产生磁通并感应出二次电流;而当设备发生碰壳故障时,则会有电流从接地电阻 R_E 上流回电源,这时,$\dot{i}_U + \dot{i}_V + \dot{i}_W = \dot{i}_{R_E} \neq 0$,该电流($\dot{i}_U + \dot{i}_V + \dot{i}_W$)产生的磁场会在互感器二次绕组中产生感应电动势,从而在闭合的二次绕组内产生电流。这个二次电流就是漏电故障发出的信号,其大小与一次电流 $|\dot{i}_U + \dot{i}_V + \dot{i}_W|$ 正相关。一次电流 $|\dot{i}_U + \dot{i}_V + \dot{i}_W| \neq 0$ 的部分称为剩余电流。根据检测到的剩余电流大小,保护电器可通过预先设定的程序发出各种指令,或切断电源,或发出信号等。一般情况下,剩余电流是从 I 类设备的 PE 端子流走的,此时 RCD 是作间接接触电击防护;但当人体发生直接接触电击时,从人体上流过的电流便成了剩余电流;因此,剩余电流保护也可以作为直接接触电击的补充保护。

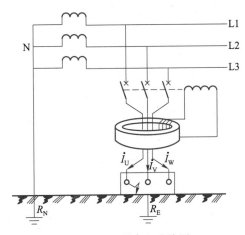

图 3-14　剩余电流检测

(二)剩余电流保护电器的种类和特性参数

1. 常见种类

从不同的角度出发,可将剩余电流保护电器作不同的分类。按 IEC 标准,RCD 按其有无切断电路的功能,分为以下两大类。

① 带切断触头的 RCD,又称开关型漏电保护电器。它是指漏电电流引起装置动作时,能依靠电器本身的触头系统切断主电路的 RCD,简称为 RCD(C)。若 RCD(C)兼有短路和过载保护功能,则称为漏电断路器,即它具有断路器和漏电开关的双重功能;若 RCD(C)只是专门用于在漏电时切断电源,则称为漏电开关。

② 不带切断触头的 RCD,即保护装置本身没有切断主电路电源的触头系统。当漏电电流引起装置动作时,需要依靠其他保护装置的触头系统才能切断电源,或根本不切断电源,只发出信号。这类装置简称为 RCD(O),其典型产品为漏电继电器。

为叙述方便,本书以后有时用"漏电开关"来统称各种类型的剩余电流保护电器。

按剩余电流保护电器中间环节的形式,RCD 又可分为电磁式 RCD 和电子式 RCD。电子式 RCD 又可分为集成电路式和分立元件式。电磁式 RCD 全部采用电磁元件,它耐受过电流和过电压冲击的能力以及抗干扰能力都比较强,且无需辅助电源,但其灵敏度不易提高,工艺复杂,造价较高。而电子式 RCD 灵敏度高,动作电流和时间的调整都很方便,但需要辅助电源才能工作,且抗干扰和耐受过电压能力较差。另外,电磁式 RCD 靠接地故障电流本身的能量而动作;电子式 RCD 则是借所在回路处的故障残压提供的能量而动作,若残压过低、能量不足,则电子式 RCD 有可能拒动。目前,工业与民用建筑中广泛使用的多为电磁式 RCD。

另外,RCD 还可按极数、安装方式等进行分类,有关情况可查阅相关的产品样本。

2. 特性参数

下面介绍剩余电流保护电路的主要参数,但 RCD(C)作为开关电路的参数不在介绍之列。

(1) 额定漏电动作电流 $I_{\Delta n}$

指在规定条件下,漏电开关必须动作的漏电电流值。我国标准规定的额定漏电动作电流值,优先推荐采用的有:6 mA、10 mA、30 mA、100 mA、300 mA、500 mA、1 000 mA、3 000 mA、50 000 mA、10 000 mA、20 000 mA,另外还有可采用的值:15 mA、50 mA、75 mA、200 mA,共 15 个等级。其中,30 mA 及以下属于高灵敏度,主要用于电击防护;50~1 000 mA 属于中等灵敏度,用于电击防护和漏电火灾防护;1 000 mA 以上属于低灵敏度,用于漏电火灾防护和接地故障监视。

(2) 额定漏电不动作电流 $I_{\Delta n0}$

指在规定条件下,漏电开关必须不动作的漏电电流值。

额定漏电不动作电流 $I_{\Delta n0}$ 总是与额定漏电动作电流 $I_{\Delta n}$ 成对出现的,其优选值为 $I_{\Delta n0} = 0.5 I_{\Delta n}$。可以认为:$I_{\Delta n}$ 是保证漏电开关不拒动的下限电流值,而 $I_{\Delta n0}$ 是保证漏电开关不误动的上限电流值。

(3) 额定电压 U_N

优选值为 380 V、220 V。

(4) 额定电流 I_N

优选值为 6 A、10 A、16 A、20 A、25 A、32 A、40 A、50 A、63 A、100 A、160 A、

200 A、250 A，可选值为 60 A、80 A、125 A。

（5）分断时间

分断时间与漏电开关的用途有关，作间接接触电击防护的漏电开关最大分断时间见表 3-5，而作直接接触电击补充保护的漏电开关最大分断时间见表 3-6。

表 3-5 作间接接触电击防护的漏电开关的最大分断时间

$I_{\Delta n}$/A	I_n/A	最大分断时间/s		
		$I_{\Delta n}$	$2I_{\Delta n}$	$5I_{\Delta n}$
≥0.03	任何值	0.2	0.1	0.04
	≥40	0.2	—	0.15

表 3-6 作直接接触电击补充保护的漏电开关的最大分断时间

$I_{\Delta n}$/A	I_n/A	最大分断时间/s		
		$I_{\Delta n}$	$2I_{\Delta n}$	$5I_{\Delta n}$
≤0.03	任何值	0.2	0.1	0.04

表 3-5 和表 3-6 中，"最大分断时间"栏下的电流值，是指通过漏电开关的试验电流值。例如，在表 3-5 中，当通过漏电开关的电流等于额定漏电动作电流 $I_{\Delta n}$ 时，动作时间应不大于 0.2 s；而当通过的电流为 $5I_{\Delta n}$ 时，动作时间就不应大于 0.04 s。

作为防火用的延时型剩余电流保护电器，其延时时间优选值为 0.2 s、0.4 s、0.8 s、1 s、1.5 s、2 s。

在使用以上参数时，应注意应用的出发点是什么，才能做出正确的判断。以 $I_{\Delta n}$ 和 $I_{\Delta n0}$ 的应用为例，若工程设计中要求剩余电流保护电器在通过它的剩余电流大于等于 I_1 时必须动作（不拒动），而当通过它的电流小于等于 I_2 时必须不动作（不误动），则在选用剩余电流保护电器时，应使 $I_1 \geq I_{\Delta n}$、$I_2 \leq I_{\Delta n0}$。当判断一只剩余电流保护电器是否合格时，若刚好使剩余电流保护电器动作的电流值为 I_Δ，则一定要同时满足 $I_\Delta \leq I_{\Delta n}$ 和 $I_\Delta \geq I_{\Delta n0}$，该只剩余电流保护电器才是合格的。也就是说，在制造产品时，RCD 的实际漏电动作电流 I_Δ 在 $[I_{\Delta n0}, I_{\Delta n}]$ 之间是正确的；而在设计的时候，则应使设计要求的漏电动作电流值 I_1 和漏电不动作电流值 I_2 在 $[I_{\Delta n0}, I_{\Delta n}]$ 之外才是正确的。

（三）剩余电流保护电器的安装

1. 需要安装剩余电流保护电器的场所

下列场所需要安装剩余电流保护电器：带金属外壳的 I 类设备和手持式电动工具；安装在潮湿或强腐蚀等恶劣场所的电气设备；建筑施工工地的电气施工机械设备；临时性电气设备；宾馆客房内的插座；触电危险性较大的民用建筑物内的插座；游泳池、喷水池或浴室类场所的水中照明设备；安装在水中的供电线路和电气设备，以及医院中直接接触人体的电气医疗设备（胸腔手术室除外）等。

对于公共场所的通道照明及应急照明电源，消防用电梯及确保公共场所安全的电气设备的电源,消防设备(如火灾报警装置、消防水泵、消防通道照明等)的电源,防盗报警装置的电源,以及其他不允许突然停电的场所或电气装置的电源,若在发生漏电时上述电源被立即切断,将会造成严重事故或重大经济损失。因此,在上述情况下,应装设不切断电源的漏电报警装置。

2. 不需要安装剩余电流保护电器的设备或场所

下列场所不需要安装剩余电流保护电器:使用安全特低电压供电的电气设备;一般环境情况下使用的具有双重绝缘或加强绝缘的电气设备;使用隔离变压器供电的电气设备;在采用了不接地的局部等电位联结安全措施的场所中使用的电气设备,以及其他没有间接接触电击危险场所的电气设备。

3. 剩余电流保护电器的安装要求

剩余电流保护电器的安装应符合生产厂家产品说明书的要求,应考虑供电线路、供电方式、系统接地类型和用电设备特征等因素。剩余电流保护电器的额定电压、额定电流、额定分断能力、极数、环境条件以及额定漏电动作电流和分断时间,在满足被保护供电线路和设备的运行要求时,还必须满足安全要求。

安装剩余电流保护电器之前,应检查电气线路和电气设备的泄漏电流值和绝缘电阻值。所选用剩余电流保护电器的额定漏电不动作电流 $I_{\Delta n0}$ 应不小于电气线路和设备正常泄漏电流最大值的 2 倍。当电气线路或设备的泄漏电流大于允许值时,必须更换绝缘良好的电气线路或设备。

安装剩余电流保护电器不得拆除或放弃原有的安全防护措施,剩余电流保护电器只能作为电气安全防护系统中的附加保护措施。

剩余电流保护电器标有电源侧和负载侧,安装时必须加以区别,应按照规定接线,不得接反。如果接反,会导致电子式剩余电流保护电器的脱扣线圈无法随电源切断而断电,以致长时间通电而烧毁。

安装剩余电流保护电器时,必须严格区分中性线(N 线)和保护接地线(PE 线)。使用三极四线式和四极四线式剩余电流保护电器时,中性线应接入剩余电流保护电器。经过剩余电流保护电器的中性线不得作为保护线、不得重复接地或连接设备外露可导电部分。

保护接地线(PE 线)不得接入剩余电流保护电器。

剩余电流保护电器安装完毕后,应操作试验按钮试验 3 次,带负载分合 3 次,确认动作正常后,才能投入使用。

3.3　安全用具

如前所述,电工安全用具分绝缘安全用具和一般防护安全用具两大类。

一、绝缘安全用具

绝缘安全用具可分为基本安全用具和辅助安全用具。

（一）基本安全用具

1. 绝缘杆

绝缘杆又称绝缘棒或操作杆（见图3-15）。绝缘杆由工作部分、绝缘部分和握手部分和护环组成，绝缘部分与握手部分以护环相隔开，它们用浸过绝缘漆的木材、硬塑料、胶木或玻璃钢制成。工作部分一般用金属制成，也可用玻璃钢等有较大机械强度的绝缘材料制成。绝缘杆握手部分和绝缘部分的最小长度，依使用电压的高低及使用场所的不同而定。绝缘杆的尺寸见表3-7。

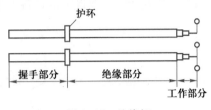

图 3-15 绝缘杆

表 3-7 绝缘杆的尺寸

电气设备额定电压	室内设备用		户外设备用	
	绝缘部分长度/m	握手部分长度/m	绝缘部分长度/m	握手部分长度/m
10 kV 及以下	0.70	0.30	1.10	0.5
35 kV 及以下	1.10	0.40	1.40	0.6

绝缘部分的有效长度，不包括与金属工作部分镶接的一段长度。工作部分金属钩的长度，在满足工作需要的情况下，应该做得尽量短，一般在5～8 cm，以免由于过长而在操作时引起相间短路或接地短路。

绝缘杆在变配电所里主要用于闭合或断开高压隔离开关（见图3-16）、安装和拆除携带型接地线（见图3-17）以及进行电气测量和试验等工作。在带电作业中，则一般使用各种专用绝缘杆。

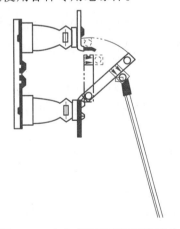

图 3-16 合上或断开高压隔离开关

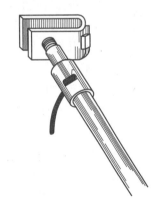

图 3-17 安装和拆卸携带型接地线

使用绝缘杆的注意事项如下：

① 使用绝缘杆时禁止装设接地线。

② 使用时工作人员手拿绝缘杆的握手部分，应注意不能超出护环，且要戴绝缘手套、穿绝缘靴（鞋）。

③ 绝缘杆每年要进行一次定期试验。

2. 绝缘夹钳

绝缘夹钳(见图 3-18)是由工作钳口、绝缘部分和握手部分和护环组成。钳口必须能保证夹紧熔断器。制造绝缘夹钳所用的材料和绝缘杆相同。绝缘夹钳只允许在 35 kV 及以下的设备上使用,它的绝缘部分和握手部分长度见表 3-8。

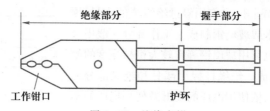

图 3-18　绝缘夹钳

表 3-8　绝缘夹钳尺寸

电气设备额定电压	室内设备用		户外设备用	
	绝缘部分长度/m	握手部分长度/m	绝缘部分长度/m	握手部分长度/m
10 kV 及以下	0.45	0.15	0.75	0.20
35 kV 及以下	0.75	0.20	1.20	0.20

使用绝缘夹钳的注意事项如下:

① 夹熔断器时工作人员的头部不可超过握手部分,并应戴护目眼镜、绝缘手套和穿绝缘靴(鞋)或站在绝缘台(垫)上。

② 工作人员手握绝缘夹钳时要保持平稳和精神集中。

③ 绝缘夹钳的定期试验为每年一次。

3. 验电器

验电器有高压验电器和低压验电器两类,它们都是用来检验设备是否带电的工具。当设备断开电源、装设携带型接地线之前,必须用验电器验明设备是否确已无电。

(1) 高压验电器

高压验电器(见图 3-19)是一个用绝缘材料制成的空心管子,管上装有金属制成的工作触头,触头里装有氖灯和电容器。绝缘部分和握柄用胶木或硬橡胶制成。验电器的最小尺寸见表 3-9。

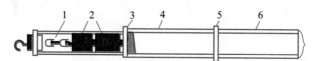

1—氖灯;2—电容器;3—接地螺钉;4—绝缘部分;5—护环;6—握柄;

图 3-19　高压验电器

表 3-9　验电器的最小尺寸

额定电压	绝缘部分长度/mm	握柄长度/mm	全长(不包括钩子)/mm
10 kV 及以下	320	110	680
35 kV 及以下	510	120	1 060

使用高压验电器的注意事项如下：

① 必须使用额定电压和被验设备电压等级一致的合格验电器。验电前应将验电器在带电的设备上验电，证实验电器良好时，再在设备进出线两侧逐相进行验电（不能只验一相，因实际工作中曾发生过开关故障跳闸后其某一相仍然有电压的情况）。验明无电压后再把验电器在带电设备上复核它是否良好。上述操作顺序称"验电三步骤"。

② 若将 10 kV 或 35 kV 验电器可靠地安装在与设备电压相适应的绝缘杆上时，验电器还可以用来检验更高等级的电压。

③ 在高压设备上进行验电工作时，工作人员必须戴绝缘手套。

④ 高压验电器每 6 个月要定期试验一次。

⑤ 在没有验电器的情况下，可用合格的绝缘杆进行验电。验电时要将绝缘杆缓慢地接近导体（但不准接触），根据有无放电火花和噼啪声判断有无电压。

（2）低压验电器

低压验电器俗称试电笔，是用来检查低压设备是否有电，以及区别相线（火线）与 N 线（中性线）的一种验电工具。其结构前端有金属探头，后端有金属夹或螺丝头，内部有发光氖灯、降压电阻及弹簧（见图 3-20）。使用时，手必须接触后端金属夹或螺丝头。

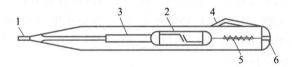

1—工作触头；2—氖灯；3—降压电阻；4—金属夹；5—弹簧；6—中心螺钉

图 3-20　低压验电器

它的作用原理是：当拿着它测试带电体时，便由带电体经低压验电器、人体到大地形成了回路（即使穿了绝缘鞋或站在绝缘物上，也同样是形成了回路。因绝缘物的泄漏电流和人体与大地间的电容电流足以使氖灯启辉）。只要带电体和大地间的电位差超过一定数值（通常为 40~60 V），验电器就会发出辉光。若是交流电，氖灯会两极发光；若是直流电，则氖灯一极发光。

使用低压验电器的注意事项如下：

① 测试前应先在确认的带电体上试验以证明是否良好，防止因氖灯损坏而造成误判断。

② 日常工作中要养成使用验电器的良好习惯；使用验电器时一般应穿绝缘鞋（俗称电工鞋）。

③ 在明亮光线下测试时，往往不容易看清楚氖灯的辉光。此时，应采用避光观察并注意仔细测试。

④ 有些设备特别是测试仪表，其外壳常会因感应而带电，验电时氖灯也发亮，但不一定构成触电危险：此时，可用万用表测量等其他方法以判断是否真正带电。

（二）辅助安全用具

1. 绝缘手套

绝缘手套一般用特种橡胶制成。绝缘手套一般分为 12 kV 和 5 kV 的两种，其技术数据见表 3-10。

表 3-10　绝缘手套的技术数据

项目		单位	12 kV 绝缘手套	5 kV 绝缘手套
试验电压		kV	12	5
使用电压		V	1 000 V 以上为辅助安全用具 1 000 V 以下为基本安全用具	1 000 kV 以下为辅助安全用具
物理性能	扯断强度	N/cm²	1 600 以上	1 600 以上
	伸长率		600% 以上	600% 以上
	邵氏硬度	HA	35±5	35±5
规格	长度	mm	380±10	380±10
	厚度	mm	1～1.4	1±0.4

使用绝缘手套的注意事项如下：

① 使用前检查时可将手套朝手指方向卷曲，检查有无漏气或裂口等。

② 戴手套时应将外衣袖口放入手套的伸长部分。

③ 绝缘手套使用后必须擦干净，放在柜子里，并且要和其他工具分开放置。

④ 绝缘手套每半年要试验一次。

2. 绝缘靴（鞋）

绝缘靴（鞋）可在任何电压等级的电气设备上工作，用来与地面保持绝缘的辅助安全用具，也是防护跨步电压的基本安全用具。

绝缘靴（鞋）也是用特种橡胶制作的，里面有衬布。它绝不同于日常穿用的雨靴或胶鞋，不能用普通雨靴或胶鞋替代绝缘靴（鞋），这一点要特别注意。

使用绝缘靴（鞋）的注意事项如下：

① 绝缘靴（鞋）要存放在柜子里，并应与其他工具分开放置。

② 绝缘靴（鞋）使用期限，规定以大底磨光为止，即当大底露出黄色面胶（绝缘层）时就不适合在电气作业中使用了。

③ 绝缘靴（鞋）每半年试验一次。

3. 绝缘垫

绝缘垫可在任何电压设备上带电操作时用来作为对地面绝缘的辅助安全用具。变配电所内应放置绝缘垫的地方，主要是配电装置等处。

绝缘垫也是用特种橡胶制成的，使用电压在 1 000 V 及以上时，绝缘垫可作为辅助安全用具；1 000 V 以下时可作为基本安全用具（万一接触有电设备时也不会发生重大伤害）。

绝缘垫的厚度有 4 mm、6 mm、8 mm、10 mm 和 12 mm 共 5 种，宽度通常为 1 m，长度为 5 m。

使用绝缘垫的注意事项如下：

① 注意防止与酸、碱、盐类及其他化学药品和各种油类接触，以免受腐蚀后绝

缘垫老化、龟裂或变黏,降低绝缘性能。

② 避免与热源直接接触使用,防止急剧老化变质,破坏绝缘性能。应在 20~40 ℃空气温度下使用。

③ 绝缘垫每两年定期试验一次。

4. 绝缘台

绝缘台可在任何电压等级的电力装置中作为带电工作时使用的辅助安全用具。它的台面用干燥的、漆过绝缘漆的木板或木条做成,四角用绝缘瓷瓶作台脚(见图 3-21)。

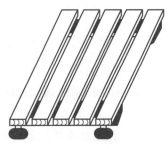

图 3-21 绝缘台

绝缘台面的最小尺寸是 0.8 m×0.8 m。为便于移动、清扫和检查,台面不要做得太大,一般不超过 1.5 m×1.0 m。台面条板间的距离不得大于 2.5 cm,以免鞋跟陷入。台面的边缘不得伸出支持绝缘瓷瓶的边缘以外,以免工作人员站立在台面边缘时发生倾倒。绝缘瓷瓶的高度不小于 10 cm。绝缘台必须放在干燥的地方。用于户外时,要避免台脚陷入泥中造成站台面触及地面,从而降低绝缘性能。

绝缘台的定期试验为 3 年一次。一般为加交流电压 40 kV,持续 2 min。

二、一般防护安全用具

1. 携带型短路接地线

携带型短路接地线可用来防止设备因突然来电(如错误合闸送电)而带电、消除邻近感应电压或放尽已断开电源的电气设备上的剩余电荷。它是变配电作业中必不可少的安全用具,对保护工作人员的人身安全有着重要作用。

携带型短路接地线是由短接各相用软导线与接地用软导线,将接地软导线短接到接地极的夹头,将短路软导线连接到设备各相导电部分的夹头三部分组成(见图 3-22)。

短路软导线连接到导电部分的夹头必须坚固,以防突然来电时所产生的动力使其脱落,且要便于用绝缘杆进行安装、紧固和拆卸。接地软导线夹头的大小,应适合于连接到接地极的接头上。携带型短路接地线的所有夹头与软导线的连接,都必须用螺栓连接,以使接触可靠。短路软导线和接地软导线应采用多股裸软铜线,其截面积不应小于 25 mm^2。

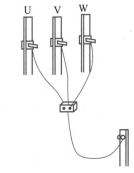

图 3-22 携带型短路接地线

使用携带型短路接地线的注意事项如下:

① 电气装置上需安装接地线时,应安装在导电部分的规定位置。该处不涂漆并应画上黑色标志,要保证接触良好。

② 装设携带型短路接地线必须两人进行。装设时应先接接地端,后接导体端。拆接地线的顺序与此相反。装设接地线时应使用绝缘杆并戴绝缘手套。

③ 凡是可能送电至停电设备,或停电设备上有感应电压时,都应装设接地线;检修设备若分散在电气连接的几个部分时,则应分别验电并装设接地线。

④ 接地线和工作设备之间不允许连接刀闸或熔断器,以防它们断开时设备失去接地,使检修人员发生触电。

⑤ 装设时严禁用缠绕的方法进行接地或短路。这是由于缠绕可能造成接触不良,通过短路电流时容易产生过热而烧坏,同时还会产生较大的电压降作用于停电设备上。

⑥ 禁止用普通导线作为接地线或短路线。

⑦ 为了保存和使用好携带型短路接地线,所有接地线都应编号,放置的处所亦应编号,以便对号存放。每次使用要做好记录,交接班时也要交接清楚。

2. 临时遮栏和标志牌

临时遮栏的高度不得低于 1.7 m,下部边缘离地面不大于 10 cm,可用干燥木材、橡胶或其他坚韧绝缘材料制成。装设遮栏是为了限制工作人员的活动范围,防止他们接近或误触带电部分,悬挂标志牌是为了提醒工作人员及时纠正将要进行的错误操作或动作,指明正确的工作地点,警告他们勿接近带电部分,提醒他们采取适当的安全措施,禁止向有人工作的地方送电。其使用要求如下:

① 在部分停电的工作与未停电设备之间的安全距离小于规定值(10 kV 以下小于 0.7 m,20~35 kV 小于 1 m,66 kV 小于 1.5 m)时,应装设临时遮栏。遮栏与带电部分的距离不得小于:10 kV 以下为 0.35 m,20~35 kV 为 0.6 m,66 kV 为1.5 m。在临时遮栏上悬挂"止步,高压危险!"的标志牌。临时遮栏应装设牢固,无法设置遮栏时,可酌情设置绝缘隔板、绝缘罩,绝缘栏绳等。

② 在工作地点悬挂"在此工作!"的标志牌。

③ 在工作人员上下用的架构或梯子上,应悬挂"在此上下!"的标志牌。

④ 在邻近其他可能误登的架构或梯子上,应悬挂"禁止攀登,高压危险!"的标志牌。

⑤ 在一经合闸即可送电到作业地点的开关和刀闸的操作把手上均应悬挂"禁止合闸,有人工作!"的标志牌。

⑥ 若线路上有人工作,应在线路开关和刀闸的操作把手上悬挂"禁止合闸,线路有人工作!"的标志牌。

部分常用电气安全标志牌如图 3-23 所示。

(a) 禁止类

当心触电　　　注意头上吊装　　　注意下落物　　　注意安全

(b) 警告类

必须戴安全帽　　必须戴防护手套　　必须戴护目镜　　　　在此工作!　　在此上下!

(c) 指令类　　　　　　　　　　　　　　(d) 提示类

图 3-23　部分常用电气安全标志牌

三、安全用具的维护与保管

1. 维护方法

（1）定期的电气测试

对安全用具要定期进行电气测试。

（2）外观检查

经常进行（尤其是使用前必须进行）外观检查。其内容如下：

① 有无外伤、破损、气泡、毛刺、裂纹等。有上述之一现象存在的安全用具严禁使用并及时更换。因此，在使用安全用具时要专具专用，不得用作其他工具使用，以免损伤安全工具的绝缘和防护性能。

② 安全用具是否清洁，是否有碳印。在使用后，应对其进行清洁处理，使用时遭到电弧烧伤后，应更换，不再使用。

2. 保管方法及注意事项

① 绝缘棒应垂直存放，架在支架上或吊挂在室内，不准接触墙壁，其目的是防止受潮。

② 安全用具的橡胶制品不应与石油类的油脂接触，以防老化。存放处的环境温度不得变化过大。

③ 橡胶绝缘手套、绝缘靴鞋等，应倒置在指形支架上或存放在柜内，其上不得堆压任何物件。

④ 绝缘台的瓷绝缘子应防止与坚硬器件碰触，保持清洁，木质台面要保持干燥清洁。

⑤ 验电器用后存放于匣内，置于干燥处，防止受潮。

⑥ 安全用具应定点存放且有明显标志，"对号入座"。安全用具应有专人负责保管，负责安全用具的完好性，确保安全用具的使用安全。

3.4　电气作业的安全措施

为了确保电气工作中的人身安全,《电业安全工作规程》规定在高压电气设备或线路上工作,必须完成保证工作人员安全的组织措施和技术措施;对低压带电工作,也要采取妥善的安全措施后才能进行。

一、电气作业的安全组织措施

在电气设备上作业的工作制度包括工作票制度,操作票制度,工作许可制度,工作监护制度,工作间断、转移和终结制度。它是保证电气作业安全的组织措施。

（一）工作票制度

在电气设备或电力线路上作业,应填写工作票或口头、电话命令执行。

工作票制度是准许在电气设备上(或线路上)工作的书面命令。是工作班组内部以及工作班组与运行人员之间为确保检修工作安全的一种联系制度。从签发工作票到执行工作票,其目的是使检修人员、运行人员都能明确自己的工作责任、工作范围、工作时间、工作地点,在工作情况发生变化时如何进行联系,在工作中必须采取哪些安全措施,并经有关人员认定合理后全面落实。

1. 工作票的种类及使用范围

工作票依据作业的性质和范围不同,分为第一种工作票和第二种工作票两种,其格式分别见表 3-11 和表 3-12。

表 3-11　第一种工作票格式

发电厂(变电所)第一种工作票　　　　　　　　　　　　　　　　　编号

1. 工作负责人(监护人)：＿＿＿＿＿＿＿＿＿＿＿　班组：＿＿＿＿＿＿＿＿＿＿＿
2. 工作班人员：＿＿＿＿＿＿＿＿＿＿＿＿＿＿＿＿＿＿＿＿＿　共＿＿＿＿人
3. 工作内容和工作地点：＿＿＿＿＿＿＿＿＿＿＿
4. 计划工作时间：自＿＿＿＿年＿＿月＿＿日＿＿时＿＿分至＿＿＿＿年＿＿月＿＿日＿＿＿时＿＿＿分
5. 安全措施：

下列由工作票签发人填写	下列由工作许可人(值班员)填写
应拉断路器和隔离开关,包括填写已拉断路器和隔离开关(注明编号)	已拉断路器和隔离开关(注明编号)
应装接地线(注明确实地点)	已装接地线(注明接地线编号和装设地点)
应设遮栏,应挂标志牌	已设遮栏、已挂标志牌(注明地点)
	工作地点保留带电部分和补充安全措施
工作票签发人签名： 收到工作票时间：＿＿年＿＿月＿＿日＿＿分 值班负责人签名：	工作许可人签名：＿＿＿＿＿＿＿＿＿＿ 值班负责人签名：＿＿＿＿＿＿＿＿＿＿

续表

（发电厂值长签名：_____）

6. 许可开始工作时间：_____年____月____日____时____分

工作许可人签名：_____　工作负责人签名：_____

7. 工作负责人变动：

原工作负责人_____离去，变更_____为工作负责人。

变动时间：_____年____月____日____时____分

工作票签发人签名：_____

8. 工作票延期，有效期延长到：_____年____月____日____时____分

工作负责人签名：_____　值长或值班负责人签名：_____

9. 工作终结：

工作班人员已全部撤离，现场已清理完毕。

全部工作于_____年____月____日____时____分结束。

工作负责人签名：_____　工作许可人签名：_____

接地线共_____组已拆除。

值班负责人签名：_____

10. 备注：

表 3-12　第二种工作票格式

发电厂（变电所）第二种工作票　　　　　　　　　　　　　　　　编号

1. 工作负责人（监护人）：_____　班组：_____

工作班人员：

2. 工作任务：

3. 计划工作时间：自_____年____月____日____时____分至_____年____月____日____时____分

4. 工作条件（停电或不停电）：

5. 注意事项（安全措施）：

工作票签发人签名：

6. 许可开始工作时间：_____年____月____日____时____分

工作许可人（值班员）签名：_____　工作负责人签名：_____

7. 工作结束时间：_____年____月____日____时____分

工作负责人签名：_____　工作许可人（值班员）签名：_____

8. 备注：

（1）应填用第一种工作票的情况

① 高压设备上工作需要全部停电或部分停电者。

② 高压室内的二次接线和照明等线路上的工作，需要将高压设备停电或做安全措施者。

③ 在停电线路（或在双回线路中的一回停电线路）上的工作。

④ 在全部或部分停电的配电变压器台架上，或配电变压器室内的工作（所谓全部停电，系指供给该配电变压器台架或配电变压器室内的所有电源线路均已全部断开）。

（2）应填用第二种工作票的情况

① 带电作业和带电设备外壳上的工作。

② 控制盘和低压配电盘、配电箱、电源干线上的工作。

③ 二次接线回路上的工作，无需将高压设备停电者。

④ 转动中的发电机、同期调相机的励磁回路或高压电动机转子电阻回路上的工作。

⑤ 非当值人员用绝缘棒和电压互感器定相，或用钳形电流表测量高压回路的电流。

⑥ 带电线路杆塔上的工作。

⑦ 在运行中的配电变压器台架上或配电变压器室内的工作。

除上述以外的其他工作，也可用口头或电话命令。

口头或电话命令必须清楚正确，值班员应将发令人、负责人及工作任务详细记入操作记录簿中，并向发令人复诵核对一遍。

2. 工作票的填写与签发

① 工作票要用钢笔或圆珠笔填写，一式两份，应正确清楚，不得任意涂改，个别错漏字需要修改时应字迹清楚。只有工作负责人才可以填写工作票。

② 工作票签发人应由工区、变电所熟悉人员技术水平、熟悉设备情况、熟悉安全规程的生产领导人、技术人员或经主管生产领导批准的人员担任。工作许可人不得签发工作票。工作票签发人员名单应当面公布。工作负责人和允许办理工作票的值班员（工作许可人）应由主管生产的领导当面批准。工作票签发人不得兼任所签发任务的工作负责人。

③ 一个工作负责人只能发给一张工作票。工作票上所列的工作地点，以一个电气连接部分为限（指一个电气单元中用刀闸分开的部分）。

④ 如果需作业的各设备属于同一电压、位于同一楼层，同时停送电，又不会触及带电体时，则允许在几个电气连接部分共用一张工作票。

⑤ 在几个电气连接部分依次进行不停电的同一类型的工作，如对各设备依次进行校验仪表的工作，可签发一张（第二种）工作票。

⑥ 若一个电气连接部分或一个配电装置全部停电时，对与其连接的所有不同地点的设备的工作，可发给一张工作票，但要详细写明主要工作内容。几个班同时进行工作时，工作票可发给一个总负责人，在工作班成员栏内只填明各班的工作负责人，不必填写全部工作人员名单。

⑦ 建筑工、油漆工等非电气人员进行工作时，工作票发给监护人。

3. 工作票的执行

① 所填写并经签发人审核签字后的一式两份工作票中的一份必须经常保存在工作地点，由工作负责人收执，另一份由值班员收执，按时移交。值班员应将工作票号码、工作任务、许可工作时间及完工时间记入操作记录簿中。

② 在开工前工作票内标注的全部安全措施应一次做完；工作负责人应检查工作票所列的安全措施是否正确完备和值班员所做的安全措施是否符合现场的实际情况。

③ 工作票必须经工作许可人签字后方可使用,即执行工作许可制度。

④ 第一种工作票应在工作前一日交给值班员;若变电所离工区较远或因故更换新的工作票不能在工作前一天将工作票送到,工作票签发人可根据自己填好的工作票用电话全文传达给变电所的值班员,值班员应做好记录,并复诵核对。若电话联系有困难,也可在进行工作的当天预先将工作票交给值班员。临时工作可在工作开始以前直接交给值班员。第二种工作票应在进行工作的当天预先交给值班员。

⑤ 第一、二种工作票的有效时间,以批准的检修期为限。第一种工作票至预定即计划时间,工作尚未完成时,应由工作负责人办理延期手续。延期手续应由工作负责人向值班负责人申请办理,主要设备检修延期要通过值班长办理。工作票有破损不能继续使用时,应填补新的工作票。

⑥ 需要变更工作班的成员时,需经工作负责人同意。需要变更工作负责人时,应由工作票签发人将变动情况记录在工作票上。若扩大工作任务,必须由工作负责人通过工作许可人,并在工作票上填入增加的工作项目。若需变更或增设安全措施,必须填写新的工作票,并重新履行工作许可手续。

⑦ 执行工作票的作业,必须有人监护。在工作间断、转移时执行间断、转移制度。工作终结时,执行终结制度。

4. 工作票中所列人员的安全责任:

① 工作票签发人:工作必要性;工作是否安全;工作票上所填安全措施是否正确完备;所派工作负责人和工作班人员是否适当和足够,精神状态是否良好。

② 工作负责人(监护人):正确安全地组织工作;结合实际进行安全思想教育;督促、监护工作人员遵守《电业安全工作规程》(DL 408—1991)和 DL/T 5408—2009《发电厂、变电站电子信息系统 220 V/380 V 电源电涌保护装置安装及验收规程》;负责检查工作票所载安全措施是否正确完备和值班员所做的安全措施是否符合现场实际条件;工作前对工作人员交代安全事项;判断工作班人员变动是否合适。

③ 工作许可人:负责审查工作票所列安全措施是否正确完备,是否符合现场条件;工作现场布置的安全措施是否完善;负责检查停电设备有无突然来电的危险;对工作票中所列内容即使发生很小疑问,也必须向工作票签发人询问清楚,必要时应要求作详细说明和补充。

④ 值长:负责审查工作的必要性和检修工期是否与批准期限相符以及工作票所列安全措施是否正确完备。

⑤ 工作班成员:认真执行《电业安全工作规程》(DL 408—1991)和现场安全措施,互相关心施工安全,并监督本规程(DL 408—1991)和现场安全措施的实施。

(二)操作票制度

在倒闸操作进行之前,操作者应根据值班调度员或值班负责人的口头或电话命令认真填写操作票,其格式见表 3-13。

表 3-13　线路停电操作票实例

××变电所		倒闸操作票	编号 2019-01
操作开始时间　2019 年 8 月 15 日 5 时 00 分,终了时间 15 日 5 时 20 分			
操作任务:10 kV Ⅰ段 WL1 线路停电			

	顺序	操作项目
√	(1)	拉开 WL1 线路 101 断路器
√	(2)	检查 WL1 线路 101 断路器确在开位,开关盘表计指示正确 0A
√	(3)	取下 WL1 线路 101 断路器操作直流保险
√	(4)	拉开 WL1 线路 101 甲刀闸
√	(5)	检查 WL1 线路 101 甲刀闸确在开位
√	(6)	拉开 WL1 线路 101 乙刀闸
√	(7)	检查 WL1 线路 101 乙刀闸确在开位
√	(8)	停用 WL1 线路保护跳闸压板
√	(9)	在 WL1 线路 101 断路器至 101 乙刀闸间三相验电确无电压
√	(10)	在 WL1 线路 101 断路器至 101 乙刀闸间装设 1 号接地线一组
√	(11)	在 WL1 线路 101 断路器至 101 甲刀闸间三相验电确无电压
√	(12)	在 WL1 线路 101 断路器至 101 甲刀闸间装设 2 号接地线一组
√	(13)	全面检查
		以下空白

备注:　　　　　　　　　　已执行章

操作人:签　名　监护人:签　名　值班负责人:签　名　值长:签　名

1. 操作票的填写

1) 每张操作票只能填写一个操作任务。

2) 操作票操作项目的内容有:

① 应拉、合的断路器和刀闸。

② 检查断路器和刀闸的实际位置,即在拉、合刀闸前要检查断路器的实际位置,在拉、合断路器或刀闸后也要检查它们的实际位置。

③ 装拆临时接地线,应注明接地线的编号。

④ 送电前应收回并检查所有工作票,检查接地线是否拆除。

⑤ 装上或取下控制回路或电压互感器的保险器。当进行断路器检修时,在二次回路及保护装置上工作时、倒母线过程,以及断路器处于冷备用等都需要取下操作回路的直流保险。电压互感器的停运、检修等也要取下其保险器。

⑥ 切换保护回路压板。在运行方式改变时,继电保护装置试验、检修、保护方式变更等情况均需要切换(即启用或停用)压板。

⑦ 检测电气设备或线路是否确无电压。

⑧ 检查负荷分配。在并、解列,用旁路断路器代送电、倒母线时,均应检查负荷分配是否正确。

3) 操作票上所有项目,包括变电所(发电厂)的名称、操作票的编号、操作任务、操作开始时间、操作终了时间、操作项目及顺序号、操作人、监护人、值班负责人、值长的签名等,都必须填写清楚。

2. 操作票填写及执行过程的有关注意事项

操作票填写及执行过程的有关注意事项如下:

1) 操作票应用钢笔或圆珠笔填写,票面应清楚整洁,不得任意涂改。

2) 操作项目内的设备要填写双重名称,即写明设备名称和设备编号。

3) 操作票应按其编号的顺序使用,作废的操作票应盖上"作废"字样的图章。

4) 执行完毕在进行复查之后,在操作票上盖上"已执行"字样图章。此操作票保存三个月。

5) 在操作中发生疑问时,不准擅自更改操作票,应立即停止操作,并向值班调度员或值班负责人报告,弄清问题后,再进行操作。

6) 项目填写完毕,操作票的下面仍有空格时应盖上"以下空白"字样的图章。

7) 下列操作可不填写操作票:

① 事故处理。

② 拉合断路器的单一操作。

③ 拉开接地刀闸或拆除全所仅有的一组接地线。但上述三种情况要记入操作记录簿内。

8) 单人值班的变电所,操作票由发令人用电话向值班员传达。值班员按令填写操作票,并向发令人复诵,经双方核对无误后,将双方姓名填入各自的操作票上("监护人"签名处填入发令人的姓名)。

(三)工作许可制度

为了进一步确保电气作业的安全进行,完善保证安全的组织措施,对于工作票的执行、规定了工作许可制度。也就是说,未经过工作许可人(值班员)允许不准执行工作票。

1) 工作许可人(值班员)在完成工作票中施工现场的安全措施后,还应做以下工作:

① 会同工作负责人在现场再次检查所做的安全措施,并以手触试,证明检修设备确无电压。

② 向工作负责人指明带电设备的位置及工作中的注意事项。

③ 会同工作负责人在工作票上分别签名。

完成上述手续后,工作班方可开始工作。

2) 工作许可人、工作负责人任何一方不得擅自变更安全措施,值班人员不得变更有关检修设备的运行结线方式,工作中如有特殊情况需要变更时,应事先取得对方的同意。

(四)工作监护制度

执行工作监护制度的目的是使工作人员在工作过程中必须受到监护人一定的

指导和监督,以及时纠正不安全的操作和其他的危险误动作。特别是在靠近有电部位工作及工作转移时,监护工作更为重要。

① 完成工作许可手续后,工作负责人(监护人)应向工作班人员交代现场安全措施、带电部位和其他注意事项。工作负责人(监护人)必须始终在工作现场,对工作班人员的安全认真监护,及时纠正违反安全的动作。

② 所有工作人员(包括工作负责人),不得单独留在高压室内和室外变电所高压设备区内。若工作需要(如测量极性、回路导通试验等),且现场设备具体情况允许时,可以准许工作班中有实际经验的一人或几人同时在他室进行工作,但工作负责人应在事前将有关安全注意事项予以详尽的指示。

③ 工作负责人(监护人)在全部停电时,可以参加工作班工作。在部分停电时,只有在安全措施可靠、人员集中在一个工作地点,不致误触带电部分的情况下,方能参加工作。

工作票签发人或工作负责人,应根据现场的安全条件、施工范围、工作需要等具体情况,增设专人监护和批准被监护的人数。

专责监护人不得兼做其他工作。

④ 工作期间,工作负责人若因故必须离开工作地点时,应指定能胜任的人员临时代替,离开前应将工作现场交代清楚,并告知工作班人员。原工作负责人返回工作地点时,也应履行同样的交接手续。

若工作负责人需要长时间离开现场,应由原工作票签发人变更新工作负责人,这两位工作负责人应做好必要的交接。

⑤ 值班员如发现工作人员违反安全规程或任何危及工作人员安全的情况,应向工作负责人提出改正意见,必要时可暂时停止工作,并立即报告上级。

(五)工作间断、转移和终结制度

工作间断制度是指当日工作因故暂停时,如何执行工作许可手续、采取哪些安全措施的制度。转移制度是指每转移一个工作地点,工作负责人应采取哪些安全措施等的制度。工作终结制度是指工作结束时,工作负责人、工作班人员及值班员应完成哪些规定的工作内容之后工作票方告终结等的制度。认真执行终结制度,主要目的是防止向还有人在工作的设备上错误送电和带地线送电等恶性事故的发生。

1)工作间断时,工作班人员应从工作现场撤离,所有安全措施保持不动,工作票仍由工作负责人执存,无需通过工作许可人即可复工。每日收工,应清扫工作地点,开放已封闭的道路,所有安全措施保持不动,将工作票交回值班员。次日复工时,应得到值班员许可,取回工作票,工作负责人必须重新认真检查安全措施是否与工作票的要求相符之后方可进行工作。若无工作负责人或监护人带领,工作人员不得进入工作地点。

2)在未办理工作票终结手续以前,值班员不准将施工设备合闸送电。

在工作间断期间内,若紧急需要合闸送电时,值班员在确认工作地点的工作人员已全部撤离,通知工作负责人或上级领导人并得到他们的许可后,可在未交回工作票的情况下合闸送电。但在送电之前应采取下列措施:

① 拆除临时遮栏、接地线和标志牌,恢复常设遮栏,换挂"止步,高压危险!"的标志牌。

② 必须在所有通路派专人守候,以便告诉工作班人员"设备已经合闸送电,不得继续工作",守候人员在工作票未交回之前,不得离开守候地点。

3)检修工作结束以前,若需将设备试加工作电压,可按下列条件进行:

① 全体工作人员撤离工作地点。

② 将该系统的所有工作票收回,拆除临时遮栏、接地线和标志牌,恢复常设遮栏。

③ 应在工作负责人和值班员进行全面检查无误后,由值班员进行加压试验。

工作班若需继续工作时,应重新履行工作许可手续。

4)在同一电气连接部分用同一工作票依次在几个工作地点转移工作时,全部安全措施由值班员在开工前一次做完,不需再办理转移手续,但工作负责人在转移工作地点时,应向工作人员交代带电范围、安全措施和注意事项。

5)全部工作完毕后,工作班应清扫、整理现场。工作负责人应先周密的检查,待全体工作人员撤离工作地点后,再向值班人员讲清所修项目、发现的问题、试验结果和存在问题等,并与值班人员共同检查设备状况,有无遗留物品,是否清洁等,然后在工作票上填明工作终结时间,经双方签名后,工作票方告终结。

6)只有在同一停电系统的所有工作票结束,拆除所有接地线、临时遮栏和标志牌,恢复常设遮栏,并得到值班调度员或值班负责人的许可命令后,方可合闸送电。

7)已经结束的工作票,应保存三个月。

二、电气作业的技术措施

在电气设备或线路上进行电气作业,可以有停电作业和低压带电作业,除了要严格按以上的各种制度办事之外,还必须执行相应的安全技术措施。

(一)停电作业的技术措施

停电作业是指在电气设备或线路不带电的情况下,进行检修等电气作业。停电作业分为全停电和部分停电作业。前者是指室内高压设备全部停电(包括进户线),通至邻接高压室的门全部闭锁,以及室外高压设备全部停电(包括进户线)情况下的作业。后者是指高压设备部分停电,或室内全部停电,而通至邻接高压室的门并未全部闭锁情况下的作业。无论全停电还是部分停电作业,为保证人身安全都必须执行停电、验电、装设接地线、悬挂标志牌和装设遮栏等四项安全技术措施后,方可进行停电作业。

1. 停电

(1)停电的设备或线路

① 要检修的电气设备或线路必须停电。

② 与电气工作人员在进行工作中的最小距离小于表 3-14 规定的安全距离。

表 3-14　工作人员正常工作中与带电设备的安全距离

电压等级/kV	安全距离/m
≤10	0.35
20~35	0.60
44	0.90
66~110	1.50

③ 在 44 kV 以下的设备上进行工作,上述距离虽大于表 3-14 的规定,但又小于表 3-15 的规定,同时又无安全遮栏措施的设备也必须停电。

表 3-15　设备不停电时的安全距离

电压等级/kV	安全距离/m
≤10	0.7
20~35	1.0
44	1.2
66~110	1.5

④ 对与停电作业的线路平行、交叉或同杆的有电线路,有危及停电作业的安全,而又不能采取安全措施时,必须将平行、交叉或同杆的有电线路停电。

（2）停电的安全要求

1）对停电作业的电气设备或线路,必须把各方面的电源均完全断开:

① 对与停电设备或线路有电气连接的变压器、电压互感器,应从高、低压两侧将开关、刀闸全部断开(对柱上变压器,应取下跌落式熔断器的熔丝管),以防止向停电设备或线路反送电。

② 对与停电设备有电气连接的其他任何运行中的星形联结设备的中性点必须断开,以防止中性点位移电压加到停电作业的设备上而危及人身安全。这是因为,中性点不接地系统不仅在发生单相接地时中性点有位移电压,就是在正常运行时,由于导线排列不对称等原因也会引起中性点的位移。例如,35~66 kV 线路其位移电压可高达 1 000 V。这样高的电压若加到被检修的设备上是极其危险的。

2）断开电源不仅要拉开开关,而且还要拉开刀闸,使每个电源至检修设备或线路至少有一个明显的断开点。这样,安全的可靠性才有保证。如果只是拉开开关,当开关机构有故障、位置指示失灵的情况下,开关完全可能没有全部断开(触头实际位置看不见)。结果,由于没有把刀闸拉开会使检修的设备或线路带电。因此,严禁在只经开关断开电源的设备或线路上工作。

3）为了防止已断开的开关被误合闸,应取下开关控制回路的操作直流保险器或者关闭气、油阀门等。

4）对一经合闸就可能有送电到停电设备或线路的刀闸的操作把手必须锁住。

2. 验电

验电是指对已经停电的设备或线路验明确无电压并放电后,方可装设接地线。验电的安全要求有以下几点:

① 验电前应将电压等级合适的验电器在有电的设备上进行试验,如果指示有电,则证明验电器合格,然后在检修的设备进出线两侧各相分别验电。

② 对 35 kV 及以上的电气设备验电,可使用绝缘棒代替验电器。根据绝缘棒工作触头的金属部分有无火花和放电的噼啪声来判断有无电压。

③ 线路验电应逐相进行。同杆架设的多层电力线路在验电时应先验低压,后验高压;先验下层,后验上层。

④ 在判断设备是否带电时,不能仅用表示设备断开和允许进入间隔的信号以及经常接入的电压表的指示为无电压的依据;但如果指示有电则禁止在其上工作。

3. 装设接地线

当验明设备确无电压并放电后,应立即将设备接地并三相短路。这是保护工作人员在停电设备上工作,防止突然来电而发生触电事故的可靠措施;同时接地线还可使停电部分的剩余电荷放入大地。

(1)装设接地线的部位

① 对可能送电或反送电至停电部分的各部位,以及可能产生感应电压的停电设备或线路均要装设接地线。

② 检修 10 m 以下的母线,可装设一组接地线;检修 10 m 以上的母线,视具体情况适当增设。在用刀闸或开关分成几段的母线或设备上检修时,各段应分别验电和装设接地线。降压变电所全部停电时,只需将各个可能来电侧的部分装设接地线,其他分段母线不必装设接地线。

③ 在室内配电装置的金属构架上应有规定的接地点。这些接地点的油漆应刮去,以保证导电良好,并画上黑色"⏚"记号。所有配电装置的适当接地点,均应设有接地网的接头,接地电阻必须合格。

(2)装设接地线的安全要求

除了本单元前面所介绍的使用接地线的要求外,所装设的接地线的可能最大摆动点与带电部分的距离还应符合表 3-16 的规定。

表 3-16 接地线与带电设备的允许安全净距/cm

电压等级/kV	户内/户外	允许安全净距
1~3	户内	7.5
	户外	
6	户内	10
	户外	
10	户内	12.5
	户外	

续表

电压等级/kV	户内/户外	允许安全净距
20	户内	18
	户外	
35	户内	29
	户外	40
66	户内	46
	户外	66

4. 悬挂标志牌和装设遮栏

在本单元前面已详细介绍了悬挂标志牌和装设遮栏的场所以及标志牌的使用等知识。此外,对部分停电工作,当工作人员正常活动范围与未停电的设备间距小于表 3-15 中规定的距离时,未停电设备应装设临时遮栏。临时遮栏与带电体的距离不得小于表 3-14 中规定的距离,并挂"止步,高压危险!"的标志牌。35 kV 以下的设备,如特殊需要也可用合格的绝缘挡板与带电部分直接接触来隔离带电体。

在室外地面高压设备上工作,应在工作地点四周用绝缘绳做围栏。在围栏上悬挂适当数量的"止步,高压危险!"等标志牌。

严禁工作人员在工作中移动或拆除遮栏及标志牌。

(二)低压带电作业的技术措施

低压带电作业是指在不停电的情况下,作业者在 380 V/220 V 及以下的低压设备或低压线路上进行工作。与停电作业相比,它的优点是保证了供电的不间断性,同时还具有手续简化、操作方便、组织简单、省工省时等优点。缺点是作业者有较大的触电危险性。

在触电伤亡事故中,在低压电气设备和线路上低压带电作业所占的比例很大,所以带电作业者必须掌握并认真执行各种情况下带电作业的安全规定。

在低压设备上和线路上带电作业的安全规定如下:

① 低压带电工作应设专人监护,即至少有两人作业,其中一人监护,一人操作。作业时应使用有绝缘柄的工具,站在干燥的绝缘物上进行,人体与地和接地金属之间要有足够的安全距离。人体与其他相的导体(包括 N 线)之间应有良好的绝缘或规定的安全距离。工作时带电部分尽可能位于检修人员的一侧,检修人员最好单手操作,以免发生两相触电事故。

② 对于高低压同杆架设的线路,如需在低压带电线路上工作时,应检查与高压线间的距离,采取防止误碰高压线的措施。作业人员与高压带电体至少要保持表 3-14 中列出的安全距离。

③ 在低压带电裸导线的线路上工作时,工作人员在没有采取绝缘措施的情况下,不得穿越其线路。

④ 工作人员必须穿长袖工作服、工作裤,严禁穿汗背心、短裤进行带电作业。要穿戴好绝缘鞋、绝缘手套和安全帽,高处作业除戴好安全帽外还要系好安全带。

⑤ 工作中,应先分清哪根是低压相线,哪根是中性线(N线),并用验电器测试,判断后,再选好工作位置。在断开导线时,应先断开相线,后断开中性线;在搭接导线时,顺序相反。因为,在 TN-C 系统的低压线路中,各相线与中性线间都接有负荷,若在搭接导线时,先将相线接上,则电压会加到负荷上的一端,并由负荷传递到将要接地的另一端,当作业者再接中性线时,就是第二次带电接线,这就增加了作业的危险次数,故在搭接导线时,先接中性线,后接相线。在断开或接续低压带电线路时,还要注意两手不得同时接触两个线头,这样会使电流通过人体,即电流自手经人体至手的路径通过,这时即使站在绝缘物上也起不到保护作用。

⑥ 在带电的电流互感器二次回路上工作时,应有专人监护,并站在绝缘垫上工作。工作中严禁将电流互感器二次侧开路,以防二次侧开路时产生的高电压伤人和铁心产生高温烧坏设备。要断开二次回路时,必须用试验型端子板或短接片将电流互感器二次侧先短路。而且禁止在电流互感器与短接端子之间的回路或导线上工作。

⑦ 在带电的电压互感器二次回路上工作时,应使用绝缘工具,并防止二次回路发生短路,以免很大的短路电流使电压互感器发热烧坏或伤人。

⑧ 在潮湿和潮气过大的室内,禁止带电作业;工作位置过于狭窄时,禁止带电作业。

⑨ 严禁在雷、雨、雪天以及有六级及以上大风时在户外带电作业。也不应在雷电时进行室内带电作业。

⑩ 工作中不准用钢卷尺或夹有金属丝的皮卷尺、线尺进行测量工作。也不得使用锉刀及金属物制成的毛刷等工具。

最后需要说明的是:在低压电气设备和线路上工作,应尽可能停电进行,以确保工作安全。

3.5 触电急救

人触电以后,往往会出现神经麻痹、呼吸中断、心脏停止跳动等症状,呈现昏迷不醒的状态。但应特别注意:如果没有明显的致命外伤就不能认为触电人已经死亡,而应该视为假死,要分秒必争并不间断地进行现场救护。只要方法得当,坚持不懈,多数触电者可以"起死回生"。有的触电者经过四小时甚至更长时间的救护而脱离危险。因此,每个电气工作者和其他有关人员必须熟练掌握触电急救方法。

触电急救的关键是:现场人员必须当机立断,用最快的速度、最恰当的方法先使触电者迅速脱离电源,然后立即进行现场救护。

一、脱离电源

脱离电源方法之一是将触电者接触的那一部分带电体或设备断电,可以将相关的断路器、隔离开关或其他断路设备断开。方法之二是设法将触电者与带电设备脱离。在脱离电源过程中,救护人员既要救人,又要注意保护自己,触电者未脱离电源前,救护人员不准直接用手触及触电者,以免发生自身触电危险。

1. 脱离低压电源

脱离低压电源可采用"拉""切""拽""垫"的方法,具体如下:

① 设法迅速切断电源,如就近拉开电源开关或刀闸,或断开熔断器、电源插头等。此时应注意,拉线开关和搬把开关只能断开一根导线,有时由于安装不符合安全要求而使开关安装在 N 线上,这时,虽然断开了拉线开关,人身触及的导线可能仍然带电,不能认为已切断电源。

② 如果电源开关、熔断器或电源插座距离较远,可用有绝缘手柄的电工钳或干燥木柄的斧头、铁锹等利器切断电源。切断点应选择导线在电源侧有支持物处,防止带电导线断落触及其他人体。多股绞合线应分相剪断,以防短路伤人,并尽可能站在绝缘物体或木板上。

③ 如果导线搭落在触电者身上或压在身下,可用干燥的木棒、竹竿等绝缘物品把触电者拉脱电源。

④ 如果触电者衣服是干燥的,又没有紧缠在身上,不至于使救护人员直接触及触电者的身体时,救护人员可直接用一只手抓住触电者不贴身的衣服,将触电者拉脱电源。

⑤ 可站在干燥的木板、木桌椅或橡胶垫等绝缘物品上,用一只手把触电者拉脱电源。

⑥ 如果电流通过触电者入地,并且触电者紧握导线,可设法用干燥的木板塞进其身下使其与地绝缘而切断电流,然后采取其他方法切断电源。

2. 脱离高压电源

抢救高压触电者脱离电源与低压触电者脱离电源的方法大为不同,因为电压等级高,一般绝缘物对抢救者不能保证安全;电源开关距离远,不易切断电源;电源保护装置比低压灵敏度高等。使高压触电者脱离电源方法如下:

① 尽快与有关部门联系停电。

② 戴上绝缘手套,穿上绝缘鞋,拉开高压断路器或用相应电压等级的绝缘工具拉开高压跌落保险,切断电源。

③ 如触电者触及高压带电线路,又不可能迅速切断电源开关时,在紧急情况下,可采用抛挂足够截面积和适当长度的裸金属短路线的方法,迫使电源开关跳闸。抛挂前,将短路线的一端固定在铁塔或接地引下线上,另一端系重物。但抛掷短路线时,应注意防止电弧伤人或断线危及人员安全。

3. 注意事项

① 救护人员不得采用金属和其他潮湿的物品作为救护工具。

② 未采取任何绝缘措施,救护人员不得直接触及触电者的皮肤和潮湿衣服。

③ 在使触电者脱离电源的过程中,救护人最好用一只手操作,以防触电。

④ 当触电者站立或位于高处时,应采取措施防止脱离电源后触电者摔跌。

⑤ 夜晚发生触电事故时,应考虑切断电源后的临时照明问题,以便急救。

⑥ 如果触电者触及断落在地上的带电高压导线,救护人员应穿绝缘鞋或临时双脚并紧跳跃接近触电者,否则不能接近断线点 8 m 以内,以防跨步电压伤人。

二、现场救护

将触电者脱离电源后,应立即就近移至干燥、通风的地点,根据伤者受伤害的情况迅速进行现场救护,并及时通知医务人员到现场并做好送往医院的准备工作。

根据触电者受伤害的轻重程度,现场救护有以下几种抢救措施:

1. 触电者未失去知觉时的救护措施

触电者如神态清醒,只是心慌,四肢发麻,出冷汗、恶心、呕吐、全身无力,甚至一度昏迷,但没失去知觉,则应使其在通风暖和的地方平躺,暂时不要站立或走动,严密观察,同时请医生前来或送医院诊治。

2. 触电者已失去知觉但心肺正常时的抢救措施

若触电者神志不清、失去知觉,但呼吸和心脏尚正常,应使其舒适平卧,保持空气流通,解开衣服以利呼吸,冷天应注意保暖,随时观察,同时立即请医生前来诊治或送医院诊治。若发现触电者出现呼吸困难或心跳失常。则应迅速用心肺复苏法进行人工呼吸或胸外按压法救治。

3. 对"假死"者的急救措施

触电者"假死"是指可能出现的三种症状:一是心跳停止,但尚能呼吸;二是呼吸停止,但心跳尚存(但可能脉搏很弱);三是呼吸和心跳均已停止。"假死"症状的判定方法是"看""听""试"。

"看"就是观察触电者的胸部、腹部有无起伏动作。"听"就是用耳贴近触电者的口鼻处,听他有无呼气声音。"试"则是用手或小纸条试测口鼻有无呼吸的气流,再用两手指轻压一侧的颈动脉试有无搏动感觉。如果"看""听""试"的结果,既无呼吸又无颈动脉搏动,则可判定触电者为呼吸停止或心跳停止或呼吸和心跳均已停止。"看""听""试"的操作方法如图 3-24 所示。

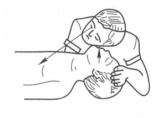
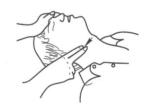

图 3-24 判定"假死"的看、听、试

当判定触电者呼吸和心跳停止时,应立即按心肺复苏法就地抢救。所谓心肺复苏法就是支持生命的三项基本措施,即通畅气道、口对口(鼻)人工呼吸、胸外按压(人工循环)。

(1)通畅气道

若触电者呼吸停止,最重要的是始终确保气道通畅,其操作要领是:

① 清除口中异物。使触电者仰面躺在平硬的地方,迅速解开其领扣、围巾、紧身衣和裤带。如发现触电者口内有假牙、血块等异物,可将其身体及头部同时侧转,迅速用一个手指或两个手指交叉从口角处插入,从中取出异物。操作时要注意防止将异物推到咽喉深处。

② 采用仰头抬颏法(见图 3-25)通畅气道。操作时,救护人用一只手放在触电者前额,另一只手的手指将其颏骨向上抬起,两手协同将头部推向后仰,舌根自然随之抬起、气道即可畅通。气道状况如图 3-26 所示。为使触电者头部后仰,可于其颈部下方垫上较低厚度的物品,但严禁用枕头或其他物品垫在触电者头下,因为头部抬高前倾会阻塞气道,还会使施行胸外按压时流向脑部的血量减小,甚至完全消失。

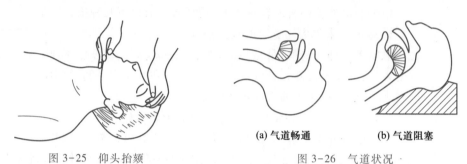

图 3-25　仰头抬颏

(a) 气道畅通　　(b) 气道阻塞

图 3-26　气道状况

(2) 口对口(鼻)人工呼吸

救护人在完成气道通畅的操作后,应立即对触电者施行口对口或口对鼻人工呼吸。口对鼻人工呼吸用于触电者嘴巴紧闭的情况。人工呼吸的操作要领如下:

① 首先大口吹气刺激起搏。救护人蹲跪在触电者的左侧或右侧;用放在触电者额上的手的三指捏住其鼻翼,另一只手的食指和中指轻轻托住其下巴;救护人深吸气后,与触电者口对口紧合,在不漏气的情况下,先连续大口吹气两次,每次 1~1.5 s;然后用手指试测触电者颈动脉是否有搏动,如仍无搏动,可判断心跳确已停止,在施行人工呼吸的同时应进行胸外按压。

② 口对口人工呼吸。大口吹气两次试测搏动后,立即转入正常的口对口人工呼吸阶段。正常的吹气频率是每分钟约 12 次。口对口人工呼吸如图 3-27 所示。应注意每次的吹气量不需过大,以免引起胃膨胀。如触电者是儿童,吹气量也宜小一些,以防肺泡破裂。救护人换气时,应将触电者的鼻或口放松,让他借自己胸部的弹性自动吐气。吹气和放松时要注意触电者胸部有无起伏的呼吸动作。吹气时如有较大的阻力,可能是头部后仰不够,应及时纠正,使气道保持畅通。

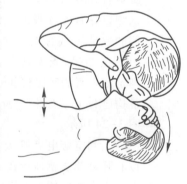

图 3-27　口对口人工呼吸

③ 触电者如牙关紧闭,可改行口对鼻人工呼吸。吹气时要将触电者嘴唇紧闭,防止漏气。

(3) 胸外按压

胸外按压是借助人力使触电者恢复心脏跳动的急救方法。胸外按压时应选择正确的按压位置和采取正确的按压姿势。根据能源部 1991 年发布并实施的《电业安全工作规程》(DL 408—1991),将操作要领简述如下:

① 确定正确的按压位置的步骤。

右手的食指和中指沿触电者的右侧肋弓下缘向上,找到肋骨和胸骨接合处的中点。

右手两手指并齐,中指放在切迹中点(剑突底部),食指平放在胸骨下部,另一只手的掌根紧挨食指上缘置于胸骨上;掌根处即为正确按压位置,如图 3-28 所示。

② 正确的按压姿势。

使触电者仰面躺在平硬的地方并解开其衣服,仰卧姿势与口对口(鼻)人工呼吸法相同。

救护人或立或跪在触电者一侧肩旁,两肩位于触电者胸骨正上方,两臂伸直,肘关节固定不屈,两手掌相叠,手指翘起,不接触触电者胸壁。

以髋关节为支点,利用上身的重力,垂直将正常成人胸骨压陷 3~5 cm(儿童和瘦弱者酌减)。

压至要求程度后,立即全部放松,但救护人的掌根不离开触电者的胸壁。

按压姿势与用力方法如图 3-29 所示。按压有效的标志是在按压过程中可以触到颈动脉搏动。

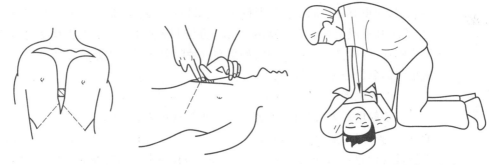

图 3-28　正确的按压位置　　　　　图 3-29　按压姿势与用力方法

③ 恰当的按压频率。

胸外按压要以均匀速度进行。操作频率以每分钟 80 次为宜,每次包括按压和放松一个循环,按压和放松的时间相等。

当胸外按压与口对口(鼻)人工呼吸同时进行时,操作的节奏为:单人救护时,每按压 15 次后吹气 2 次(15∶2),反复进行;双人救护时,每按压 15 次后由另一人吹气 1 次(15∶1),反复进行。

4. 现场救护中的注意事项

(1) 抢救过程中应适时对触电者进行再判定

按压吹气 1 min 后(相当于单人抢救时做了 4 个 15∶2 循环),应采用"看""听""试"方法在 5~7 s 内完成对触电伤员是否恢复自然呼吸和心跳的再判断。

若判定触电者已有颈动脉搏动,但仍无呼吸,则可暂停胸外按压,改为进行 2 次口对口人工呼吸,接着每隔 5 s 吹气一次(相当于每分钟 12 次)。如果脉搏和呼吸仍未能恢复,则继续坚持心肺复苏法抢救。

在抢救过程中,要每隔数分钟用"看""听""试"方法再判定一次触电者的呼吸和脉搏情况,每次判定时间不得超过 5~7 s。在医务人员未前来接替抢救前,现场人员不得放弃现场抢救。

（2）抢救过程中移送触电伤员时的注意事项

心肺复苏应在现场就地坚持进行，不要图方便而随意移动触电伤员，如确实需要移动时，抢救中断时间不应超过 30 s。

移动触电伤员或将伤员送往医院，应使用担架并在其背部垫以木板，不可让伤员身体蜷曲着进行搬运。移送途中应继续抢救，在医务人员未接替救治前不可中断抢救。

应尽可能创造条件，用装有冰屑的塑料袋作成帽状包绕在伤员头部，露出眼睛，使脑部温度降低，争取触电者的心、肺、脑能得以复苏。

（3）伤员好转后的处理

如伤员的心跳和呼吸经抢救后均已恢复，可暂停心肺复苏法操作。但心跳呼吸恢复的早期仍有可能再次骤停，救护人员应严密监护，不可麻痹，要随时准备再次抢救。触电伤员恢复之初，往往神志不清、精神恍惚或情绪躁动不安，应设法使他安静下来。

（4）慎用药物

人工呼吸和胸外按压是对触电"假死"者的主要急救措施，任何药物都不能代替人工呼吸和胸外按压这两种急救办法。必须强调指出的是，对触电者用药或注射针剂，应由有经验的医生诊断确定，慎重使用。此外，禁止采取冷水浇淋、猛烈摇晃、大声呼唤或架着触电者跑步等"土"办法刺激触电者。因为人体触电后，心脏会发生颤动，脉搏微弱，血流混乱，如果在这种险象下用上述办法强烈刺激心脏，会使触电者因急性心力衰竭而死亡。

（5）触电者死亡的认定

对于触电后失去知觉、呼吸心跳停止的触电者，在未经心肺复苏急救之前，只能视为"假死"。任何在事故现场的人员，一旦发现有人触电，都有责任及时和不间断地进行抢救。"及时"就是要争分夺秒，即在医生到来之前不等待，且送往医院的途中也不可中止抢救。"不间断"就是要有耐心坚持抢救。事实证明，只要正确地坚持施行人工救治，触电"假死"的人被抢救复活的可能性是很大的。据报道，有不间断抢救近 5 h，终于使触电者复活的实例。因此，抢救时间应持续 6 h 以上，直到救活或医生作出触电者已临床死亡的认定为止。应记住：只有医生才有权认定触电者已死亡，宣布抢救无效，否则就应本着人道主义精神坚持不懈地运用人工呼吸和胸外按压对触电者进行抢救。

5. 触电急救的基本原则

触电急救的基本原则是"迅速、就地、准确、坚持"。心肺复苏模拟人可供练习人工呼吸和心脏按压。

自我检测题

1. 电流对人体的伤害有哪几种类型？
2. 按电流对人体的伤害程度，可将电流分为哪几级？
3. 电流通过人体的哪些部位时可引起严重后果？

4. 人体的触电方式有哪些？

5. 什么是跨步电压触电？如何防止跨步电压触电？

6. 防止人身触电的技术措施有哪些？

7. 我国的安全电压是如何规定的？

8. 什么是保护接地？有哪些方式？

9. 接地系统由哪些部分组成？

10. 剩余电流保护电器的工作原理是什么？有哪些种类和特性参数？安装时应注意哪些内容？

11. 常用的安全用具有哪些？如何分类？

12. 电气作业的安全组织措施有哪些？

13. 电气操作票有几种？如何填写？

14. 什么是电气作业的工作间断、转移和终结制度？

15. 电气作业时停电、验电、装设接地线的安全技术措施分别是什么？

16. 触电急救的关键是什么？使触电者脱离高压电源的方法是什么？

17. 什么是心肺复苏法？心肺复苏法什么时候进行？其三项基本措施是什么？

18. 在实训指导教师的指导下，利用心肺复苏模拟人练习触电急救的人工呼吸和心脏按压。

第4单元　电气设备安全

4.1 电气设备的运行安全

一、电气设备的基本安全要求

保证电气设备安全运行的主要环节有以下三方面。首先,在产品设计和制造时应保证质量,即严格按照有关技术规定和工艺要求进行精心设计和制造,为设备安全运行创造条件。其次,电气设备安装时的施工工艺的好坏决定了设备的性能是否能达到原设计的安全水平。最后,正确的设计及良好的安装工艺仅仅能使电气装置具备初期安全运行的条件。但随着时间的推移,以及各种因素的影响,电气设备本身的绝缘自然老化,电气设备的安全性能等逐步劣化,降低了安全运行的水平。这就要求电气工作人员在使用中加强运行维护,定期进行检查、检修,并不断密切监视各种变化,在出现异常时,采取必要的措施以保证设备的安全运行。

设备巡视安全规定和检查方法如下。

(1)设备巡视有关规定

根据《电业安全工作规程》(DL 408—1991)中有关规定:

① 在对高压设备巡视时,不得进行其他工作,不得移开或跨越遮栏。要求巡视人员专心致志,并与带电体保持足够的安全距离。

② 雷雨天气,需要巡视室外高压设备时,应穿绝缘鞋,并不得靠近接闪器和避雷器,防止可能产生危险的跨步电压及避雷器爆炸等对人员造成伤害。

③ 在巡视过程中,发现有高压设备发生接地故障时,与接地故障点的距离室内要保持 4 m 以上,室外要保持 8 m 以上。若要进入上述范围,必须穿绝缘鞋,接触设备外壳和架构时,必须戴绝缘手套。

④ 设备巡视检查分正常巡视检查和特殊巡视检查,正常巡视检查每班不得少于 2 次,特殊巡视检查视现场运行规程而定。

(2)一般检查方法

对设备的日常巡视检查是利用人的感官,通过目测、耳听、鼻嗅、手触等方法,并结合仪表和其他检测器的指示,检查设备是否出现异常或存在缺陷。目测法是观察设备外观是否出现异常,如导线松股、绝缘子闪络、油位过低或过高、油色变黑等;耳听法是检查设备是否有异常响声,如设备松动的撞击声、放电的闪络声、油的翻滚声等;鼻嗅法是检查设备是否有异常气味,如导线接头处过热产生的焦臭味和电晕产生的臭氧味;手触法是检查设备外壳温度是否过高,设备振动是否过大等情况,但该检查一定要在安全部位小心进行。

(3)巡视检查的要求

巡视检查人员应熟悉所管辖的设备,熟悉现场运行规程,按规程要求的巡视路线、周期、检查内容等进行巡视检查,巡视到位,不发生漏检、误检。发现设备出现异常或存在缺陷,要及时汇报处理并做好记录。按现场运行规程,不会立即对设备安全运行构成影响的异常情况,可通过加强监视,降额运行,待以后设备检修时再作处理;对设备安全运行构成威胁的,应马上向值班班长或调度汇报,申请停运;在紧急情况下,如设备着火等,应立即将故障设备停运,然后向上级汇报。

要及时发现设备缺陷,必须有认真细致的工作作风、丰富的运行经验以及较高的技术水平。

二、安全距离

安全距离是指带电体与地面之间、带电体与其他设备和设施之间、带电体与带电体之间为保证人身安全及设备安全所必要的距离。安全距离的作用是:防止人体触及或接近带电体造成触电事故;避免车辆或其他器具碰撞或过分接近带电体造成事故;防止火灾、过电压放电及各种短路事故。安全距离是将可能触及的带电体置于可能触及的范围之外,在设计选择安全距离时,既要考虑安全要求,同时也要符合人机工效学的原理。

不同电压等级、不同设备类型、不同安装方式和不同的周围环境所要求的安全距离也有所不同。安全距离亦称间距。

1. 线路安全距离

架空线路导线在弛度最大时与地面或水面的最小距离不应小于表 4-1 的规定值。

表 4-1　架空线路导线与地面或水面的最小距离/m

线路经过地区	线路电压		
	<1 kV	1~10 kV	35 kV
居民区	6	6.5	7
非居民区	5	5.5	6
不能通航或浮运的河、湖(冬季水面)	5	5	—
不能通航或浮运的河、湖(50 年一遇的洪水水面)	3	3	—
交通困难地区	4	4.5	5
步行可以达到的山坡	3	4.5	5
步行不能达到的山坡、峭壁或岩石	1	1.5	3

在未经相关管理部门许可的情况下,架空线路不得跨越建筑物。架空线路与有爆炸、火灾危险的厂房之间应保持规定的安全间距,且不应跨越具有可燃材料屋顶的建筑物、架空线路导线与建筑物的最小距离见表 4-2。

表 4-2　架空线路导线与建筑物的最小距离

线路电压/kV	≤1	10	35
垂直距离/m	2.5	3.0	4.0
水平距离/m	1.0	1.5	3.0

架空线路导线与街道或厂区树木的最小距离见表 4-3,架空线路导线与绿化区树木、公园的树木的最小距离为 3 m。

表 4-3 架空线路导线与街道或厂区树木的最小距离

线路电压/kV	≤1	10	35
垂直距离/m	1.0	1.5	3.0
水平距离/m	1.0	2.0	—

架空线路导线与铁路、道路、通航河流、电气线路及其他特殊管道等工业设施之间的最小距离见表 4-4。表中特殊管道指的是输送易燃易爆介质的管道;各项中的水平距离在开阔地区不应小于电杆的高度。

表 4-4 架空线路导线与铁路、道路等的最小距离/m

项目				线路电压		
				≤1 kV	10 kV	35 kV
铁路	标准轨迹	垂直距离	至钢轨顶面	7.5	7.5	7.5
			至承力索接触线	3.0	3.0	3.0
		水平距离	电杆外缘至轨道中心 交叉	5.0		
			电杆外缘至轨道中心 平行	杆高加 3.0		
	窄轨	垂直距离	至钢轨顶面	6.0	6.0	7.5
			至承力索接触线	3.0	3.0	3.0
		水平距离	电杆外缘至轨道中心 交叉	5.0		
			电杆外缘至轨道中心 平行	杆高加 3.0		
道路		垂直距离		6.0	7.0	7.0
		水平距离(电杆至道路边缘)		0.5	0.5	0.5
通航河流		垂直距离	至 50 年一遇的洪水位	6.0	6.0	6.0
			至最高航行水位的最高桅顶	1.0	1.5	2.0
		水平距离	边导线至河岸上缘	最高杆(塔)高		
弱电线路		垂直距离		6.0	7.0	7.0
		水平距离(两线路边导线间)		0.5	0.5	0.5
电力线路	≤1 kV	垂直距离		1.0	2.0	3.0
		水平距离(两线路边导线间)		2.5	2.5	5.0
	10 kV	垂直距离		2.0	2.0	3.0
		水平距离(两线路边导线间)		2.5	2.5	5.0
	35 kV	垂直距离		2.0	2.0	3.0
		水平距离(两线路边导线间)		5.0	5.0	5.0

续表

项目			线路电压		
			≤1 kV	10 kV	35 kV
特殊管道	垂直距离	电力线路在上方	1.5	3.0	3.0
		电力线路在下方	1.5	—	—
	水平距离(边导线至管道)		1.5	2.0	4.0

同杆架设不同种类、不同电压的电气线路时,电力线路应位于弱电线路的上方,高压线路应位于低压线路的上方。同杆线路横担之间的最小距离见表 4-5。

表 4-5　同杆线路横担之间的最小距离/m

项目	直线杆	分支杆和转角杆	项目	直线杆	分支杆和转角杆
10 kV 与 10 kV	0.8	0.45/0.6	10 kV 与通信电缆	2.5	—
10 kV 与低压	1.2	1.0	低压与通信电缆	1.5	—
低压与低压	0.6	0.3			

从配电线到用户进线处第一个支持点之间的一段导线称为接户线。10 kV 接户线对地距离不应小于 4.5 m。低压接户线对地距离不应小于 2.75 m。低压接户线跨越通车街道时,对地距离不应小于 6 m;跨越通车困难的街道或人行道时,对地距离不应小于 3.5 m。

接户线离建筑物突出部位的距离不得小于 0.15 m,离下方阳台的垂直距离不得小于 2.5 m,离下方窗户的垂直距离不得小于 0.3 m,离上方窗户或阳台的垂直距离不得小于 0.8 m,离窗户或阳台的水平距离也不得小于 0.8 m。接户线与通信线路交叉,接户线在上方时,其间垂直距离不得小于 0.6 m;接户线在下方时,其间垂直距离不得小于 0.3 m。接户线与树木之间的最小距离不得小于 0.3 m。接户线不宜跨越建筑物,必须跨越时,离建筑物最小高度不得小于 2.5 m。

从接户线接入室内的一段导线称为进户线。进户线的进户管口与接户线端头之间的垂直距离不应大于 0.5 m。进户线对地距离不应小于 2.7 m。

户内低压线路与工业管道和工艺设备之间的最小距离见表 4-6。

表 4-6　户内低压线路与工业管道和工艺设备之间的最小距离/mm

布线方式		穿金属管导线	电缆	明设绝缘导线	裸导线	起重机滑触线	配电设备
煤气管	平行	100	500	1 000	1 000	1 500	1 500
	交叉	100	300	300	500	500	—
乙炔管	平行	100	1 000	1 000	2 000	3 000	3 000
	交叉	100	500	500	500	500	—

续表

布线方式		穿金属管导线	电缆	明设绝缘导线	裸导线	起重机滑触线	配电设备
氧气管	平行	100	500	500	1 000	1 500	1 500
	交叉	100	300	300	500	500	—
蒸汽管	平行	1 000(500)	1 000(500)	1 000(500)	1 000	1 000	500
	交叉	300	300	300	500	500	—
暖热水管	平行	300(200)	500	300(200)	1 000	1 000	100
	交叉	100	100	100	500	500	—
通风管	平行	—	200	200	1 000	1 000	100
	交叉	—	100	100	500	500	—
上、下水管	平行	—	200	200	1 000	1 000	100
	交叉	—	100	100	500	500	—
压缩空气管	平行	—	200	200	1 000	1 000	100
	交叉	—	100	100	500	500	—
工艺设备	平行	—	—	—	1 500	1 500	100
	交叉	—	—	—	1 500	1 500	—

应用表 4-6 时应注意以下几点：

① 表内无括号的数字为电缆管线在管道上方的数据，有括号的数字为电缆管线在管道下方的数据。电缆管线应尽可能敷设在热力管道的下方。

② 在不能满足表中所列距离的情况下应采取以下措施：电气管线与蒸汽管不能满足表中所列距离时，应在蒸汽管或电气管外包以隔热层，则平行净距可减为 200 mm，交叉处仅需考虑施工方便和便于维修的距离；电气管线与暖水管不能满足表中所列距离时，应在暖水管外包以隔热层；裸导线与其他管道交叉不能满足表中所列距离时，应在交叉处的裸导线外加装保护网或保护罩。

③ 当上水管与电线管平行敷设且在同一垂直面时，应将电线管敷设于水管上方。

④ 裸导线应敷设在经常维修的管道上方。

直接埋地电缆埋设深度不应小于 0.7 m，并应位于冻土层之下。直接埋地电缆与工艺设备的最小距离见表 4-7。当电缆与热力管道接近时，电缆周围土壤温升不应超过 10 ℃，超过时需要进行隔热处理。表 4-7 中的最小距离，对采用穿管保护时，应从保护管的外壁算起。

表 4-7 直接埋地电缆与工艺设备的最小距离/m

敷设条件	平行敷设	交叉敷设
与电杆或建筑物地下基础之间，控制电缆与控制电缆之间	0.6	—

续表

敷设条件	平行敷设	交叉敷设
10 kV 以下的电力电缆之间或与控制电缆之间	0.1	0.5
10~35 kV 的电力电缆之间或与其他电缆之间	0.25	0.5
不同部门的电缆(包括通信电缆)之间	0.5	0.5
与热力管沟之间	2.0	0.5
与可燃气体、可燃液体管道之间	1.0	0.5
与水管、压缩空气管道之间	0.5	0.5
与道路之间	1.5	1.0
与普通铁路路轨之间	3.0	1.0
与直流电气化铁路路轨之间	10.0	—

2. 用电设备安全距离

车间低压配电箱底部距地面的高度,暗装时可取 1.4 m,明装时可取 1.2 m。明装电能表板底部距地面的高度可取为 1.8 m。

常用开关电器的安装高度为 1.3~1.5 m。为便于操作,开关手柄与建筑物之间应保留 150 mm 的距离。墙用平开关(板把开关)离地面高度可取 1.4 m。拉线开关离地面高度可取 3 m。明装插座离地面高度可取 1.3~1.8 m,暗装的可取 0.2~0.3 m。

户内灯具高度应大于 2.5 m,受实际条件限制不能达到时,可减为 2.2 m;如低于 2.2 m 时,应采取适当安全措施。当灯具位于桌面上方等人碰不到的地方时,高度可减为 1.5 m。户外灯具高度一般应大于 3 m,安装在墙上时可减为 2.5 m。

起重机具至线路导线间的最小距离:1 kV 及以下者不应小于 1.5 m;10 kV 不应小于 2 m;35 kV 及以上者不应小于 4 m。

3. 检修安全距离

为了防止在检修工作中,人体及其所携带的工具触及或接近带电体,必须保证足够的检修安全距离。

在低压操作时,人体及其所携带工具与带电体之间的距离不得小于 0.1 m。

在高压操作时,各种作业类别所要求的最小距离见表 4-8。当表中要求的距离不能满足时,应装设临时遮栏或停电。

表 4-8　高压作业的最小距离/m

类别	电压等级	
	10 kV	35 kV
无遮栏作业,人体及其所携带工具与带电体之间	0.7	1.0
无遮栏作业,人体及其所携带工具与带电体之间,用绝缘杆操作	0.4	0.6

续表

类别	电压等级	
	10 kV	35 kV
线路作业,人体及其所携带工具与带电体之间	1.0	2.5
带电水冲洗,小型喷嘴与带电体之间	0.4	0.6
喷灯或气焊火焰与带电体之间	1.5	3.0

三、常用电气设备的安全要求及运行维护

(一) 变压器的安全

1. 变压器的安全要求

GB/T 19212.1—2016《变压器、电抗器、电源装置及其组合的安全。第1部分: 通用要求和试验》规定了下列变压器各个方面(如电气、热和机械方面)的安全要求:

① 驻立式或移动式、单相或多相、空气冷却(自然冷却或强制冷却),配套用或其他应用的隔离变压器和安全隔离变压器,其额定电源电压不大于交流 1 000 V, 额定频率不大于 1 MHz,额定输出不大于下列规定值:

对隔离变压器:单相变压器,25 kV·A;多相变压器,40 kV·A。

对安全隔离变压器:单相变压器,10 kV·A;多相变压器,16 kV·A。

空载输出电压和额定输出电压不大于:

对隔离变压器,交流 500 V 和无纹波直流 708 V。

对安全隔离变压器,在两个导体之间或任意一个导体与地之间,交流均方根值 50 V 和(或)无纹波直流 120 V。

在安装规程或电器(如电动玩具,电铃、移动式电动工具、手提式灯具)规范要求电路之间为双重绝缘或加强绝缘的情况下使用隔离变压器或安全隔离变压器。

② 驻立式或移动式、单相或多相、空气冷却(自然冷却或强制冷却)、配套用或非配套用的分离变压器、自耦变压器、调压器和小型电抗器,其额定电源电压不超过交流 1 000 V,额定频率不超过 1 MHz,额定空载和负载输出电压不超过交流或直流 15 kV。对独立变压器,不超过交流 50 V 和(或)无纹波直流 120 V,以及除 GB/T 19212其他部分的相关特殊要求另有规定者外,额定输出不大于下列规定值:

单相变压器,1 kV·A;

单相电抗器,2 kVar;

多相变压器,5 kV·A;

多相电抗器,10 kVar。

在安装规程或设备规范不要求电路之间为双重绝缘或加强绝缘的情况下使用分离变压器。

通常,变压器预定要与设备配套使用,以便为设备的功能提供与电网电源不同的电压。安全绝缘可以通过设备的其他特征,如壳体来提供(或实现)。输出电路

的零部件可以与输入电路或保护地相连。

③ 装有上述类型①或②的变压器的电源装置。

这种电源装置可以包括预定要为电气设备供电的变压、整流、变换、变频装置或它们的组合装置,但开关型电源除外。

电源装置的例子有内装的或独立的变压器、代电池和变换器。对后一种情况,它们甚至可以装有预定要插入固定式插座的整体式插脚。

以上所谓驻立式变压器,是指固定式变压器或质量超过 18 kg 且不装搬运把手的变压器。

2. 变压器的安全操作规程

(1) 运行电力变压器必须符合电力行业标准 DL/T 572—2010《电力变压器运行规程》中规定的各项技术要求。

(2) 新装或检修后的变压器投入运行前应作下列检查:

① 核对铭牌,查看铭牌电压等级与线路电压等级是否相符。此外应检查变压器的额定容量、阻抗电压、联结组别及使用技术条件等是否与设计相符。

② 变压器绝缘是否合格,检查时用 1 000 V 或 2 500 V 兆欧表,测定时间不少于 1 min,表针稳定为止。绝缘电阻不低于 1 MΩ/kV,测定顺序为高压对地,低压对地,高低压间。

③ 油箱有无漏油和渗油现象,油面是否在油标所指示的范围内,油表是否畅通,呼吸孔是否通气,呼吸器内硅胶应呈蓝色。

④ 分接头开关位置是否正确,接触是否良好。

⑤ 瓷套管应清洁,无松动。

(3) 电力变压器应定期进行外部检查。经常有人值班的变电所内的变压器每天至少检查一次,每周应有一次夜间检查。

(4) 无人值班的变压器,其容量在 3 200 kV·A 以上者每 10 天至少检查一次,并在每次投入使用前和停用后进行检查。容量大于 320 kV·A,但小于 3 200 kV·A 者,每月至少检查一次,并应在每次投入使用前和停用后进行检查。

(5) 大修后或新装变压器开始运行的 48 h 内,每班要进行两次检查。

(6) 变压器在异常情况下运行时(如油温高、声音不正常、漏油等)应加强监视,增加检查次数。

(7) 运行变压器应巡视和检查的项目(详见下面变压器的巡视检查)。

(8) 变压器的允许动作方式

① 运行中上层油温不宜经常超过 85 ℃,最高不得超过 95 ℃。

② 加在电压分接头上的电压不得超过额定值的 5%。

③ 变压器可以在正常过负荷和事故过负荷情况下运行,正常过负荷可以经常使用,其允许值根据变压器的负荷曲线、冷却介质的温度以及过负荷前变压器所带的负荷,由单位主管技术人员确定。在事故情况下,许可过负荷 30% 运行两小时,但上层油温不得超过 85 ℃。

(9) 变压器可以并列运行,但必须满足下列条件:

① 线圈联结组标号相同。

② 电压比应相同,差值不得超过±0.5%。

③ 阻抗电压值偏差小于10%。

④ 变压器容量比不大于3∶1。

⑤ 相序相同。

（10）变压器第一次并联前必须做好相序校验。

（11）不带有载调压装置的变压器不允许带电操作分接头。320 kV·A 以上的变压器在分接头操作前后,应测量直流电阻,检查回路的完整性和三相电阻的均一性。

（12）变压器投入或退出运行必须遵守以下程序:

① 高低压侧都有断路器和隔离开关的变压器投入运行时,应先投入变压器两侧的所有隔离开关,然后投入高压侧的断路器,向变压器充电,再投入低压侧断路器向低压母线充电。停电时顺序相反。

② 低压侧无断路器的变压器投入运行时,先投入高压侧断路器一侧的隔离开关,然后投入高压侧的断路器,向变压器充电,再投入低压侧的刀闸、空气开关等向低压母线供电。停电时顺序相反。

（13）变压器运行中发现下列异常现象时,应立即报告领导,并准备投入备用变压器:

① 上层油温超过 85 ℃。

② 外壳漏油,油面变化,油位下降。

③ 套管发生裂纹,有放电现象。

（14）变压器有下列情况时,应立即联系停电处理:

① 变压器内部响声很大,有放电声响。

② 变压器的温度剧烈上升。

③ 漏油严重,油面下降很快。

（15）变压器发生下列严重事故,应立即停电处理:

① 变压器防爆管喷油、喷火,变压器本身起火。

② 变压器套管爆裂。

③ 变压器本体铁壳破裂,大量向外喷油。

（16）变压器着火时,应首先打开放油门,将油放入储油池,同时用二氧化碳或四氯化碳灭火器进行灭火。变压器及周围电源全部切断后用泡沫灭火机灭火。严禁用水灭火。

（17）出现轻瓦斯信号时应对变压器进行仔细检查。若由于油位降低,油枕无油时应加油。若瓦斯继电器内有气体时,应观察气体颜色及时上报,并进行相应处理。

（18）运行变压器和备用变压器内的油,应按规定进行耐压试验和简化试验。

（19）备用变压器必须保持良好,准备随时投入运行。

3. 变压器的巡视检查

（1）正常的巡视检查

变压器的声响有无异常及变化。

检查变压器的上层油温(一般不应高于 85 ℃),并做好记录。

变压器的油枕内和充油套管内的油色、油面高度是否正常,外壳有无渗、漏油现象,并检查瓦斯继电器内有无气体。

变压器套管是否清洁,有无破损、放电痕迹及其他异常现象。

外壳接地是否良好,接地线有无裂开和锈蚀现象。引线接头、电缆、母线应无发热现象。

防爆管的隔膜是否完整,玻璃上面是否有油。

散热器风扇是否有不正常响声或停转现象,各散热器的闸门应全部开启。

呼吸器内的硅胶是否已吸潮至饱和状态(变色)。

对强迫油循环风冷的变压器应检查油冷却器内的油压是否大于水压。放水检查应无油迹,冷却水池中不应有油。另外要检查强迫油循环泵和风扇运转是否正常。

室内安装的变压器,应检查门、窗是否完整,房屋是否漏雨,照明和温度是否适宜,通风是否良好。

(2)变压器的特殊巡查

大修及新安装的变压器投入运行几小时后,应检查散热器排管的散热情况。

雷雨、暴雨后应检查套管、瓷瓶有无闪络放电痕迹,避雷器及保护间隙动作情况。

大风时应检查变压器高压引线接头有无松动,变压器顶盖及周围有无杂物。

雾天、阴雨天应检查套管、瓷瓶有无电晕、闪络、放电现象。

雪天应检查套管上积雪是否融化,并检查其融化程度。

天气突然变冷,应检查油面下降情况。

夜间应检查套管引线接头有无发红、发热现象。

变压器在瓦斯继电器发出信号时,应检查继电器动作的原因。

(3)变压器在运行中的监视

1)油温和温升的监视。

变压器上层油温超过 55 ℃ 时,应开动电风扇;上层油温一般不宜经常超过 85 ℃,最高不得超过 95 ℃。这是因为一般变压器线圈采用的绝缘材料是 A 级,其最大容许温度为 95~105 ℃,并规定:线圈对油的温升定为 10 ℃。如上层油温是 85 ℃,则线圈的温度就是 95 ℃;如上层油温是 95 ℃,则线圈的温度是 105 ℃。当上层油温或温升超过规定值是时,应及时上报,并做相应处理。

运行中油浸式电力变压器最高层的油温规定,见表4-9。

表 4-9　油浸式变压器最高层油温规定

冷却方式	冷却介质最高温度/℃	最高层油温度/℃
自然循环、自冷、风冷	40	95
强迫油循环风冷	40	85
强迫油循环水冷	30	70

2) 负荷的监视。

监视变压器一次电压,其变化范围应在15%额定电压以内,以确保二次电压质量。如一次电压长期过高或过低,应通过调整变压器的分接开关,使二次电压趋于正常。

对于安装在室外的变压器,若无计量装置时,应测绘负荷曲线。对有计量装置的变压器,应记录小时负荷,并画出日负荷曲线。

测量三相电流的平衡情况,对 Y yn0 联结的变压器,中性线电流不应超过低压线圈额定电流的25%,超过时应调节每相的负荷,尽量使各相趋于平衡。

正常运行时,变压器负荷一般不应超过其额定容量。但特殊情况下,允许在规定的范围内超负荷(过负荷)运行。过负荷运行包括正常过负荷和事故过负荷两种。

① 正常过负荷。实际运行中,变压器的负荷和环境温度是经常变化的。轻负荷和环境温度低时,绝缘材料老化减缓;过负荷和环境温度高时,绝缘材料老化就会加速。因此,环境温度低时,允许适当过负荷运行;环境温度高时,则应适当减负荷运行。这种不影响变压器正常寿命的过负荷称正常过负荷。正常过负荷的数值和时间可参考有关供电方面的书籍,在此不再详细讨论。

② 事故过负荷。并列运行的变压器,如果其中一台发生故障必须退出运行而又无备用变压器时,其余各台变压器允许在短时间内过负荷。这种发生在事故情况下的过负荷称事故过负荷,它对变压器的寿命有一定的影响。对于室外运行的油浸自冷变压器和油浸风冷的变压器,事故过负荷倍数与过负荷允许持续时间的关系见表4-10。

表4-10 室外运行的油浸变压器事故过负荷允许时间

事故过负荷倍数	1.3	1.6	1.75	2.0	3.0
允许持续时间/min	120	45	20	10	1.5

(二)电力电容器的安全

1. 安全要求

根据国家标准 GB/T 11024.1—2019,标称电压 1 kV 以上交流电力系统装用并联电容器的安全要求如下:

(1)对放电器件的要求

每一个电容器单元应备有从 $\sqrt{2}U_N$ 的初始峰值电压放电到 75 V 或更低电压的放电器件。

上述要求也适用于额定电压 25 kV 及以下的电容器组,对于电容器单元和电容器组,最长放电时间均为 10 min。

在电容器单元(或电容器组)与上面规定的放电器件之间不得有开关、熔断器或任何其他隔离器件。

放电器件不能代替在接触电容器之前将电容器端子短路并接地。

直接与其他可提供放电通道的电气设备相连接的电容器,如果该电路特性能满足放电要求,则应认为是能适当放电的。

25 kV 以下的电容器组的放电时间为 10 min,当电容器组由单元串联组成时,则要求电容器单元的放电时间小于 10 min。

对于额定电压高于 25 kV 的电容器组,其中电容器单元通常是串联的,由于每一单元剩余电压的积累,10 min 后电容器组端子上的电压可能高于 75 V。对于这样的电容器组,放电到 75 V 的时间应由制造厂在说明书中或铭牌上予以说明。

放电电路应具有足以承受电容器 $1.3U_N$ 过电压峰值下放电的载流能力。

以熔断器保护的单元内部的电气故障或跨越电容器组的局部闪络均可能在电容器组内部产生局部剩余电荷,此电荷是不能用连接在电容器组端子间的放电器件在规定的时间内消除的。

（2）外壳连接

为使电容器金属外壳的电位得以固定,并能承受对壳击穿时的故障电流,外壳应备有供连接用的螺纹尺寸至少为 M10 的螺栓。

（3）环境保护

当电容器用不允许扩散到环境中的材料浸渍时,必须采取预防措施。若国家在这方面有法律上的要求时,应在电容器单元和电容器组上做出标记。

2. 电力电容器安全操作规程

① 高压电容器组的外露可导电部分,应有网状遮栏,进行外部巡视时,禁止将运行中电容器组的遮栏打开。

② 任何额定电压的电容器组,禁止带电合闸,每次断开后重新合闸,必须在短路 3 min 后（即经过放电后少许时间）方可进行。

③ 更换电容器的熔体,应在电容器没有电压时进行。故在进行前,应对电容器放电。

④ 电容器组的检修工作应在全部停电时进行,先断开电源,将电容器放电接地后,才能进行工作。高压电容器应根据工作票,低压电容器可根据口头或电话命令,但应做好书面记录。

3. 电容器的巡视检查

（1）巡视检查内容

电容器巡视包括电容器、限流电抗器、放电电压互感器、保护用熔断器和断路器等,日常巡视检查主要内容有：

① 用目测法进行外观检查。电容器套管及本体无渗漏;外壳无变形及膨胀现象;套管和支持绝缘子无裂纹和放电痕迹;接头无过热现象;熔断器无熔断;断路器、互感器、限流电抗器无异常;外壳接地完好等。

② 用耳听法检查电容器内部应无放电声。

（2）注意事项

巡视检查中发现电容器有异常现象,按具体情况或加强监视或改善运行条件,或停用检查。

① 发现电容器外壳膨胀变形（俗称"鼓肚"）,应采用强力通风以降低电容器温度,如发生群体变形应及时停用检查。

② 发现电容器渗漏(俗称"漏油"),应加强监视,并减轻电容器负载和降低周围环境温度,但不宜长期运行;若渗漏严重,应立即汇报并作停用检查处理。

③ 因过电压造成电容器跳闸,应对所有设备进行特别巡视检查;若未发现问题,也要在 15 min 后才能试合闸。

(三) 电动机的安全

电动机是现代社会中使用最广泛的电气设备,要正确地选择和安装、使用,并进行运行监视和维护,电动机的安全应包括电动机主电路和控制电路的电气安全。

1. 电动机运行的监视

对运行中的电动机应加强监视。监视的内容有温度、电流、电压,振动、声音、气味等。

(1) 温度监视

电动机温度超过允许值,会损伤绝缘、缩短电动机寿命,甚至烧毁电动机。所以,对运行中的电动机,应密切注意其各部件的温度,使之勿超过容许值。常用的电动机运行容许温升见表 4-11。电动机各部件的温度与通风情况有关,运行中应注意保持良好的通风环境。

表 4-11 电动机各部件最高容许温度与温升/℃

电机部件	绝缘等级									
	A		E		B		F		H	
	t	θ	t	θ	t	θ	t	θ	t	θ
定子绕组	100 (95)	60 (55)	115 (105)	75 (65)	120 (110)	80 (70)	140 (125)	100 (85)	165 (145)	125 (105)
转子绕组	100 (95)	60 (55)	115 (105)	75 (65)	120 (110)	80 (70)	140 (125)	100 (85)	165 (145)	125 (105)
定子铁心	100	60	115	75	120	80	140	100	165	125
滑环	100	40	110	70	120	80	130	90	140	100
滑动轴承	80	40	80	40	80	40	80	40	80	40
滚动轴承	95	55	95	55	95	55	95	55	95	55

注: ① 表中 t 为最高容许温度,θ 为最大容许温升,周围环境温度为 40 ℃。

② 定转子的最高容许温度和温升与测温方法有关,当用电阻法测温时,取括号外的数值;当用温度计法测量时,取括号内的数值。

③ 定子铁心、滑环和轴承的温度均采用酒精温度计测量。

(2) 电流监视

电动机铭牌上所标定的额定电流值是指周围环境温度为 40 ℃时的数值。周围环境温度升降时,电动机的容许电流可有所减增,见表 4-12。运行中的电动机电流不得超过相应环境温度下的容许电流,否则电动机的线圈将因过热而损坏。

表 4-12　空气温度升降对电动机容许电流的影响

空气温度/℃	≤30	35	40	46	50
$\dfrac{容许电流\ I_{al}}{额定电流\ I_N}$	1.08	1.05	1.0	0.95	0.875

在运行中,还应注意电动机三相电流的不平衡程度,一般三相电流的不平衡程度不允许大于 10%。电流明显不平衡的主要原因有:定子绕组有匝间短路;一相熔断器熔断;三相电压不平衡;电动机绕组三相阻抗不相等等。

（3）电压监视

电源电压波动是影响电动机发热的原因之一。电源电压过高,电动机的励磁电流增大,铁心将过热;电源电压过低,电动机的电磁转矩将按电压的平方而减少（电压降低 10%,转矩将降低为原来的 81%）。若电动机的负载不变,转子电流和定子电流都将增大,定子、转子绕组的发热将增加。因此,要求电动机的电源电压偏移稳定在+10%~-5%的范围内。切忌电动机在过低的电压下运行。

运行中,还要注意电源三相电压的不平衡程度。因为三相电压不对称会引起电动机的附加发热和个别相过热。电动机在满负荷运行时,各相间电压的不平衡程度不应超过 5%。

（4）注意电动机的振动、声音和气味

电动机的容许振动标准见表 4-13。若电动机振动过大,必须详细检查基础是否牢固,地脚螺栓是否松动、传动带轮或联轴器有无松动等。此外,电动机与被拖动的机械的轴心不在一条直线上、转子偏心、轴承缺油或钢珠损坏、风扇叶片缺损等也会引起振动。振动也可由电气方面的原因引起,如转子断条、定子绕组短路、断相、结线错误、个别支路断路等均可能引起振动,应找出原因,予以消除。此外,还应注意运转中的电动机的窜动量不应超过 2~4 mm。

表 4-13　电动机转速与容许振动标准

转速/(r/min)	3 000	1 500	1 000	750
振动标准/mm	≤0.06	≤0.10	≤0.13	≤0.16

异常的声音和气味是电动机故障的征兆。电动机正常运行时声音应均匀、无杂声和啸叫声。电机过载或缺相运行时,将发出嗡嗡声,轴承滚珠损坏时会听到咕噜咕噜声;定转子发生扫膛时会发出不均匀的碰擦声,同时由于局部过热而发出气味。电动机长时间超负荷运行导致绕组过热时,可以嗅到一种呛人的绝缘漆气味。当发现电动机有异音和异味时,应停机查找原因,待故障消除后,才可再启动运行。

运行中的电动机有下列情况之一时应立即切断电源、停机检查:运行中发生人身事故;电动机及电气控制设备出现打火、放炮、温度异常升高、冒烟、有焦煳味、声响异常、转速陡然下降、电动机电流骤增等现象;电动机所拖动的机械发生故障,如传动装置机构破坏（如断轴）、轴承发热严重、电动机发生强烈振动等。

2. 电动机的维护

电动机经过一定时间的运行,会出现绝缘老化、电刷磨损、轴承间隙变大、润滑油脂干涸、表面集垢覆灰、零部件松动以及其他运行障碍,如不及时处理,将成为发生事故的隐患。因此,必须定期对其进行例行检修。例行检修属于中修,一般每年一次。例行检修要求对电动机拆卸轴心进行全面检查试验,包括外观、轴承及润滑油、绝缘电阻、滑环及电刷、风扇及零部件的紧固情况等事项,装配后要求进行空载试运转。例行检修应根据上次检修记录和平时掌握的情况有目的、有重点地进行。对绝缘正常(高压电动机不低于 1 MΩ/kV,低压电动机不低于 0.5 MΩ/kV)且运行时未见异常的电动机应重点检查轴承和润滑油脂。若发现润滑油过少,应适量添加同牌号的润滑油(用量不宜超过盖空腔的 2/3)。若润滑油已干涸变质或流淌,必须清洗后换以新油。应检查轴承的磨损情况,对轴向、径向旷度过大的轴承必须更换,同时注意电动机铁心有无拉心扫膛痕迹。对于绕线式电动机还应检查电刷的磨损程度,如电刷磨损至离铜辫子 2~4 mm 时,应换上同一牌号的电刷,电刷在刷握内不应有晃动和卡住现象。电动机检修完毕组装前,要消除定子内部的灰尘和积垢,以保持风道畅通。绕组端部的污垢可用四氯化碳或松节油清洗。在拆装过程中应避免碰伤绕组。

除例行检修外,凡涉及更换绕组、重装滑环或更换转轴、浸漆的工作,应视为大修。大修后的电动机应按规定进行绝缘电阻、直流电阻、耐压等项目的测试,检查合格后方可投入运行。

3. 电动机主回路的保护措施

电动机采用的保护措施、适用范围及所采用的保护设备见表 4-14。

表 4-14　电动机的保护措施

保护种类	适用范围	采用的设备
短路保护	全部交、直流电动机	熔断器、断路器的瞬时过电流脱扣器、带瞬动元件的过电流继电器
接地故障保护	全部交、直流电动机	熔断器、断路器,剩余电流保护装置(RCD)
过载保护	连续运行的电动机,但突然断电时导致比过载损失更大时不装	热继电器、长延时过电流脱扣器、反时限继电器
堵转保护	短时工作或断续周期工作制的交、直流电动机	热继电器、长延时过电流脱扣器、反时限继电器
断相保护	三相连续运行的交流电动机,3 kW 及以下不装设	带断相保护的热继电器和熔断器
低电压保护	不允许自启动的电动机以及次要电动机,为了保证重要电动机在电压恢复后自启动	断路器的欠电压脱扣器、接触器的失压电磁线圈

续表

保护种类	适用范围	采用的设备
失步保护	同步电机	定子回路中的过载保护兼作失步保护用,必要时在转子回路中加失磁和强励装置
弱磁及失磁保护	直流电机(他励、并励及复励式)	弱磁及失磁保护装置
超速保护	串励电机和机械上有超速危险的电动机	超速保护装置

4. 控制回路的安全

控制回路的电源应安全可靠、接线应简单适用,以免造成误动作。

① 控制回路的电源一般取自主回路。对于可靠性要求高而控制比较复杂的回路,可采用直流。直流控制电源宜采用不接地系统。因为中性点接地或一点接地的直流控制电源,如控制回路发生接地故障,将导致误动作。为了保证直流控制回路可靠,一般还应装设绝绕监视装置。

② TN 或 TT 系统中的控制回路要考虑正确接线。防止控制回路中发生接地故障造成事故。在图 4-1 的控制回路接线示例中,当 a、b、d、g、h、i 任何一点接地时,相应的熔断器熔断,电动机被迫停止运行。当 e 点接地时,将控制接点(e-f)短接,电动机失控,可能造成在运行中的电动机不能停车或不工作的电动机意外起动。当 h 点接地时,线圈处于相电压下,是一种不稳定状态,有可能造成与 e 点接地相同的事故。因此,接线 Ⅱ、Ⅲ 都不可靠。

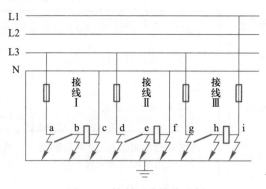

图 4-1　控制回路接线示例

③ 对于要求比较高的交流控制回路,可装设隔离变压器,由其二次侧供电给控制线路,采取这种措施后,任何一点接地,电动机仍能继续工作,且不致造成电动机不能停车或意外启动。

(四) 常用低压开关电器的安全

遵照技术要求和规定正确安装和使用低压电器,不仅对电动机等用电设备的安全,而且对电器本身的安全都是十分重要的。对常用低压电器的安全技术要

求如下:

1. 刀开关类

这类开关有开启式负荷开关、封闭式负荷开关、熔断器式刀开关、组合开关等多种。除装有灭弧室的刀闸开关外,这类开关均不允许用来切断负荷电流,铭牌上所标的额定电流是开关触头及导电部分允许长期通过的工作电流,而非断路电流。因此,按工作原理刀开关只能作电源隔离开关使用,不应带负荷操作。若用刀开关来直接控制电动机,需降低容量使用。开启式刀开关控制电动机的容量一般不宜超过 5.5 kW。其额定电流宜按电动机额定电流的 3 倍选择。铁壳开关可用来直接控制 7 kW 以下电动机不频繁的全压启动,其额定电流一般也应按电动机额定电流的 3 倍选择。

刀开关常与熔断器串联配套使用,可以靠熔体实现短路和过载保护,熔体的额定电流不应大于闸刀开关的额定电流。

2. 低压断路器(俗称"自动空气开关")

低压断路器具有良好的灭弧性能和保护功能,它既能带负荷通、断电路,又能在电路过载、短路和失压时自动跳闸。

低压断路器的保护功能是由脱扣器来实现的。根据不同的需要可以配备电磁脱扣器(起短路保护作用)、热脱扣器(起过载保护作用)、失压脱扣器(起失压保护或欠压保护作用)和分励脱扣器(起远方分闸和联锁作用)。同时具有短路和过载保护两种功能的脱扣器称为复式脱扣器。按保护性能不同,低压断路器分为非选择型和选择型(带短延时保护)两类。前者(如 DW16 型、DZ20 型)多为瞬时动作,只起短路保护作用,也有长延时动作的,只起过载保护作用。后者(如 DW15)有两段式保护和三段式保护两种特性。其中,三段式的瞬时段和短延时段分别适于电流速断和短时限过流保护,长延时段则用于过载保护。

图 4-2 所示为低压断路器的原理结构图。当线路上出现短路故障时,过电流脱扣器动作,断路器跳闸。如发生过负荷时,双金属片受热弯曲,也使断路器跳闸。当线路电压严重下降或电压消失时,失压脱扣器动作,同样会使断路器跳闸。如果按下脱扣按钮 9 或 10,使失压脱扣器失电或使分励脱扣器通电,都可使断路器跳闸。

按保护性能分,DW15 型有选择型和非选择型两类。所谓选择型,就是断路器的动作特性可以按选择性保护要求进行调节。它又分两段保护式和三段保护式,两段保护式具有长延时和短延时或瞬时动作特性,如图 4-3(a)所示;三段保护式具有长延时、短延时和瞬时动作特性,如图 4-3(b)所示。而非选择型一般只具有瞬时动作特性,如图 4-3(c)所示。

一般凡具有短延时动作特性的即为选择型断路器。

DW15 型断路器可装设的脱扣器类型有:过电流脱扣器、欠电压脱扣器和分励脱扣器。过电流脱扣器又有电磁式的过负荷和短路瞬时脱扣器,热-电磁式过负荷长延时及短路瞬时脱扣器,电子型过负荷长延时、短路短延时及特大短路瞬时脱扣器。

低压断路器可用于配电线路、电动机线路、照明线路和漏电保护。使用时,应

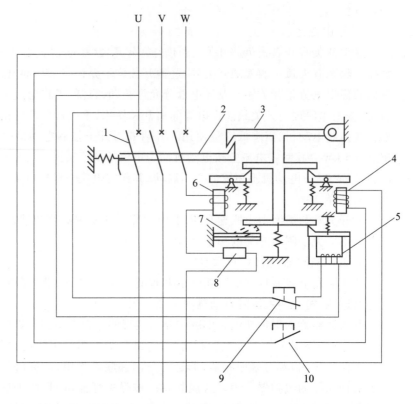

1—主触头;2—跳钩;3—锁扣;4—分励脱扣器;5—失压脱扣器;6—过电流脱扣器;
7—热脱扣器(双金属片);8—加热电阻;9—脱扣按钮(动断);10—脱扣按钮(动合)

图 4-2　低压断路器的原理结构图

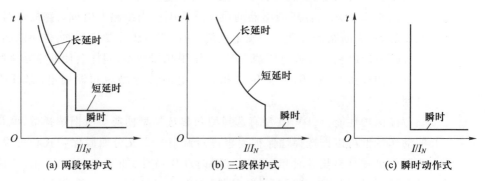

图 4-3　低压断路器的动作特性曲线

正确整定脱扣器动作电流和动作时限以获得保护的灵敏度和选择性。

低压断路器的合闸操作方式按其结构形式和容量大小分为手动操作(有直接手柄操作和杠杆操作两种方式)和电动操作(有电磁铁操作和电动机操作两种方式)两种。塑料外壳式(亦称装置式)开关多为直接手柄操作,手柄有合闸、自由脱扣和分闸三个位置。开关处于合闸位置时,手柄在上方;开关处于自由脱扣位置时,手柄在中间,表明因线路有故障,开关已自动跳闸(脱扣)。维修电工发现手柄在中间位时,应将手柄扳向下方使开关分闸(亦称再扣),为故障排除后再度合闸做好准备。如果不完成再扣动作,就直接把手柄往上推,有可能开关是合不上的。但一些新型的低压断路器已无此要求。200～600 A 的万能式(亦称框架式)低压断路器多采用电磁铁合闸操作方式。由于电磁铁线圈是按短时操作设计的,联锁电路应限制电磁铁通电时间不超过产品的规定的时间(约 1 s),且合闸过程中不应有"跳跃"现象。

DZ5、DZ15 和 DW15 及引进生产的 AM、H、ME 和 AH 系列中有半导体脱扣装置的新型低压断路器,其结线应符合相序要求。低压断路器凡裸露在外且易触及的导线端子应加绝缘保护。

应特别指出,低压断路器与电源间一般应串入隔离开关,以便在检修时形成明显可见的断开点,确保检修人员的安全。

选择低压断路器除满足额定电压和计算电流外,还应校验其断流能力及短路时的动稳定度和热稳定度。

3. 熔断器

熔断器的主要功能是作为线路的短路保护,有时也可作为小容量恒定负载的过载保护。熔断器的熔体应按负荷性质和负荷大小选择;但熔体的额定电流不得大于熔管的额定电流。更换熔体时,应使用同一规格的熔体,以免破坏上下级熔断器动作的选择性,上下级熔断器熔体额定电流之比为 1.5～2.4 时,一般可以保证有选择性的保护。安装熔断器时不应碰伤熔体,不可使熔体承受张力而被拉伸变细,否则可能会在通过正常工作电流时熔断,造成不必要的停电。安装和维修时,应留心熔断器接触连接部分的接触是否良好,以防止电动机断相运行事故。更换熔体时,要切断电源,不可在带负荷的情况下拔出熔体,以防止电弧烧伤,特别是在负荷较大的电路,更应注意这一点。

4. 交流接触器及磁力启动器

交流接触器及磁力启动器多用于远距离控制电动机。选用时特别要注意线圈的额定电压是否与控制电源的电压相符。接触器的灭弧能力有限,它可以切断负荷电流,而不能可靠地切断较大的短路电流。

实际使用时电路中一般应另加熔断器或低压断路器作为短路保护。直流电路宜采用直流接触器,如不得不用交流接触器代用,则应选用容量较大者(因直流电弧难熄灭)。由接触器和热继电器组成的磁力启动器是专门用来启动电动机的。热继电器起过载保护作用,其热元件的额定电流可按电动机额定电流的 1.1～1.25 倍选择,其整定电流(即长期流过而不动作的最大电流)通常取为等于电动机的额定电流。用于控制电动机正反转的控制电路应具有电气联锁和机械联锁功能,以防止电源线路相间短路。接触器铁心上的短路环是防止铁心吸合时的振动和噪声的,如发现开焊应及时修复,电磁铁铁心的表面应无锈斑及油垢。

5. 低压电器安装的一般安全要求

① 低压电器一般应垂直安放在不易受振动的地方。闸刀开关手柄向上应为合闸位置,以免因自重下落而发生误合闸事故。开关的分合位置应明显可辨或设有信号指示。集中在一处安装的按钮应有编号或不同的识别标志,"紧急"停车按

钮应有鲜明的标记。

② 电器的安装位置应考虑防潮、防振、采光、安全间距和操作维护的方便。室外安装的低压电器应有防止雨、雪、风沙侵入的措施。落地安装的电器，其底面一般应高出地面 50~100 mm，开关操作手柄中心高出地面一般为 1.2~1.5 m，侧面操作的手柄距离建筑物或其他设备不宜小于 0.2 m。按钮之间应留有 50~100 mm 的距离。低压裸带电体与电动机之间的距离不得小于 1 m，电动机与建筑物或其他设备之间，应留有不小于 1 m 的维护通道。安装于墙上的低压配电箱的底边距地高度，明装取 1.2 m，暗装取 1.4 m，明装电能表板底边距地高度应不小于 1.8 m，照明配电箱底边距地高度取 1.5 m（照明配电板则要求不小于 1.0 m）。以上安装尺寸可供参考。

③ 低压电气元件在配电盘、箱、柜内的布局应力求安全和整齐美观，以便于接线和检修。盘面各电器元件间的距离应符合规定。电器的外部接线应按电器的接线端头标志接线，一般俯视下，电源侧的导线应接静触头，负荷侧的导线应接动触头。盘、柜内的二次回路配线应采用截面积不小于 1.5 mm^2 的铜芯绝缘导线。电动机的出线盒、插座、开关等电器内的结线以及配电箱（盘、柜）内的配线不得有接头。

最后还要强调的是应充分重视电器的维修，及时消除设备缺陷，更换不合格或已损坏的电气元件，消除留在电器上的放电、烧灼痕迹和碳化层，以防隐患酿成事故。

（五）常用高压开关设备的安全

在高压系统中使用的开关设备主要有高压断路器（开关）和隔离开关（刀闸），发电厂和变电所一次回路操作的主要操作对象也是这两种开关设备。下面着重介绍这两种开关设备操作的安全技术。

1. 高压断路器操作安全技术

高压断路器是高压系统中最重要的开关电器和保护电器，它具有灭弧能力很强的灭弧装置，在额定条件下可拉合工作电流、过负荷电流和短路电流，也是倒闸操作的主要操作对象之一。为正确使用和操作断路器，电气运行人员应遵循以下安全技术原则：

（1）熟悉所使用断路器的技术性能

目前现场使用的断路器主要有少油断路器、SF$_6$ 断路器和真空断路器等三种类型，熟悉其技术性能，如灭弧性能和操作性能，是保证正确操作断路器的条件之一。如 SF$_6$ 断路器是利用加压的 SF$_6$ 气体灭弧，操作前应检查灭弧室 SF$_6$ 气压和水分含量，防止在 SF$_6$ 气体压力不足或严重劣化的状态下操作断路器切合电路；又如储能式操动机构在操作前应储好能量，所以对配置储能式操动机构的断路器操作前，要检查液压操动机构的压力，弹簧操动机构的合闸弹簧位置等。了解设备性能，才能检查到位，保证操作的正确性。

（2）了解所操作断路器当前健康状况

了解断路器当前健康状况，是为了防止在操作过程中出现意外事故，如发生断路器爆炸等。所操作的断路器是否处于良好健康状态，或是存在缺陷，这些缺陷对操作断路器是否有影响,电气运行人员应该做到心中有数。如少油断路器油位、油色是否正常,开断次数是否达到额定次数;SF₆断路器是否存在严重漏气现象;真空断路器的真空度是否严重下降;液压操动机构的压力是否正常,是否存在严重漏油现象。这些对断路器操作有重大影响的设备缺陷,电气运行人员要及时了解,在消除缺陷后才能进行操作。

（3）掌握断路器安全操作基本要领

在熟悉断路器性能和了解断路器健康状况的基础上,除要正确安全地操作断路器,还要掌握下列有关安全操作的要领:

① 在断路器合闸过程中,灭弧介质会出现预击穿现象,介质被游离产生出气体,导致灭弧室压力增高。如果手动合闸速度较慢,燃弧时间较长,容易造成灭弧室压力过高。若超过断路器的机械强度将导致断路器爆炸,因此,在一般情况下不允许带电手动操作合闸。

② 断路器合闸前,必须投入相关继电保护装置和自动装置,以便在故障设备上合闸或带接地线合闸时,断路器能迅速动作跳闸,避免越级跳闸扩大事故范围。

③ 了解当前运行方式对断路器操作的影响。例如,在某运行方式下合上断路器,最大短路电流是否大于断路器的开断电流;在某运行方式下操作断路器,是否会引起谐振过电压;操作断路器时应避开这些可能导致危险的运行方式。

④ 用控制开关进行断路器合、分闸时,操作应迅速、果断,待指示灯亮后才松手返回;但也应注意不要用力太猛,以免损坏控制开关。

⑤ 断路器操作完成后,应检查相关仪表和信号指示,避免非全相合、分闸,确保动作的正确性。

⑥ 在误合、分闸可能造成人身伤亡事故或设备故障的情况下,如断路器检修、断路器存在严重缺陷不能分闸、继电保护装置故障、倒母线操作、二次回路有人作业、拉开与断路器并联的旁路开关等情况时,应断开断路器的操作电源。

2. 隔离开关（刀闸）操作安全技术

隔离开关在高压系统中主要用于隔离电源,使检修设备与带电设备间有一明显可见的断开点,以保证检修安全,隔离开关还可用于倒母线操作以及拉合有限制的小电流电路。

（1）安全操作基本技术原则

由于隔离开关没有专门的灭弧装置,不能开断负荷电流,其安全操作基本技术原则是等电位操作,严禁带负荷拉合隔离开关!

高压开关柜有固定式和手车式两大类型。固定式高压开关柜中的所有电气元件都是固定安装的。手车式高压开关柜中的某些主要电气元件如高压断路器、电压互感器和避雷器等,是安装在可移开的手车上面的,因此,手车式又称移开式。固定式开关柜较为简单经济,而手车式开关柜则可大大缩短检修时间,从而提高供电可靠性。当断路器这一主要设备发生故障或需要检修时,可随时拉出,再更换同类备用手车,即可恢复供电。

图 4-4 所示为装有 SN10-10 型少油断路器的 GG-1A（F）-07S 型高压开关柜外形结构图。该型开关柜是在原 GG-1A 型基础上采取措施达到"五防"要求的防

误型产品。所谓"五防",即防止误分、合高压断路器,防止带负荷拉、合隔离开关,防止带电挂接地线,防止带接地隔离开关,防止人员误入带电间隔。

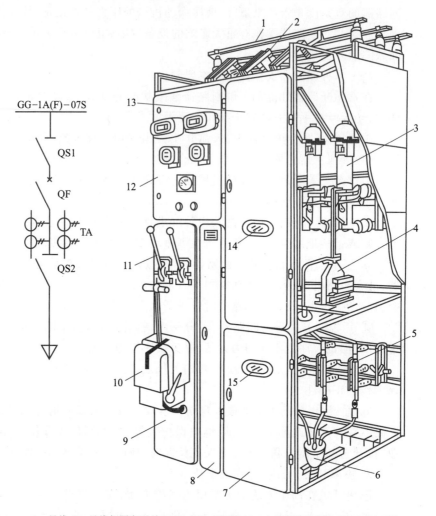

1—母线;2—母线侧隔离开关(QS1,GN8-10 型);3—少油断路器(QF,SN10-10 型);
4—电流互感器(TA,LQJ-10 型);5—线路侧隔离开关(QS2,GN6-10 型);6—电缆头;
7—下检修门;8—端子箱门;9—操作板;10—断路器的手力操动机构(CS2 型);
11—隔离开关操作手柄(CS6 型);12—仪表继电器屏;13—上检修门;14、15—观察窗孔

图 4-4　GG-1A(F)-07S 型高压开关柜外形结构图

当用隔离开关配合高压断路器作停、送电操作时,为尽量减轻因走错间隔引发误操作所造成的损失,应按一定的操作顺序进行。停电拉闸操作时,按"断路器→负荷侧隔离开关→电源侧隔离开关"的顺序依次操作;送电合闸操作时应按相反顺序进行。在图 4-4 中,送电合闸应按 QS1→QS2→QF 的顺序;停电拉闸则应按照 QF→QS2→QS1 的顺序。

在双母线倒母线操作时,先要合上母联断路器,按"先合后拉"的顺序操作隔离开关,即合上另一组母线的母线隔离开关后,才能拉开原在运行的母线隔离开关。

（2）隔离开关安全操作要领

除遵循上述安全操作基本技术原则,隔离开关操作时还需注意方法得当,操作正确。

① 在手动合隔离开关时,应动作迅速果断,一合到底,即使出现弧光,也不能中途停顿,更不能将已合闸或将合闸的隔离开关拉回。因为带负荷拉隔离开关会引起更大弧光,使设备损坏更严重,甚至造成支持绝缘子爆炸和电弧灼伤操作人员。在隔离开关合到底时,也不要用力过猛,以免造成冲击折断支持绝缘子。

② 手动拉开隔离开关时,应分两步进行:第一步是先缓慢拉开动触头,形成一微小间隙,观察是否出现异常弧光。若正常则可进行第二步,迅速将动触头全部拉开;若发现有异常弧光,应立即将动触头重新合上,停止操作,待查明原因后再进行操作。

③ 对分相操作的隔离开关,一般先拉开中间相,然后再拉开两个边相;合闸操作刚好相反,先合两个边相,最后合中间相。

④ 电动、气动操作的隔离开关,当操作失灵时,应查明原因,只有在确定操作正确时,才允许解锁手动操作。

⑤ 手动操作隔离开关,应戴绝缘手套。雨天操作室外的隔离开关,应穿绝缘鞋;对接地网电阻不符合要求的,晴天也要穿绝缘鞋。

⑥ 隔离开关经操作后,特别是远方操作,必须进行位置检查,确认隔离开关操作到位,即全拉开或全合上,以及位置指示器指示正确;若未操作到位,要手动操作到位,并检查设备是否存在缺陷。

（六）电力线路的安全

① 巡线工作应由有电力线路工作经验的人担任,新人员不得一人单独巡线。偏僻山区和夜间巡线必须由两人进行,暑天、大雪天必要时由两人进行。单人巡线时禁止攀登电杆和铁塔。

② 夜间巡线应沿线路外侧进行;大风巡线应沿线路上风侧前进,以免万一触及断落的导线;事故巡线应始终认为线路带电,即使明知该线路已停电,亦应认为线路随时有恢复送电的可能。

③ 巡线人员发现导线断落地面或悬吊空中,应设法防止行人靠近断线地点8 m以内,并迅速报告领导等候处理。

4.2　电气设备的运行管理

一、电气设备安全管理的技术要求

（一）电气设备的技术监督

对电气设备的健康状况进行经常性的技术监督,是保证电气设备安全运行的有力手段。电气设备的技术监督通常有四类,即绝缘监督、油务监督、继电保护监督和仪表监督。

（1）绝缘监督

所谓绝缘监督就是指严密监视电气设备的绝缘状况。电气设备绝缘监督的主要方法是定期进行绝缘预防性试验和各种检查（包括摇测绝缘电阻、测量介质损失角、做泄漏试验、吸收比试验等），将测试结果与该台设备的历史记录进行比较，从其上升或下降的趋势、升降的速度来判断设备的健康状况及今后的变化趋势，以便及时采取措施，进行故障预防。绝缘监督的重点是电力变压器、断路器、电机等主要电气设备。

（2）油务监督

很多电气设备都用油作为绝缘和冷却的介质。对绝缘油的变化进行监视往往可直接发现电气设备本体的故障。有些局部性故障，如变压器油箱内线圈局部放电、匝间短路、铁心发热等故障，在做本体绝缘试验时不一定能发现，但通过分析油中杂质，作溶解气体成分的色谱分析，则容易发现和判断出存在的故障。一般对多油设备的绝缘油，每年在雷雨季节到来之前要进行一次检测，包括化学分析和电气绝缘试验。对大容量电气设备和重要电气设备，每半年要进行一次检测。

（3）继电保护监督

继电保护装置是电气设备的自动安全保护装置。它能迅速、有选择性地自动切除故障，把设备损坏程度或停电范围减到最小，且能动作报警，通知值班人员处理。对继电保护装置要有专人负责管理，定期加以校验。对继电保护装置的监督主要是按规定的校验周期进行定期校验。一般企业的继电保护装置每1~2年要校验其整定值和进行动作跳闸试验，验证其可靠性。在事故跳闸后，要进行复试检查，分析继电保护装置动作是否正确。

（4）仪表监督

测量仪表是监视电气设备运行状况的"眼睛"，它可以显示电气设备在运行中的各种参数，通过这些参数使技术人员掌握电气设备的运行状况。要按规定的周期定期对仪表校验，及时调换不能满足要求的仪表。

（二）电气设备的重点技术检查

为保证电气设备安全运行，每年应根据季节特点进行专项重点检查，以便及时发现事故隐患，防止事故发生。

① 每年在雷雨季节到来之前应组织防雷检查，重点检查防雷设施、接地装置、设备绝缘状况及进行瓷瓶（绝缘子）清扫。

② 夏季到来之前应进行降温、防风、防雨、防汛等检查。重点检查设备是否过负荷，温升情况，通风装置是否良好，线路杆塔拉线、导线等有无缺陷，设备是否会受到洪水和大风的破坏，室内配电装置的防雨、防水等设施是否良好，以及备品备件的绝缘状况等。

③ 在冬季来到之前及时做好防冻、防风、防小动物的检查以及设备的出力与预计的冬季最高负荷能否适应等。

（三）电气设备定级

电气设备定级主要应根据设备在运行和检修中发现的缺陷，并结合试验和校验的结果进行综合分析,依据其对安全运行的影响程度以及设备技术管理状况来评定。对电气设备定级可以加强对重点设备的监督、做好设备的运行监视和检修维护。

根据评级标准,可将设备分为三类。

① 一类设备。指技术状况全面良好,外观整洁,技术资料齐全、正确,能保证安全经济运行的设备。

② 二类设备。指设备个别次要部件或次要试验结果不合格,但尚不致影响安全运行或仅有较小影响;外观尚可,主要技术资料具备并基本符合实际;检修和预防性试验周期已超过,但不足半年者。

③ 三类设备。指设备有重大缺陷,不能保证安全运行;外观很不整洁,主要技术资料残缺不全;检修和预防性试验已超过一个周期仍未修、试、校者。还有上级规定的重大反事故措施项目未完成者。

(四)电气设备缺陷监理

电气设备在设计、制造、运行、检修中可能存在一定缺陷,对这些缺陷必须及早处理,避免发生事故。运行人员发现设备缺陷后应做好记录并上报,由有关领导将设备缺陷通知单送交检修部门。需要停用交付修理的缺陷应汇总后列入设备的大、小修计划。在缺陷消除后,检修单位应填写消除缺陷的回单交运行部门查核。

根据缺陷对安全运行威胁的程度,缺陷类型分以下四种:

① 一类缺陷。指对安全运行有严重威胁,短期内可能导致事故,或一旦发生事故,其后果极为严重,必须迅速申请停电或带电处理的缺陷。

② 二类缺陷。指对安全运行有一定的威胁,短期内尚不可能导致事故,但必须在下个月度计划中安排停电处理的缺陷。对这类缺陷在正常巡视中应加强检查和监视,防止缺陷升级。

③ 三类缺陷。指设备存在一定问题,但对安全运行威胁较小,在较长时期内不会导致事故,可以在年度大修或改进工程中结合消除的缺陷。

④ 四类缺陷。指设备不符合部颁规程要求,或已属淘汰产品,或设备存在薄弱环节,但由于经费及材料设备、技术水平的限制,在较长时期内难以解决的"老大难"问题。这类缺陷必须结合基建、扩建或更新改造工程来解决。

(五)电气设备检修

电气设备检修分两种,即计划检修和非计划检修。计划检修是根据不同的电气设备,执行不同的计划检修周期,实行"到期必修,修必修好"的原则;非计划检修又叫事故抢修,是对由于某种原因造成设备损坏而抢修设备。

设备的计划检修一般又分为小修和大修两种。

① 小修。小修是指工作量较小的局部修理。一般是半年到一年检修一次,具体按电气设备检修规程规定执行。小修内容一般是零部件检修以及进行绝缘预防性试验,对注油设备取样化验、继电保护回路检查、接点清理、瓷瓶(绝缘子)清扫、传动机构检查、更换不合格的零部件等。通过小修恢复设备额定容量和其他技术性能。

② 大修。大修需将电气设备全部解体检查、试验、校验,更换和修复零部件。

通过大修使设备恢复额定容量、技术性能和效率。变电设备一般 3~5 年进行一次大修，变压器一般 10 年进行一次大修，线路设备一般 1~2 年进行一次大修。具体应按电气设备检修规定执行。

电气设备检修是保证电气设备健康水平，使电气设备能安全经济运行的重要工作。加强检修管理是搞好设备检修的重要环节。

（六）备品备件监理

为了能使检修工作顺利进行和满足事故抢修的需要，平时应有设备备品和备件。备品、备件配置范围一般是：

① 在正常运行情况易损坏或老化，在检修中一般需更换的零部件。

② 影响正常运行或影响设备出力或影响设备安全的零部件。

③ 损坏后不容易买到和不容易修复的零部件。

④ 为缩短检修时间用的检修轮换部件。

上述这些零部件，平时都要备有一定数量，以便正常检修和事故抢修时可立即应用。备品、备件管理要建立制度，使品种型号满足要求，保证质量合格，定期进行试验检查。

二、电气设备安全管理制度

电气设备在运行中，应经常掌握其运行参数，分析设备的运行状况，并不断对发现的问题进行处理，对电气设备的操作必须正确。为此，应建立以下制度：

① 值班制度。对运行中的电气设备应设有专人或兼职人员值班，其职责是监视电气设备的运行参数，如电压、电流、温度、声音等，使其在设计规定的条件下运行。当发现有超出正常运行的情况时，应及时采取措施，防止故障扩大。

② 运行记录制度。运行中的值班人员要每日整点按规定将有关运行参数和发生的变化及时间正确记录下来，作为分析、判断设备健康状况的依据，作为事故分析、处理的依据。

③ 运行分工负责制。运行中的电气设备，要根据其复杂程度分为若干单元，按值班人员的技术等级，分工负责检查。

④ 建立专门机构，整理、分析运行资料，及时掌握设备运行状况，并及时提出改进安全运行的措施。

⑤ 要根据电气设备的复杂程度，制定现场安全操作规程、运行规程和各种保证安全的制度，并经常组织运行人员学习和进行反事故演习，提高运行人员运行操作水平，防止发生误操作事故。

自我检测题

1. 电气设备安全运行的三个环节是什么？

2. 什么是安全距离？主要在哪几个方面要求安全距离？

3. 变压器的安全操作规程是什么？

4. 变压器巡视检查的项目有哪些?

5. 电容器巡视检查的内容有哪些?

6. 电动机运行时监视的内容有哪些?

7. 高压断路器的安全操作要领是什么?

8. 电气设备安全管理的技术要求有哪几条?

9. 电气设备的缺陷类型有哪几种?

10. 电气设备安全管理制度有哪几种?

11. 图 4-4 所示为 GG-1A(F)-07S 型高压开关柜,试分析并说明合闸和分闸时开关 QS1、QF、QS2 的正确操作次序。

第5单元　电气设备防火与防爆

5.1 电气火灾与爆炸的成因与条件

随着我国经济的快速发展和城乡居民生活水平提高,生产和生活用电量越来越大,随之而来的电气火灾与爆炸事故在所有火灾与爆炸事故中占有的比例也呈上升趋势。据《中国火灾统计年鉴》,在 21 世纪初期,因电气原因引发的火灾数已占到火灾总数的 41.3%。根据对以往电气灾害的统计,无论是日常生活中的灯具、插座、电吹风或电视机和空调设备,还是生产中的电动机、断路器、变压器以及高低压供电线路,都具有一定的火灾爆炸危险性。当线路、电气设备与可燃物接触或接近时,这种危险性会更大。电气火灾与爆炸事故可能造成人身伤亡和设备毁坏,还可能造成较大范围或较长时间的停电,给生产和生活带来极大损害。因此,必须了解电气火灾与爆炸事故发生的原因,积极预防,消除隐患。

一、电气火灾与爆炸的定义与条件

爆炸是因氧化反应或其他放热反应而引起的压力和温度骤升的现象。由电气方面的原因引起的火灾和爆炸事故,称为电气火灾爆炸。

发生电气火灾和爆炸的条件除了有易燃易爆物质和环境,还要有引燃条件。也可以说,酿成火灾和爆炸危险一般必须具备可燃物、助燃物(例如氧气)和点火源。另外,还应该有一个"爆炸极限"的概念,它包括"爆炸下限"和"爆炸上限"两点。可燃气体、蒸气或薄雾在空气中形成爆炸性气体混合物的最低浓度称为爆炸下限。空气中的可燃性气体或蒸气的浓度低于该浓度,则气体环境就不能形成爆炸。可燃气体、蒸气或薄雾在空气中形成爆炸性气体混合物的最高浓度称为爆炸上限。当空气中的可燃性气体或蒸气的浓度高于该浓度时,因为助燃物(如氧气)不足,则这种气体环境也不能形成爆炸。

1. 易燃易爆物质和环境

有些生产和生活场所存在易燃易爆物质和环境,其中煤炭、石油、化工和军工等生产部门尤为突出。煤矿中产生的瓦斯气体,军工企业中的火药、炸药,石油企业中的石油、天然气,化工企业中的一些原料、产品,纺织、食品企业生产场所的可燃气体(如氢气等)、粉尘(如面粉等)或纤维(如亚麻等)等均为易燃易爆物质,并容易在生产、储存、运输和使用过程中与空气混合,形成爆炸性混合物。在一些生活场所,乱堆乱放的杂物,木结构房屋明敷的电气线路等,也可能构成火灾和爆炸危险。

2. 引燃条件

生产场所的动力、照明、控制、保护、测量等系统和生活场所的各种电气设备和线路在正常工作或事故时都可能产生电弧、火花和危险的高温,这就具备了引燃爆炸性混合物的条件。

有些电气设备在正常工作情况下就能产生火花、电弧和危险高温。例如,电气开关的分合,运行中发电机和直流电机的电刷和整流子之间,交流绕线电机的电刷与滑环之间都有或大或小的火花、电弧产生;弧焊机就是靠电弧工作的;电灯和电炉直接利用电流发光发热,工作温度相当高,100 W 白炽灯泡表面温度可达 170～296 ℃,而碘钨灯管壁温度更可高达 500～700 ℃。

电气设备和线路,由于绝缘老化、积污、受潮、化学腐蚀、机械损伤等造成绝缘强度降低或破坏,导致相间或对地短路,熔断器熔体熔断,连接点接触不良、铁心铁损过大,电气设备和线路由于过负荷或通风不良等原因都可能产生火花、电弧或危险高温。另外,静电、内部过电压等也可能产生火花和电弧。

如果生产和生活场所存在易燃易爆物质,当空气中它们的含量达到一定危险浓度时,在电气设备和线路正常或事故状态下产生的火花、电弧或者危险高温的作用下,就会造成电气火灾或爆炸。

因电气火灾和爆炸带来的危害是相当严重的。首先是人身伤亡和电气设备本身的损坏,以及随之而来的大面积停电停产;其次,在紧急停电中,又可能酿成新的(二次)灾害,带来无法估量的损失。因此,石油、化工、军工、煤矿等存在易燃易爆物质企业应特别注意和防止电气火灾和爆炸给生产和人身安全带来的严重危害。

二、电气火灾与爆炸的具体起因

通过以上分析,我们了解到引发电气火灾与爆炸的原因是电火花或电弧以及高温。在实际生产过程中,造成电弧或产生高温的原因很多,归结起来,大概有以下几个方面:

1. 电气设备的质量问题

(1) 电气设备额定值和实际不符。电器导电部分(如接触器、断路器的触点,电线电缆的导电截面积)的容量达不到使用要求,则容易引起导电部分发热而成为爆炸和火灾隐患;电器绝缘部分耐压低,也容易引起导体绝缘部分击穿造成短路故障而引发爆炸和火灾。

(2) 成套电气设备内元器件的安全距离达不到要求。有些厂家为了节省材料,成套电气设备内部元器件装配过于密集,不能满足器件的散热条件,造成部分元器件发热着火而引发爆炸和火灾。

2. 电气设备安装和使用不当或缺乏维护

(1) 接触不良。引起电气设备接触不良的原因是多方面的,如安装原因以及环境原因等。

在安装过程中,会有电气连接,如线路与线路、线路与设备端子、插头与插座等连接,在相互接触部位,都有接触电阻存在。相互接触部位,如果采用机械压接,无论压接再牢固,金属表面也不可能百分之百地接触,致使接触部位电阻比导体其他部位大。另外,在金属导体的表面都有一定程度的氧化膜存在,由于氧化膜的电阻率一般远大于导体的电阻率,使得接触处接触电阻较大。当通过工作电流时,会在接触电阻上产生较大的热量,使连接处温度升高;高温又会使氧化进一步加剧,使接触电阻进一步加大;从而形成恶性循环,产生高温而引发爆炸和火灾。

在实际生产中,由于环境因素引起的接触不良情况也很多,在粉尘浓度大的环境,电气元件上容易堆积粉尘,若开关元件触点之间接触面上积灰,则引起接触电阻增大发热,元器件外部积灰又影响散热,使温度升高引发爆炸和火灾。

在机械振动大的环境中,接点处的紧固螺栓因振动而松动甚至脱落,也会引起接触不良;更严重的是,脱落的螺栓如搭接在两相母排之间造成短路,引发爆炸和火灾。另外,三相电机振动过大,也会使进入电机接线盒部位的电线或电缆绝缘损坏,造成短路引发爆炸和火灾。

(2)过电流时保护失灵。电机及其拖动设备如果出现轴承卡死、磨损严重等情况,不但会使电机过负荷烧毁,而且会使电机供电线路和控制元件因过负荷发热、绝缘受损甚至短路起火。曾有过这样一起火灾,一台电机因轴承严重缺少润滑油,电机过负荷运行而发热,恰遇此台电机控制回路中的热继电器因质量问题未及时动作,结果热继电器发热而绝缘受损,造成相间短路致使此台电机的控制柜烧毁。

(3)设备长时间缺乏维护,巡检不到位,有故障未及时发现和处理。导体绝缘由于环境中的有害物质腐蚀老化以及人为因素造成的导体绝缘破坏等。

(4)私拉乱接电线造成的过负荷或短路等。

3. 电气设备设计和选型不当

(1)电线、电缆截面积规格选择过小,线路长时间处于过负荷状态。

(2)电气设备容量选择过小。

(3)保护电器的整定值选择过大,致使被保护设备在故障时不能及时动作切断电源。

(4)开关电器选型不当,例如,应该选用带灭弧装置的断路器却选用了不带灭弧装置的隔离开关。

4. 违规操作

(1)带负荷操作隔离开关。

(2)带电维修时,使用工具不当或姿势不正确,不但检修人员有触电危险,而且会造成短路引发火灾事故。某工厂曾经发生过这样一次火灾事故:电机故障停机,维修电工带电检查其控制回路,在使用验电器检查进线电源时因为姿势不正确,验电器斜搭在进线电源两相之间,造成严重短路,致使维修电工严重烧伤,整台控制柜烧毁。

5. 自然因素

(1)雷电

雷击产生火灾主要有以下几种途径:

① 雷击放电的电弧直接引发火灾。这在那些木结构的古建筑中表现尤为突出,北京故宫在历史上就曾多次因雷击而引起火灾。现代建筑多为钢筋混凝土结构且安装有良好的防雷系统,这种情况已有所改变。

② 雷电反击引发的火灾。防雷系统泄放雷电流时可能发生反击,这种反击可能发生在地面以下,也可能发生在地面以上。发生在地面以上的反击可能将空气击穿产生电弧,最后因电弧而引发火灾。

③ 雷电感应过电压引发的火灾。雷电感应过电压可使非闭合导电回路的缺口被击穿,产生电弧或电火花,其能量有大有小,能量较大者就可能引发火灾。

（2）风雨

狂风暴雨可能造成架空线混线、断线或架空裸导线和树枝相碰引起短路和接地故障。

（3）鼠、蛇、白蚁等小动物

老鼠、蛇、白蚁等小动物咬坏电线、电缆或进入电气室内造成相间短路引发火灾。

6. 过电压

电力系统在运行过程中,有可能因为操作或故障而导致工频电压异常升高,电压异常升高则会从两个方面产生火灾危险性:

（1）由于电压升高而产生的温升,使用电设备达到危险温度,从而引发火灾。

（2）由于电压升高而使电气设备绝缘损坏击穿而引发火灾。

三、电气火灾与爆炸的特点

1. 季节性

夏、冬两季是电气火灾的高发期。夏季多雨,气候变化大,雷电活动频繁,易引起室外线路断线、短路等故障而发生火灾。另外,由于夏季气温高、空气潮湿,运行设备的散热条件差,尤其是室内设备,如开关柜、控制柜、变压器、高低压补偿电容器以及电线电缆等,如果周围环境温度过高,电气设备散热不良而发热,若发现不及时,设备绝缘将破坏而引发火灾。夏季大量使用空调设备时导致用电负荷剧增,也容易引发火灾。

冬季气候干燥,多风降雪,也易引起外线断线和短路等故障而发生火灾。冬季气温较低,用电来取暖的情况增多,电力负荷过大,容易过负荷而引起火灾。具体到取暖电器设备本身,也会因为使用不当,电热元件接近易燃品,或取暖电器质量问题,电源线、控制元件过负荷等引发火灾。

2. 时间性

对电气火灾,防患于未然很重要。在一些重要配电场所,除了完备的保护系统外,值班人员定期巡检,依靠听、闻、看等手段往往能及时发现火灾隐患。而在节假日或夜班时间,值班人员不足或个别值班人员疏忽大意、抱有侥幸心理,使规定的巡检和操作制度不能正常进行,电气火灾也往往在此时发生。

3. 隐蔽性

电气火灾开始时,可能是很小的元器件或短路点,发展过程也可能较长,往往不易及时查觉;而一旦着火,引起相邻元器件、整个电控设备单元短路着火,很快就发展成整个供电场所的火灾。另外,供电场所中的电气设备一般带有绝缘介质,而绝缘介质着火后,往往会产生有毒气体并悄然弥漫;有毒气体不如明火那样容易引起人们警觉,很多电气火灾现场的人员是因窒息而死亡的。

四、电气火灾爆炸危险区域的划分

1. 电气火灾爆炸危险区域的分类

首先需要说明:GB 50058—1992《爆炸和火灾危险环境电力装置设计规范》涉

及的范围是"爆炸和火灾危险环境"。而现行 GB 50058—2014《爆炸危险环境电力装置设计规范》只涉及"爆炸危险环境",而且在具体条文上也有很大的变化。本书严格按 GB 50058—2014 介绍防爆方面的内容,但也保留了部分火灾危险环境的内容。

"爆炸危险区域"是指爆炸性混合物出现的或预期可能出现的数量达到足以要求对设备的结构、安装和使用采取预防措施的区域。

为防止电气设备、线路因火花、电弧或危险温度引发爆炸事故,GB 50058—2014《爆炸危险环境电力装置设计规范》按发生爆炸的危险程度以及危险物品状态,将爆炸和危险区域划分为两类 6 区。并按不同类别和分区采取相应措施,预防电气爆炸事故的发生。

第一类(爆炸性气体环境)是指爆炸性气体、可燃液体、蒸气或薄雾等可燃物质与空气混合形成爆炸性混合物的环境。根据爆炸性混合物出现的频繁程度和持续时间划分为 0 区、1 区、2 区等三个区域。

第二类(爆炸性粉尘环境)是指爆炸性粉尘和可燃纤维与空气形成的爆炸性粉尘混合物环境。根据爆炸性粉尘混合物出现的频繁程度和持续时间划分为 20 区、21 区和 22 区等三个区域。

爆炸危险区域的划分应按释放源级别和通风条件确定。以上两类爆炸危险区域的划分详见表 5-1。

表 5-1　爆炸危险区域的划分

类别	区域	火灾爆炸危险环境
第一类: 爆炸性 气体环境	0 区	连续出现或长期出现爆炸性气体混合物的环境
	1 区	在正常运行时可能出现爆炸性气体混合物的环境
	2 区	在正常运行时基本上不可能出现爆炸性气体混合物的环境,或即使出现也仅是短时存在的爆炸性气体混合物的环境
第二类: 爆炸性 粉尘环境	20 区	空气中的可燃性粉尘云持续地或长期地或频繁地呈现于爆炸性环境中的场所
	21 区	在正常运行时,空气中的可燃性粉尘云很可能偶尔出现于爆炸性环境中的场所
	22 区	在正常运行时,空气中的可燃性粉尘云一般不可能出现于爆炸性粉尘环境中的场所,即使出现,持续时间也是短暂的

注:正常运行指正常的开车、运转、停车,易燃易爆物质产品的装卸,密闭容器盖的开闭,安全阀、排放阀以及所有工厂设备都在其设计范围内工作的状态。

2. 危险区域范围的确定

爆炸危险区域范围的确定,首先应按释放源的级别划分区域:

① 存在连续级释放源的区域可划为 0 区;

② 存在第一级释放源的区域可划为 1 区;

③ 存在第二级释放源的区域可划为 2 区。

其次,还应根据通风条件调整区域划分。

总之,应根据爆炸性混合物持续存在的时间和出现的频繁程度,危险物品的种类、数量、物理及化学性质,通风条件,生产条件,以及由于通风形成的聚积和扩散,爆炸性气体或粉尘的密度、数量及产生的速度和释放的方向、压力等因素来确定。在建筑物内部,危险区域范围宜以厂房为单位确定。在危险区域范围内,应根据危险区域的种类、级别,并考虑到电气设备的类型和使用条件,选用相应的电气设备。

5.2　电气防火防爆的一般要求

一、电气线路的防火防爆

1. 爆炸危险环境内电气线路的一般规定

在危险区域使用的电力电缆或导线,除应遵守一般要求外,还应符合防火防爆要求。例如,在爆炸危险区域一般不允许使用铝导线。在火灾爆炸危险区域使用的绝缘导线和电缆,其额定电压不得低于电网的额定电压,且不能低于 500 V,电缆线路不应有中间接头。在爆炸危险区域应采用铠装电缆,并应有足够的机械强度。在架空桥架上敷设时应采用阻燃电缆等。

电气线路应尽可能在爆炸危险较小的环境敷设。敷设电气线路的沟道和电缆线钢管,在穿过不同区域之间墙和楼板处的孔洞时,应采用非燃性材料严密堵塞。敷设电气线路时宜避开可能受到机械损伤、振动、腐蚀的地方以及热源附近,实在不能避开时应采取预防措施。严禁采用绝缘导线明敷设。装置内的电缆沟,应有防止可燃气体积聚或含有可燃液体污水进入沟内的措施。装置内的电缆沟通入变、配电室、控制室的墙洞处,应严格密封。

电气线路的敷设方式、路径应符合设计规定,并应符合下列要求:

(1) 电气线路应在爆炸危险性较小的环境或远离释放源的地方敷设。

(2) 当易燃物质比空气重时,电气线路应在较高处敷设;当易燃物质比空气轻时,电气线路宜在低处或电缆沟内敷设。

(3) 当电气线路沿输送可燃气体或易燃液体的管道栈桥敷设时,若管道内的易燃物质比空气重时,电气线路应敷设在管道的上方;若管道内的易燃物质比空气轻时,电气线路应敷设在管道正下方两侧。

(4) 敷设电气线路时应尽量避开可能受到机械损伤、振动、腐蚀以及可能受热的地方;当不能避开时,应采取预防措施。

(5) 在爆炸性环境内,低压电力、照明线路用的绝缘导线和电缆的额定电压,必须不低于工作电压,且 U_0/U 不应低于 450 V/750 V。中性线的额定电压应与相线电压相等,并应在同一护套或管子内敷设。

(6) 在爆炸危险区内,除在配电盘、接线箱或钢管配线系统内,无护套的电线不应作为供配电线路。在 1 区内应采用铜芯电缆;除本安型电路外,在 2 区内宜采用铜芯电缆,当采用铝芯电缆时,其截面积不得小于 16 mm^2,且与设备的连接应有可靠的铜-铝过渡接头等措施。敷设在爆炸性粉尘环境20区、21区以及在22区内有剧烈振动区域的电缆,均应采用铜芯绝缘导线或电缆。

（7）导线和电缆的连接,应采用具有防松措施的螺栓固定,或压接、钎焊、熔焊,但不得绕接。

（8）10 kV 及以下架空线路严禁跨越爆炸性气体环境;架空线路与爆炸性气体环境的水平距离,不应小于杆塔高度的 1.5 倍。当在水平距离小于规定而无法躲开的情况下,必须采取有效的保护措施。

（9）除本质安全系统的电路外,在爆炸性气体环境1区、2区内电缆配线的技术要求,应符合表 5-2 的规定。

表 5-2 爆炸性环境电缆配线的技术要求

爆炸危险区域	技术要求			
	电缆明设或在沟内敷设时的最小截面积			移动电缆
	电力	照明	控制	
1 区、20 区、21 区	铜芯 2.5 mm^2 及以上	铜芯 2.5 mm^2 及以上	铜芯 1.0 mm^2 及以上	重型
2 区、22 区	铜芯 1.5 mm^2 及以上,铝芯 16 mm^2 及以上	铜芯 1.5 mm^2 及以上	铜芯 1.0 mm^2 及以上	中型

（10）除本质安全系统的电路外,在爆炸性环境内电压为 1 000 V 以下的钢管配线的技术要求,应符合表 5-3 的规定。

表 5-3 爆炸危险环境钢管配线的技术要求

爆炸危险区域	技术要求			
	钢管配线用绝缘导线的最小截面积			钢管连接要求
	电力	照明	控制	
1 区、20、21 区	铜芯 2.5 mm^2 及以上	铜芯 2.5 mm^2 及以上	铜芯 2.5 mm^2 及以上	钢管螺纹旋合不应少于 5 扣
2 区、22 区	铜芯 2.5 mm^2 及以上	铜芯 1.5 mm^2 及以上	铜芯 1.5 mm^2 及以上	钢管螺纹旋合不应少于 5 扣

（11）在爆炸性环境内,绝缘导线和电缆截面积的选择除满足表 5-2 和表5-3 的要求外,还应符合下列要求:

① 导体允许载流量,不应小于熔断器熔体额定电流的 1.25 倍,和断路器长延时过电流脱扣器整定电流的 1.25 倍(本款 2 项情况除外)。

② 引向电压为 1 000 V 以下笼型感应电动机支线的长期允许载流量,不应小

于电动机额定电流的 1.25 倍。

(12) 在架空和桥架敷设时电缆宜采用阻燃电缆。明设塑料护套电缆,当其敷设方式采用能防止机械损伤的电缆槽板、托盘或电缆桥架方式时,可采用非铠装电缆。当不存在会受鼠、虫等损害情形时,在 2 区电缆沟内敷设的电缆可采用非铠装电缆。

(13) 电气线路按防火类别可划分为以下三类:

① 不防火的线路。其电线或电缆的绝缘层或外层材料是可燃的,火灾时明火可沿着线路蔓延。由于隐患严重,高层建筑内已不准使用这类线路。

② 难燃或阻燃线路。在火源作用下,这种线路可以燃烧;但当火源移开后会自动熄灭,从而避免了火灾沿线路蔓延扩大的危险。高层建筑内的一般线路均为这类线路,如阻燃塑料导线、阻燃型电缆、阻燃型塑料电线管等。绝缘导线穿钢管敷设时也属于阻燃线路,如 ZR-YJV 型即为一种阻燃电缆。对于大量人员集中的场所,最好进一步选用低烟无卤电缆。大量火灾事故证明,绝大多数死者是因火灾时的浓烟和毒气窒息而亡。因此,选用低烟无卤电缆,有利于火灾时人员安全疏散。

③ 耐火和防火线路。这种线路在火源直接作用下仍可维持一定时间的正常通电状态。常见的耐火和防火电缆结构有两种:一种是氧化镁绝缘铜管保护;另一种是云母绝缘。比较起来,云母绝缘电缆价格较低、施工较易,能在 950~1 000 ℃的高温下维持继续供电 1.5 h,已可满足一般高层建筑的消防要求。耐火线路用于配电给消防电梯、消防水泵、排烟风机、消防控制中心、应急照明等在火灾时要继续工作的设备。例如,NH-YJV 型即为一种铜芯交联聚乙烯绝缘聚氯乙烯护套耐火电力电缆,而 BTTVZ 为重型铜芯铜套聚氯乙烯外套氧化镁绝缘防火电缆。表 5-4 为部分国产防火型电缆的型号和名称,供参考。

表 5-4　部分国产防火型电缆的型号和名称

电缆类型	型号	名称	主要用途
阻燃电缆	ZR-VV	铜芯聚氯乙烯绝缘聚氯乙烯护套阻燃电力电缆	重要建筑物等
	ZR-YJV	铜芯交联聚乙烯绝缘聚氯乙烯护套阻燃电力电缆	
	ZR-KVV	铜芯聚氯乙烯绝缘聚氯乙烯护套阻燃控制电缆	
	ZR-KVV22	铜芯聚氯乙烯绝缘聚氯乙烯护套钢带铠装阻燃控制电缆	
无卤阻燃电缆	WL-YJE23	核电站用交联聚乙烯绝缘钢带铠装热缩性聚乙烯护套无卤电缆 0.6 kV/1 kV, 6 kV/10 kV, 6.6 kV/10 kV(符合 IEC 332-3B 类)	防火场地、高层建筑、地铁、隧道等
	WL-YJEQ23	交联聚乙烯绝缘无卤阻燃电缆 0.6 kV/1 kV(符合 IEC 332-3C 类)	

续表

电缆类型	型号	名称	主要用途
隔氧层电力电缆	CZRKVV	聚氯乙烯绝缘聚氯乙烯护套隔氧层阻燃控制电缆	信号控制系统、高层建筑物内等
	CZRVV	铜芯聚氯乙烯绝缘聚氯乙烯护套隔氧层阻燃电力电缆	
	QZRYJV	铜芯交联聚乙烯绝缘聚氯乙烯护套隔氧层阻燃电力电缆	
耐火电缆	NH-VV	铜芯聚氯乙烯绝缘聚氯乙烯护套耐火电力电缆	高层建筑、地铁、电站等
	NH-BV	铜芯聚氯乙烯绝缘耐火电缆（电线）	
	NH-YJV	铜芯交联聚乙烯绝缘聚氯乙烯护套耐火电力电缆	
防火电缆500 V/750 V	BTTQ	轻型铜芯铜套氧化镁绝缘防火电缆	耐高温、防爆，适用于重要历史性建筑等
	BTTVQ	轻型铜芯铜套聚氯乙烯外套氧化镁绝缘防火电缆	
	BTTZ	重型铜芯铜套氧化镁绝缘防火电缆	
	BTTVZ	重型铜芯铜套聚氯乙烯外套氧化镁绝缘防火电缆	

2. 爆炸危险环境内电缆线路敷设要求

在危险环境内的电缆线路,电缆之间不应直接连接。在非正常情况下,必须在相应的防爆接线盒或分线盒内连接或分路。电缆线路穿过不同危险区域和界壁时,必须采取下列隔离密封措施:

（1）在两级区域交界处的电缆沟内,应采取充砂,填阻火堵料或加设防火隔墙。

（2）电缆通过相邻区域共用的隔墙、楼板、地面等易受机械损伤处,均应加以保护,留下的孔洞,应堵塞严密。

（3）保护管两端的管口处,应用非燃性纤维将电缆周围堵塞严密,再堵塞密封胶泥,密封胶泥填塞深度不得小于保护管内径,且不得小于 40 mm。

（4）防爆电气设备接线盒的进线口、引入电缆后的密封应符合下列要求:

① 当电缆外护套必须穿过弹性密封圈或密封填料时,必须被弹性密封圈挤紧或被密封填料封固。

② 外径等于或大于 20 mm 的电缆在隔离密封处组装防止电缆拔脱的装置时,应在电缆被拧紧或封固后,再拧紧固定电缆的螺栓。

（5）电缆引入装置或设备进线口的密封,应符合下列要求:

① 装置内的弹性密封圈的一个孔只应密封一根电缆;

② 被密封的电缆截面,应近似圆形;

③ 弹性密封圈及金属垫,应与电缆的外径匹配;其密封圈内径与电缆外径允许差值为±1 mm;

④ 弹性密封圈压紧后,应能将电缆沿圆周均匀地挤紧。

(6) 有电缆头空腔或密封盒的电气设备进线口,电缆引入后应浇灌固化的密封填料,填料深度不应小于引入口径的 1.5 倍,且不得小于 40 mm。

(7) 电缆与电气设备连接时,应选用与电缆外径相适应的引入装置,当选用的电气设备的引入装置与电缆的外径不相适应时,应采用过渡接线方式,电缆与过渡装置必须在相应的防爆接线盒内连接。

(8) 电缆配线引入防爆电动机需挠性连接时,可采用挠性连接管,其与防爆电动机接线盒之间,应按防爆要求加以配合,不同的使用环境条件应采用不同材质的挠性连接管。电缆采用金属密封环式引入时,贯穿引入装置的电缆表面应清洁干燥,对涂有防腐层的,应清除干净后再敷设。在室外和易进水的地方,与设备引入装置相连接的电缆保护管的管口,应严格密封。

3. 爆炸危险环境内钢管配线要求

(1) 爆炸危险环境内的配线钢管,应采用低压流体输送用镀锌焊接钢管。钢管与钢管、钢管与电气设备、钢管与钢管附件之间的连接,应采用螺纹联结,不得采用套管焊接,并应符合下列要求:

① 螺纹加工应光滑、完整、无腐蚀,在螺纹上应涂以电力复合脂或导电性防锈脂。不得在螺纹上缠麻丝或绝缘胶带及涂其他油漆。

② 在爆炸性气体环境 1 区和 2 区时,螺纹有效啮合扣数:管径为 25 mm 及其以下的钢管不应少于 5 扣;管径为 32 mm 及其以上的钢管不应少于 6 扣。

③ 在爆炸性气体 1 区或 2 区与隔爆型设备连接时,螺纹连接处应有锁紧螺母。

④ 在爆炸性粉尘环境 10 区和 11 区,螺纹有效啮合扣数不应少于 5 扣。

⑤ 外露丝扣不应过长。

(2) 在爆炸性气体环境 1 区、2 区和爆炸性粉尘环境 10 区的钢管配线,在下列各处应装设不同形式的隔离密封件:

① 电气设备无密封装置的进线口。

② 通过与其他任何场所相邻的隔墙时,应在隔墙的任一侧装设横向式隔离密封件。

③ 管路通过楼板或地面引入其他场所时,均应在楼板或地面的上方装设纵向式密封件。

④ 管径为 50 mm 及以上的管路在距引入的接线箱 450 mm 以内及每距 15 m 处,应装设一隔离密封件。

⑤ 易积结冷凝水的管路,应在其垂直段的下方装设排水式隔离密封件,排水口应置于下方。

(3) 隔离密封件的制作,应符合下列要求:

① 隔离密封件的内壁应无锈蚀、灰尘、油渍。

② 导线在密封件内不应有接头,且导线之间及与密封件壁之间的距离应均匀。

③ 管路通过墙、楼板或地面时,密封件与墙面、楼板或地面的距离不应超过300 mm,且此段管路中不得有接头,并应将空洞堵塞严密。

④ 隔离密封件内必须填充专用的水凝性粉剂密封填料。

二、变、配电所的防火防爆

变、配电所是电力系统的枢纽,具有接受电能、变换电压等级和分配电能的功能。工业企业中的变电所属于降压变电所。降压变电所一般又可分为一次降压和两次降压。一般来说,它先把供电系统35~220 kV电力网电压降为6~10 kV(一次降压),再由6~10 kV电压降压为220 V/380 V(二次降压),然后供给低压电气设备使用。按照容量的大小,引入电压的高低,工业企业的变配电所可分为一次降压变电所、二次降压变电所和配电所三种类型。

为了安全可靠供电,变、配电所应尽可能靠近用电负荷中心,且位于爆炸危险区域范围以外;在可能散发比空气密度大的可燃气体的界区内,变、配电所的室内地面,应比室外地面高0.6 m以上。此外,还应尽量避开多尘、振动、高温、潮湿等场所,还要考虑电力系统进线、出线的方便和便于设备的运输等。为保证供电的安全性,一次降压变电所一般应设两路供电电源,二次降压变电所也应按上述原则考虑。

变电所内包括一次电气设备(动力电源部分)和二次电气设备(控制电源部分)。一次电气设备是指直接输配电能的设备,包括变压器、断路器、电抗器、隔离开关、接触器、电力电缆等;二次电气设备是指对一次电气设备进行监视、测量和控制保护的辅助设备和各种监测仪表、保护用继电器、自动控制音响信号及控制电缆等。

根据对供电可靠性的要求以及中断供电在经济上所造成损失或影响的程度,我国将电力负荷分为三级。简单来说,一级负荷(重要的连续生产性负荷)应由两个独立电源供电,二级负荷宜由二回线路供电,三级负荷则无特殊要求。

1. 电力变压器的防火防爆

电力变压器是由铁心柱或铁轭构成的一个完整闭合磁路,一般由绝缘铜线制成线圈,形成变压器的一次线圈和二次线圈。电力变压器按绝缘方式可分为油浸式(用油作为绝缘和散热介质)和干式(多为环氧树脂绝缘)两种。油浸式价格较低且过载能力较强,但所装绝缘油具有火灾和爆炸危险,在民用建筑中已禁止使用,但在工业建筑中仍允许使用。图5-1所示为10 kV三相油浸式电力变压器的外形结构图。

油浸式电力变压器中的绝缘油起线圈间的绝缘和冷却作用。绝缘油的闪点约为135 ℃,容易与空气混合而形成爆炸性气体混合物(闪点是指在标准条件下,使液体变成蒸气的数量能够形成可燃性气体/空气混合物的最低液体温度)。因此,运行中的变压器一定要注意以下几点:

(1) 防止变压器过载运行。如果长期过载运行,会引起线圈发热,使绝缘逐渐

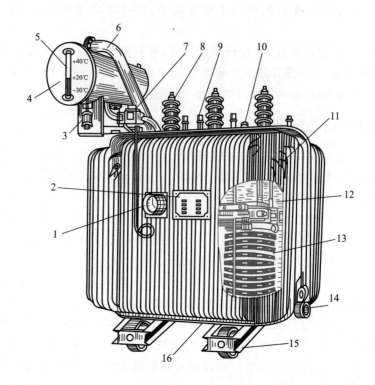

1—信号温度计；2—铭牌；3—吸湿器；4—油枕（储油柜）；5—油标；6—防爆管；
7—瓦斯继电器；8—高压套管；9—低压套管；10—分接开关；11—油箱；12—铁心；
13—绕组及绝缘；14—放油阀；15—小车；16—接地端子

图 5-1　10 kV 三相油浸式电力变压器的外形结构图

老化，造成匝间短路、相间短路或对地短路以及绝缘油分解。

（2）保证绝缘油质量。变压器绝缘油在储存、运输或运行维护中，若油的质量变差或者杂质、水分过多，都会降低绝缘强度。当绝缘强度降低到一定值时，变压器的线圈内部就可能短路，从而引起电火花、电弧或出现危险高温。因此，运行中变压器应定期化验油质，不合格的油应及时处理或更换。

（3）防止变压器铁心绝缘老化损坏。铁心绝缘老化或夹紧螺栓套管损坏，会使铁心产生很大的涡流，引起铁心长期发热造成绝缘老化。

（4）防止检修不慎破坏绝缘。变压器吊芯检修时，应注意保护线圈或绝缘套管，如果发现有擦破损伤，应及时处理或更换。

（5）保证导线接触良好。线圈内部接头接触不良，线圈之间的连接点，引至高、低压侧套管的接点，以及分接开关上各支点接触不良，都会产生局部过热，破坏绝缘，发生短路或断路。此时所产生的高温电弧会使绝缘油分解，产生大量气体，使变压器内压力增加。当压力超过瓦斯继电器（见图 5-1 之 7）的保护定值而又因故未跳闸时，则可能发生爆炸。

（6）防止雷击。电力变压器的电源可能通过架空线引入，而架空线很容易遭受雷击，变压器会因绝缘击穿而烧毁。

（7）短路保护要可靠。变压器线圈或负载侧发生短路时,变压器将承受相当大的短路电流,如果保护系统失灵或保护定值过大,就有可能烧毁变压器。为此,必须安装可靠的短路保护装置。

（8）保持良好的接地和等电位联结。对于 TN 系统,变压器低压侧中性点要直接接地。当三相负载不平衡时,N 线或 PEN 线上会出现电流。当这一电流过大而接触电阻又较大时,接地点就会出现高温,引燃周围的可燃物质。

（9）防止超温。变压器运行时应监视温度的变化。如果变压器为 A 级绝缘,则其绝缘材料的耐热极限温度为 105 ℃。温度对绝缘和使用寿命的影响很大,温度每升高 8 ℃,绝缘寿命将减少 50%。变压器在正常温度（90 ℃）下运行,寿命约为 20 年;若温度升至 105 ℃,则寿命减为 7 年;温度升至 120 ℃,寿命仅为 2 年。因此,变压器运行时,一定要保持良好的通风和冷却,必要时可采取强制风冷,以达到降低变压器温升的目的。

2. 油断路器的防火防爆

（1）油断路器是用来切断和接通电源的,在短路时能迅速可靠地切断短路电流。油断路器分多油断路器和少油断路器两种,主要由油箱、触头和套管组成,触头全部浸没在绝缘油中。多油断路器中的油起灭弧作用和作为断路器内部导电部分之间及导电部分与外壳之间的绝缘,少油断路器中的油则仅起灭弧作用。图 5-2所示为 SN10-10 型户内少油断路器的外形结构图。

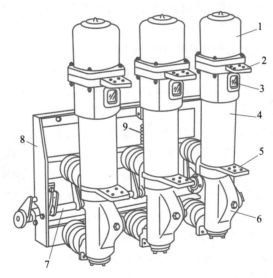

1—铝帽;2—上接线端子;3—油标;4—绝缘筒;
5—下接线端子;6—基座;7—主轴;8—框架;9—断路弹簧

图 5-2 SN10-10 型户内少油断路器的外形结构图

（2）导致油断路器火灾和爆炸的原因主要有以下几点:

① 油断路器油面过低时,使油断路器触头的油层过薄,油受电弧作用而分解释放出可燃气体,这部分可燃气体进入顶盖下面的空间,与空气混合可形成爆炸性气体,在高温下就会引起爆炸。

② 油箱内油面过高时,析出的气体在油箱内较小空间里会形成过高的压力,导致油箱爆炸。

③ 油断路器内油的杂质和水分过多,会引起油断路器开关内部闪络。

④ 油断路器操作机构调整不当,部件失灵,会使断路器动作缓慢或合闸后接触不良。当电弧不能及时切断和熄灭时,在油箱内可产生过多的可燃气体而引起火灾和爆炸。

⑤ 油断路器的断流容量对供电系统来说是很重要的参数。当断流容量小于供电系统短路容量时,油断路器不能安全地切断很大的短路电流,电弧不能及时熄灭,则可能造成油断路器爆炸。

⑥ 油断路器套管与其箱盖、箱盖与箱体密封不严,油箱进水受潮,油箱不清洁或套管有机械损伤,都可能造成对地短路,从而引起油断路器爆炸。

（3）油断路器运行时,油面必须在油标指示的区间范围内。若发现异常,如漏油、渗油、有不正常声音等,应立即采取措施,必要时可停电检修。严禁在油断路器存在各种缺陷的情况下带病运行。

三、动力、照明及电热系统的防火防爆

1. 电动机的防火防爆

电动机是一种将电能转变为机械能的电气设备,是工矿企业广泛应用的动力设备。交流电动机按运行原理可分为同步电动机和异步电动机两种,通常多采用异步电动机。

图 5-3 为三相异步电动机的外形图。

电动机按构造和适用范围,可分为开启式和防护式;为防止液体或固体向电动机内滴溅,有防滴式和防溅式。在易燃易爆场所,应按现行规范 GB 50058—2014《爆炸危险环境电力装置设计规范》使用各种防爆型电动机(将在本单元 5.4 节中具体介绍)。电动机易着火的部位是定子绕组、转子绕组和铁心。引线接头处接触不良、接触电阻过大或轴承过热,也可能引起绝缘燃烧。电动机的引线和控制保护装置也存在着火的因素。引起电动机着火的主要原因可归纳为以下几点:

图 5-3　三相异步电动机的外形图

（1）电动机过负荷运行。如发现电动机外壳过热,电流表所指示电流超过额定值,说明电动机已过载,过载严重时,可能烧毁电机。

另外,当电网电压过低时,电动机也会产生过载。例如,当电源电压低至额定电压的 80% 时,电动机的转矩只有原转矩的 64%,在这种情况下运行,电动机就可能严重过载,引起绕组过热,烧毁电动机或引起周围可燃物着火。

（2）由于金属物体或其他固体掉进电动机内,或在检修时绝缘受损,绕组受潮,以及电压过高时将绝缘击穿等原因,都会造成电动机绕组匝间或相间短路或接

地,电弧烧坏绕组,有时铁心也被烧坏。

（3）当电动机接线处各接点接触不良或松动时,接触电阻增大引起接点发热,接点越热氧化越迅速,形成恶性循环,最后将电源接点烧毁产生电弧火花,损坏周围导线绝缘,造成短路。

（4）电动机非全相运行危害极大,轻则烧毁电动机,重则引起火灾。电动机非全相运行时,其中有的绕组要通过$\sqrt{3}$倍的额定电流,而保护电动机的熔断器的熔体电流一般是按额定电流4~7倍选择的,所以非全相运行时熔断器的熔体一般不会熔断。非全相运行时过大的电流长时间在定子绕组内流过,会使定子绕组过热,甚至烧毁。

2.电缆的防火防爆

电缆一般可分为动力电缆和控制电缆两大类。动力电缆用来输送和分配电能,控制电缆则用于测量、保护和控制回路。

动力电缆按其使用的绝缘材料不同,可分为油浸纸绝缘、不燃性橡皮绝缘和聚氯乙烯绝缘电缆等。油浸纸绝缘电缆的外层往往使用浸过沥青漆的麻包,这些材料都是易燃物质。

图5-4所示为油浸纸绝缘电力电缆外形结构图。图5-5所示为交联聚乙烯绝缘电力电缆外形结构图。图5-6所示为1~10 kV电缆的环氧树脂中间头结构图。

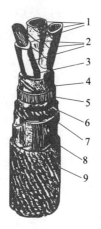

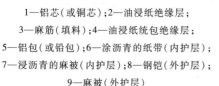

1—铝芯(或铜芯);2—油浸纸绝缘层;
3—麻筋(填料);4—油浸纸统包绝缘层;
5—铝包(或铅包);6—涂沥青的纸带(内护层);
7—浸沥青的麻被(内护层);8—钢铠(外护层);
9—麻被(外护层)

1—铝芯(或铜芯);
2—交联聚乙烯绝缘层;
3—聚氯乙烯绝缘层(内护层);
4—钢铠(或铝铠,外护层);
5—聚氯乙烯绝缘层(外护层)

图5-4　油浸纸绝缘电力电缆外形结构图　　图5-5　交联聚乙烯绝缘电力电缆外形结构图

电缆的敷设可直接埋在地下,也可用电缆沟、电缆隧道或电缆桥架敷设。用电缆桥架敷设时宜采用阻燃电缆。电缆埋地敷设时应设置标志。穿过道路或铁路时应有保护套管。户内敷设时,与热力管道的净距不应小于1 m,否则须加隔热设施。电缆与非热力管道的净距不应小于0.5 m。图5-7为电缆沟示意图。

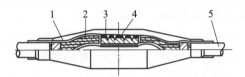

1—统包绝缘层；2—芯线绝缘；3—扎锁管（压接层）；4—扎锁管涂包层；5—铝（或铅）包

图 5-6　1～10 kV 电缆的环氧树脂中间头结构图

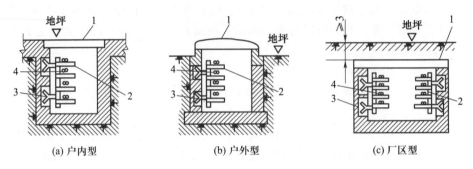

(a) 户内型　　　　　(b) 户外型　　　　　(c) 厂区型

1—盖板；2—电缆支架；3—预埋铁件；4—电缆

图 5-7　电缆沟示意图

动力电缆发生火灾的可能性较大，应特别注意以下几点：

（1）电缆的外护层铅皮或铝包在敷设时损坏，或运行中电缆绝缘体损伤，均会导致电缆相间或相与铅皮间的绝缘击穿而发生电弧。这种电弧能使电缆内的绝缘材料和电缆外的麻包发生燃烧。

（2）油浸纸绝缘电缆长时间过负荷运行，会使电缆过分干枯。这种干枯现象，通常发生在相当长的一段电缆上。电缆绝缘过热或干枯，能使油浸绝缘纸失去绝缘性能，因而造成击穿着火。同时，电缆过负荷时，可能沿着电缆在几个不同地方发生绝缘物质燃烧。

（3）充油电缆敷设高差过大（例如，10 kV 油浸纸绝缘电缆最大允许高差为 15 m，35 kV 则为 5 m），可能发生电缆淌油现象。因此，敷设充油型电缆时要控制垂直高度。

（4）电缆接头盒的中间接头（参见图 5-8）因压接不紧、焊接不牢或接头材料选择不当，运行中接头氧化、发热、流胶或灌注在接头盒内的绝缘剂质量不符合要求，灌注时盒内存有空气，以及电缆盒密封不好、渗入水或潮湿气体等，都能引起绝缘击穿，形成短路而发生爆炸。

（5）电缆端头表面受潮，引出线间绝缘处理不当或距离过小，往往容易导致闪络着火引起电缆头表层混合物和引出线绝缘燃烧。

（6）外界的火源和热源，也能导致电缆火灾事故。

3. 电缆桥架的防火防爆

电缆桥架处在防火防爆的区域内时，可在电缆桥架中添加具有耐火或难燃性的板、网材料构成封闭式结构，并在桥架表面涂刷防火层，其整体耐火性还应符合国家有关规范的要求。另外，电缆桥架还应有良好的接地和等电位联结措施。

图 5-8 所示为电缆桥架。

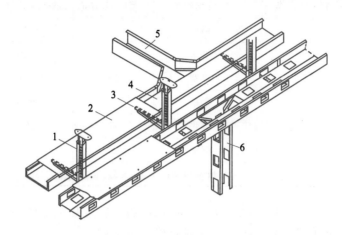

1—支架;2—盖板;3—支臂;4—线槽;5—水平分支线槽;6—垂直分支线槽

图 5-8 电缆桥架

4.电缆沟的防火防爆

电缆沟与变、配电所的连通处,应采取严密封闭措施(如填砂等),以防可燃性气体通过电缆沟进入变、配电所,引起火灾和爆炸事故。电缆沟中敷设的电缆应采用阻燃电缆。

5.电气照明、电气线路及电加热设备的防火防爆

(1)电气照明的防火防爆

电气照明灯具在生产和生活中使用十分普遍,人们往往容易忽视其防火安全。照明灯具在工作时,白炽灯和卤钨灯的灯管、灯座等表面温度都较高,若灯具选用不当或发生故障,便会产生电火花和电弧。接点处接触不良,也会局部产生高温。导线和灯具在过载时会引起导线发热,使绝缘破坏、短路和灯具爆碎,继而可导致可燃气体和可燃液体蒸气以及粉尘的燃烧和爆炸。下面分别介绍几种灯具的火灾危险知识。

① 白炽灯

在散热良好的情况下,白炽灯泡的表面温度与其功率的大小有关(详见表 5-5)。在散热不良的情况下,灯泡表面温度更会高。灯泡功率越大,升温的速度也越快;灯泡距离可燃物越近,引燃时间就越短。白炽灯烤燃可燃物的时间和起火温度见表 5-6。

表 5-5 白炽灯泡的表面温度

灯泡功率/W	灯泡表面温度/℃	灯泡功率/W	灯泡表面温度/℃
40	56~63	100	170~216
60	137~180	150	148~228
73	136~194	200	154~296

表 5-6　白炽灯烤燃可燃物的时间和起火温度

灯泡功率/W	可燃物	烤燃时间/小时	起火温度/℃	放置形式
100	稻草	2	360	卧式埋入
	纸张	8	330~360	卧式埋入
	棉絮	13	360~367	垂直紧贴
200	稻草	1	360	卧式埋入
	纸张	12	330	垂直紧贴
	棉絮	5	367	垂直紧贴
	松木箱	57	398	垂直紧贴

另外,白炽灯耐振性差,极易破碎,破碎后高温的玻璃片和高温的灯丝溅落在可燃物上或接触到可燃气体,都可能引起火灾。

② 荧光灯

荧光灯的镇流器由铁心线圈组成。正常工作时,镇流器本身也耗电,所以具有一定温度。若散热条件不好,或与灯管配套不合适,以及其他附件故障时,其内部温升会破坏线圈的绝缘,形成匝间短路,产生高温和电火花。

③ 高压汞灯

正常工作时高压汞灯表面温度虽比白炽灯要低,但因其功率比较大,不仅升温速度快,发出的热量也大。例如,400 W 高压汞灯,表面温度可达 180~250 ℃,其火灾危险程度与功率 200 W 的白炽灯相仿。高压汞灯镇流器的火灾危险性则与荧光灯镇流器相似。

④ 卤钨灯

卤钨灯工作时维持灯管点燃的最低温度为 250 ℃。1 000 W 卤钨灯的石英玻璃管外表面温度可高达 500~800 ℃,而其内壁的温度更高,约为 1 000 ℃。因此,卤钨灯不仅能在短时间内烤燃直接接触灯管的可燃物,其高温辐射还能将靠近灯管的可燃物烤燃。所以它的火灾危险性比别的照明灯具更大。图 5-9 所示为碘钨灯的外形结构图。

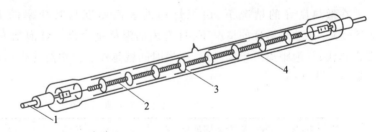

1—电极;2—灯丝;3— 支架;4—石英玻璃管(充微量碘)

图 5-9　碘钨灯的外形结构图

（2）电气线路的防火防爆

电气线路往往因短路、过载和接触电阻过大等原因产生电火花、电弧,或因电

线、电缆达到危险高温而发生火灾,其主要原因有以下几点:

① 电气线路短路起火。电气线路由于意外故障可造成两相相碰而短路。短路时电流会突然增大,这就是短路电流。一般有相间短路和对地短路两种。按欧姆定律,短路时电阻突然减少,电流突然增大。而发热量与电流平方成正比,所以短路时瞬间发热相当大。其热量不仅能将绝缘烧损,使金属导线熔化,也能将附近的易燃易爆物品引燃引爆。

② 电气线路过负荷。电气线路允许长期连续通过而不致使电线过热的电流称为允许载流量,超过允许载流量的电流即为过载电流。过载电流通过导线时,导线温度相应增高。一般绝缘导线最高允许温度为 65 ℃,导线长时间过载时,其温度就会超过最高允许温度,导线的绝缘会加速老化甚至损坏,从而引起短路,产生电火花或电弧。

③ 导线连接处接触电阻过大。导线接头处不牢固、接触不良,会造成局部接触电阻过大,发生过热。时间越长发热量越多,甚至导致导线接头处熔化,引起导线绝缘材料中可燃物质的燃烧,同时也可引起周围可燃物的燃烧。

(3)电加热设备的防火防爆

电加热设备是把电能转换为热能的一种设备。它的种类繁多,用途很广,常用的有工业电炉、电烘房、电烘箱、电烙铁以及材料的热处理炉等。

电加热设备引发火灾的原因,主要是加热温度过高,电热设备选用导体截面积过小等。当导线在一定时间内流过的电流超过额定电流时,则会造成绝缘的损坏而导致短路起火或闪络,引起火灾。

5.3 电气火灾与爆炸的预防措施

一、电气设备的合理布置

合理布置爆炸危险区域的电气设备,是防火防爆的重要措施之一。应重点考虑以下几点:

1. 室外变、配电所与建筑物、堆场、储罐的防火间距应满足 GB 50016—2014《建筑设计防火规范》的规定。例如,变、配电所不应设置在甲、乙类厂房内或贴邻建造,且不应设置在爆炸性气体、粉尘环境的危险区域内。油浸变压器室、高压配电室的耐火等级不应低于二级。

2. 爆炸危险环境中变、配电所的设置应满足 GB 50058—2014《爆炸危险环境电力装置设计规范》的规定。例如,变电所、配电所(包括配电室)和控制室应布置在爆炸性环境以外;但当为正压室时,可布置在 1 区、2 区、21 区、22 区域内。对于易燃物质比空气重的爆炸性气体环境,位于爆炸危险区附加 2 区(以释放源为中心,总半径为 30 m,地坪上的高度为 0.6 m,且在 2 区以外的范围为附加 2 区)的变电所、配电所和控制室的设备层地面,应高出室外地面 0.6 m。另外,10 kV 及以下的变、配电室,不应设在爆炸和火灾危险场所的下风向。变、配电室与建筑物相毗连时,其隔墙应是非燃性材料;毗连的变、配电室的门应朝外开,并通向无爆炸和火灾危险场所的方向。

二、爆炸危险环境中电源系统的接地方式

爆炸危险环境中 AC 1 000 V/DC 1 500 V 以下的电源系统的接地方式应满足下列要求:

1. TN 系统:爆炸性环境中的 TN 系统只允许使用 TN-S 型(具有单独的中性线 N 和保护线 PE),不允许使用 TN-C 系统。即在爆炸危险场所中,中性线(N)与保护线(PE)不应连在一起或合并成一根导线,从 TN-C 到 TN-S 型转换的任何部位,保护接地线(PE)应在非危险场所与等电位联结系统相连接。

2. TT 系统:危险区中的 TT 型电源系统必须采用剩余电流动作的保护电器(RCD)。

3. IT 系统:爆炸性环境中的 IT 型电源系统,必须设置绝缘监测装置。

三、爆炸危险环境中电气设备的接地和等电位联结

1. 爆炸危险环境中应设置等电位联结,所有外界可导电部分均应接入等电位联结系统。

2. 本质安全型设备的金属外壳不需要与等电位系统联结,但制造厂有特殊要求的除外。

3. 具有阴极保护的设备不应与等电位系统联结,但专门为阴极保护设计的接地系统除外。

4. 爆炸危险场所对电气设备的接地和等电位联结提出了比一般场所更高的要求,按有关电力设备接地设计技术规程规定不需要接地的下列部分,在爆炸性环境内仍应进行接地:

① 在不良导电地面处,交流额定电压为 AC 380 V 及以下和直流额定电压为 DC 440 V 及以下的设备正常时不带电的金属外壳。

② 在干燥环境,交流额定电压为 AC 127 V 及以下,直流电压为 DC 110 V 及以下的设备正常时不带电的金属外壳。

③ 安装在已接地的金属结构上的设备。

5. 在爆炸危险环境内,设备的外露可导电部分应可靠接地。爆炸性气体环境 1 区内的所有设备以及爆炸性气体环境 2 区内除照明灯具以外的其他设备,应采用专门的接地线。该接地线若与相线敷设在同一个保护管内时,应具有与相线相等的绝缘。此时爆炸性气体环境的金属管线,电缆的金属包皮等,只能作为辅助接地线。爆炸性气体环境 2 区内的照明灯具,可利用有可靠电气连接的金属管线系统作为接地线,但不得利用输送易燃物质的管道。

6. 接地干线应在爆炸危险区域不同方向不少于两处与接地体联结。

7. 设备的接地装置与防止直接雷击的独立接闪杆(避雷针)的接地装置应分开设置,与装设在建筑物上防止直接雷击的接闪杆(避雷针)的接地装置可合并设

置;与防雷电感应的接地装置亦可合并设置。接地电阻值应取其中最低值。

8. 静电接地的设计应符合现行有关标准、规范的规定。

实际上,"等电位联结"是一个比"接地"更为广泛和本质的概念。可以认为,传统的"接地"就是以大地电位为参考电位,在地球表面实施的"等电位联结";而"等电位联结"亦可视为以金属导体代替大地,以金属导体的电位为参考电位的"接地"。详见本书附录4。

四、安全供电

"人命关天,安全第一"——安全供电,是保证企业长期安全稳定优质生产的重要环节。严密的组织措施和完善的技术措施是实现安全供电的有效保证。

1. 组织措施。其主要内容有:

(1) 操作票证制度。

(2) 工作票证制度。

(3) 工作许可制度。

(4) 工作监护制度。

(5) 工作间断、转换和终结制度。

(6) 设备定期切换、试验、维护管理制度。

(7) 巡回检查制度。

2. 技术措施。其主要内容有:

(1) 停电、送电联络签制度。

(2) 验电操作程序。

(3) 停电检修的安全技术措施。

(4) 带电与停电设备的隔离措施。

(5) 安全用具的检验规定。

3. 电气设备运行中的电压、电流、温度等参数不应超过额定允许值。特别要注意线路的接头或电气设备进出线连接处的发热情况。在爆炸危险环境,电气设备的极限温度和温升应符合表5-7的要求。在粉尘或纤维爆炸性混合物环境,电气设备表面温度一般不应超过125 ℃;并应保持电气设备清洁,尤其在粉尘爆炸危险环境的电气设备,要经常进行清扫,以免堆积的粉尘和灰尘导致火灾和爆炸危险。

表 5-7　爆炸危险区域内电气设备的极限温度和温升

爆炸性混合物的自燃温度/℃	隔爆型、正压型、增安型的外壳表面及能与爆炸性混合物直接接触的零部件		充油型和非防爆充油型的油面	
	极限温度/℃	极限温升/℃	极限温度/℃	极限温升/℃
>450	360	320	100	60
300~450	240	200	100	60
200~300	160	120	100	60
135~200	110	70	100	60
<135	80	40	80	40

4. 在爆炸危险区域,导线允许载流量不应低于导线熔断器熔体额定电流的 1.25 倍和低压断路器延时脱扣器整定电流的 1.25 倍。1 000 V 以下笼型电动机的配电干线的允许载流量不应小于电动机额定电流的 1.25 倍。1 000 V 以上的线路还应校验其短路时的热稳定性。

五、爆炸危险环境电气设备的通风

当选用正压型设备及通风系统时,应符合下列要求:

1. 通风系统必须用非燃性材料制成,其结构应坚固,连接应严密,并不得有产生气体滞留的死角。

2. 设备应与通风系统联锁。运行前必须先通风,并应在通风量大于设备及其通风系统管道容积的 5 倍时,才能接通设备的主电源。

3. 在运行中,进入设备及其通风系统内的气体,不应含有易燃物质或其他有害物质。

4. 在设备及其通风系统运行中,对于防爆标志为 px 或 py 型的设备,其风压不应低于 50 Pa;对于 pz 型设备,其风压不应低于 25 Pa。当风压低于上述值时,应自动断开设备的主电源或发出信号。

5. 通风过程排出的气体,不宜排入爆炸危险环境;当采取有效地防止火花和炽热颗粒从设备及其通风系统吹出的措施时,可排入 2 区空间。

6. 对于闭路通风的正压型设备及其通风系统,应供给清洁气体。

7. 设备外壳及通风系统的小门或盖子应采取联锁装置或加警告标志等安全措施。

8. 设备必须有一个或几个与通风系统相连的进、排气口。排气口在换气后须关闭。

5.4　防爆电气设备

一、防爆电气设备的作用与分类

1. 首先介绍爆炸性物质的分类、分级和分组等基本概念。

(1) 国家标准 GB 3836.1—2010《爆炸性环境　设备》(第 1 部分:通用要求)和 GB 3836.12—2008《爆炸性环境》(第 12 部分:气体或蒸气混合物按照其最大试验安全间隙和最小点燃电流的分级)规定了爆炸性混合物的分类、分级和分组的划分标准。它与国际电工委员会(IEC)对爆炸性混合物的分类、分级和分组是一致的。

(2) 爆炸性物质可分为以下三类:Ⅰ类为矿井甲烷;Ⅱ类为爆炸性气体混合物(含蒸气、薄雾);Ⅲ类为爆炸性粉尘(含纤维)。

(3) 爆炸性气体环境用电气设备可分为:Ⅰ类为煤矿用电气设备;Ⅱ类为除煤

矿外的其他爆炸性气体环境用电气设备。用于煤矿的电气设备,其爆炸性气体环境除甲烷外,可能还含有其他成分的爆炸性气体时,应按照Ⅰ类和Ⅱ类相应气体的要求进行制造和检验。该电气设备并应有相应标志[如 ExdⅠ/ⅡBT3 或者 ExdⅠ/Ⅱ(NH$_3$)]。

(4)爆炸性气体混合物,应按其最大试验安全间隙(MESG)或最小点燃电流比(MICR)分级,并应符合表 5-8 规定。

表 5-8　最大试验安全间隙(MESG)或最小点燃电流比(MICR)分级表

级别	最大试验安全间隙(MESG/mm)	最小点燃电流比(MICR)
ⅡA	≥0.9	>0.8
ⅡB	0.5<MESG<0.9	0.45≤MICR≤0.8
ⅡC	≤0.5	<0.45

注:① 分级的级别应符合现行国家标准 GB 3836.1—2010《爆炸性环境　设备》(第 1 部分:通用要求)。
② 最小点燃电流比(MICR)为各种可燃物质按照它们最小点燃电流值与实验室的甲烷的最小电流值之比。

(5)爆炸性气体混合物应按引燃温度分组,并应符合表 5-9 的规定。

表 5-9　引燃温度分组表

组别	引燃温度 t
T1	t>450 ℃
T2	300 ℃<t≤450 ℃
T3	200 ℃<t≤300 ℃
T4	135 ℃<t≤200 ℃
T5	100 ℃<t≤135 ℃
T6	85 ℃<t≤100 ℃

(6)简单来说,爆炸性物质按材质(气体或粉尘)和使用环境(将煤矿用单列)分为Ⅰ类、Ⅱ类和Ⅲ类;爆炸性物质按照其最大试验安全间隙(MESG/mm)和最小点燃电流比(MICR)来分级;爆炸性物质按照其引燃温度来分组。各种爆炸性物质的分类、分级和分组的方法和结果详见有关规范和手册。此略。

(7)在爆炸性环境中,应根据电气设备产生电火花,电弧和危险温度等特点采取各种措施以使各种电气设备在爆炸危险区域安全使用。

(8)在爆炸性环境使用的电气设备,在运行过程中,必须具备不引燃周围爆炸性混合物的性能。满足要求的电气设备有隔爆型(d)、增安性(e)、本质安全性(ia;ib)、正压型(p)、充油型(o)、充砂型(q)、无火花型(n)、浇封型(m)、粉尘防爆型(DT、DP)和防爆特殊型(s)等。

2. 防爆电气设备的分类

(1)隔爆型电气设备(d)(GB 3836.2)

具有隔爆外壳的电气设备,把能点燃爆炸性混合物的部件封闭在外壳内,该外壳能承受内部爆炸性混合物的爆炸压力,并阻止向周围的爆炸性混合物传爆。

(2) 增安型电气设备(e)(GB 3836.3)

正常运行条件下,不会产生点燃爆炸性混合物的火花或危险温度,并在结构上采取措施提高其安全程度,以避免在规定过载条件下出现点燃现象。

(3) 本质安全型电气设备(ia;ib)(GB 3836.4)

在正常运行或在标准试验下所产生的火花或热效应均不能点燃爆炸性混合物。

(4) 正压型电气设备(p)(GB 3836.5)

具有保护外壳,且内部充有保护气体,其压力保持高于周围爆炸性混合物气体的压力,以避免外部爆炸性混合物进入外壳内部。

(5) 充油型电气设备(o)(GB 3836.6)

全部或某些带电部件浸在油中,使之不能点燃油面以上或外壳周围的爆炸性混合物。

(6) 充砂型电气设备(q)(GB 3836.7)

外壳内充填细颗粒材料,以便在规定的使用条件下,外壳内产生电弧火焰的传播,壳壁或颗粒材料表面的过热温度均不能点燃周围的爆炸性混合物。

(7) 无火花型电气设备(n)(GB 3836.8)

在正常运行条件下不产生电弧和火花,也不产生能点燃周围爆炸性混合物的高温表面或灼热点,且一般不会发生有点燃作用的故障。

(8) 浇封型电气设备(m)(GB 3836.9)

整台设备或其中的某些部分浇封在浇封剂中,在正常运行和认可的过载或故障下不能点燃周围的爆炸性混合物。

(9) 粉尘防爆型(tD、pD、mD、iD)(GB 12476)

为防止爆炸粉尘进入设备内部,外壳的结构面紧固严密,并加密封垫圈,转动轴与轴孔间加防尘密封。粉尘沉积有增温引燃作用。要求设备的外壳表面光滑、无裂缝,无凹坑或沟槽,并具有足够的强度。

(10) 防爆特殊型(s)

这类设备是指结构上不属于上述各种类型的防爆电气设备,由主管部门制定暂行规定,送劳动部门备案,并经指定的鉴定单位检验后,按特殊电器设备"s"型处置。

3. 防爆标志与设备铭牌

(1) 防爆标志

电气设备外壳的明显处,需设置清晰的永久性凸纹防爆标志"EX";小型电气设备及仪器、仪表可采用标志牌铆在或焊在外壳上,也可采用凸纹标志。

(2) 防爆设备铭牌

防爆电气设备外壳的明显处须设置铭牌,并可靠固定。铭牌须包括以下内容:

① 铭牌的右上方有明显的标志"EX"。这里的符号"EX"(英文 explode 的前两个字母)表示电气设备符合 GB 3836.2、3、4、5、6、7、9 所述的某一种或几种防爆型式的规定。

② 防爆标志顺次标明防爆型式、类型、组别、温度级别等。

③ 防爆合格证编号(为保证安全指明在规定条件下使用者,需在编号后加符号"×")。

④ 其他需要标出的特殊条件。

⑤ 有防爆型式专用标准规定的附件标志。

⑥ 产品出厂日期或产品编号。

(3)防爆标志举例

① Ⅰ类隔爆型:dⅠ。

② Ⅱ类隔爆型 B 级 T3 组:dⅡBT3。

③ Ⅱ类本质安全型 ia 等级 A 级 T5 组:iaⅡAT5。

④ 当采用一种以上的复合型式时,须先标出主题防爆型式,后标出其他防爆型式。例如,Ⅱ类主体增安型并具有正压型部件 T4 组:epⅡT4。

⑤ 对只允许在一种可燃性气体或蒸气环境中使用的电气设备,其标志可用该气体或蒸气的化学分子或名称表示,这时可不必注明级别与温度组别。例如:Ⅱ类用于氨气环境的隔爆型;dⅡ(NH3)或 dⅡ氨。

⑥ 对于Ⅱ类电气设备的标志,可以标温度组别,也可以标最高表面温度,或二者都标出。例如,最高表面温度为 125 ℃的工厂用增安型:eⅡT4,eⅡ(125 ℃)或 eⅡ(125 ℃)T4。

⑦ 复合型电气设备,须分别在不同防爆型式的外壳上,标出相应的防爆型式。

⑧ Ⅱ类本质安全型 ib 等级关联设备 C 级 T5 组:(ib)ⅡCT5。

⑨ 对使用于矿井中除沼气外,正常情况下还有Ⅱ类 B 级 T3 组可燃气体的隔爆型电气设备:dⅠ/ⅡBT3。

⑩ 为保证安全而指明在规定条件下使用的电气设备,例如,指明为具有抗低冲击能量的电气设备,在其合格证编号后加"×",如××××-×。

注意:各种标志必须清晰、易见,并持久不褪色。

二、爆炸性环境电气设备的选用

1. 爆炸性环境内设备应根据下列条件进行选择:爆炸危险区域的分区;可燃性物质和可燃性粉尘的分级;可燃性物质的引燃温度;可燃性粉尘云、可燃性粉尘层的最低引燃温度。

2. 危险区域划分与设备保护级别的关系

(1)爆炸性环境内设备保护级别的选择应符合表 5-10 的规定。

表 5-10　爆炸性环境内设备保护级别的选择

危险区域	设备保护级别(EPL)
0 区	Ga
1 区	Ga 或 Gb
2 区	Ga、Gb 或 Gc

续表

危险区域	设备保护级别(EPL)
20 区	Da
21 区	Da 或 Db
22 区	Da、Db 或 Dc

（2）设备保护级别（EPL）是根据设备成为引燃源的可能性和爆炸性气体环境及爆炸性粉尘环境所具有的不同特征而对设备规定的保护级别。设备保护级别（EPL）与设备防爆结构的关系应符合表 5-11 的规定。

表 5-11　设备保护级别（EPL）与设备防爆结构的关系

设备保护级别(EPL)	设备防爆结构	防爆标志
Ga	本质安全型	"ia"
	浇封型	"ma"
	由两种独立的防爆类型组成的设备，每一种类型达到保护等级别"Gb"的要求	
	光辐射式设备和传输系统的保护	
Gb	隔爆型	"d"
	增安型	"e"
	本质安全型	"ib"
	浇封型	"m" "mb"
	油浸型	"o"
	正压型	"px" "py"
	充砂型	"q"
	本质安全现场总线概念(FISCO)	
	光辐射式设备和传输系统的保护	
Gc	本质安全型	"ic"
	浇封型	"mc"
	无火花	"n" 或 "nA"
	限制呼吸	"nR"
	限能	"nL"
	火花保护	"nC"
	正压型	"pz"
	非易燃现场总线概念(FNICO)	
	光辐射式设备和传输系统的保护	

设备保护级别(EPL)	设备防爆结构	防爆标志
Da	本质安全型	"iD"
Da	浇封型	"mD"
Da	外壳保护型	"tD"
Db	本质安全型	"iD"
Db	浇封型	"mD"
Db	外壳保护型	"tD"
Db	正压型	"pD"
Dc	本质安全型	"iD"
Dc	浇封型	"mD"
Dc	外壳保护型	"tD"
Dc	正压型	"pD"

注:在1区中使用的增安型"e"电气设备仅限于下列设备:
- 在正常运行中不产生火花、电弧或危险温度的接线盒和接线箱。包括主体为"d"或"m"型,接线部分"e"的电气产品。
- 配置有合适热保护装置(GB 3836.3—2010)的"e"型低压异步电动机(启动频繁和环境条件恶劣者除外)。
- "e"型荧光灯以及"e"型测量仪表和仪表用电流互感器。

3. 选用的防爆设备的级别和组别,不应低于该爆炸性气体环境内爆炸性气体混合物的级别和组别。

(1)气体/蒸气或粉尘分级与设备类别的关系应符合表 5-12 的规定。

表 5-12 气体/蒸气、粉尘分级与设备类别选择的关系

气体/蒸气、粉尘分级	设备类别
ⅡA	ⅡA、ⅡB 或 ⅡC
ⅡB	ⅡB 或 ⅡC
ⅡC	ⅡC
ⅢA	ⅢA、ⅢB 或 ⅢC(粉尘定义增加)
ⅢB	ⅢB 或 ⅢC
ⅢC	ⅢC

(2)当存在有两种以上易燃性物质形成的爆炸性混合物时,应按照混合后的爆炸性混合物的级别和组别选用防爆设备,无据可查又不可能进行试验时,可按危险程度较高的级别和组别选用防爆设备。对于标有适用于特定的气体或蒸气的环境的防爆设备,没有经过鉴定,不允许使用于其他的气体环境内。

(3)Ⅱ类设备的温度组别、最高表面温度和引燃温度之间的关系应符合表 5-13的规定。设备结构应满足设备在规定的运行条件下不降低防爆性能的要求。

表 5-13　Ⅱ 类设备的温度组别、最高表面温度和可燃气体/蒸气引燃温度之间的关系

设备温度组别	设备最高表面温度	气体/蒸气的引燃温度	允许的设备温度级别
T1	450 ℃	>450 ℃	T1～T6
T2	300 ℃	>300 ℃	T2～T6
T3	200 ℃	>200 ℃	T3～T6
T4	135 ℃	>135 ℃	T4～T6
T5	100 ℃	>100 ℃	T5～T6
T6	85 ℃	>85 ℃	T6

三、防爆电气设备的安装

1. 一般规定

（1）防爆电气设备的类型、级别、组别、环境条件及特殊标志等,应符合设计的规定。

（2）防爆电气设备应有"EX"标志和表明防爆电气设备的类型、级别、组别等标志的铭牌,并在铭牌上标明国家指定的检验单位发给的防爆合格证号。

（3）防爆电气设备宜安装在金属制作的支架上,支架应牢固,对有振动的电气设备,固定螺栓应加有防松动装置。

（4）防爆电气设备接线盒内部接线紧固后,裸露带电部分之间及与金属外壳之间的电气间隙和爬电距离(即沿绝缘表面测得的两个导电零部件之间或导电零部件与设备防护界面之间的最短路径),不应小于表 5-14 的规定。

表 5-14　增安型、无火花型电气设备不同电位的最小电气间隙和爬电距离

额定电压/V	最小电气间隙/mm	最小爬电距离/mm		
		Ⅰ	Ⅱ	Ⅲ
12	2	2	2	2
24	3	3	3	3
36	4	4	4	4
60	6	6	6	6
127	6	6	7	8
220	6	6	8	10
380	8	8	10	12
660	10	12	16	20
1 140	18	24	28	35
3 000	36	45	60	75
6 000	60	85	110	135
10 000	100	125	150	180

（5）防爆电气设备的进线口与电缆、导线应能可靠地接线和密封，多余的进线口其弹性密封垫和金属垫片应齐全，并应将压紧螺栓拧紧使进线口密封。金属垫片的厚度不得小于 2 mm。

（6）防爆电气设备外壳表面的最高温度（增安型和无火花型包括设备内部），不应超过表 5-15 的规定。

表 5-15　防爆电气设备外壳表面的最高温度

温度组别	T1	T2	T3	T4	T5	T6
最高温度/℃	450	300	200	135	100	85

注：表中 T1~T6 的温度组别应符合现行国家标准 GB 3836.1—2010《爆炸性环境　设备》（第 1 部分：通用要求）的有关规定，该标准将爆炸性气体混合物按引燃温度分为 6 级，电气设备的温度组别与气体的分组是相适应的。

（7）塑料制成的透明件或其他部件，不得采用溶剂擦洗，可采用家用洗涤剂擦洗。

（8）事故排风机的按钮，应单独安装在便于操作的位置，且应有特殊标志。

（9）灯具的安装，应符合下列要求：

① 灯具的种类、型号和功率，应符合设计和产品技术条件的要求，不得随意变更。

② 螺旋式灯泡应旋紧，接触良好，不得松动。

③ 灯具外罩应齐全，螺栓应紧固。

（10）油浸型设备，应在没有振动、不会倾斜和固定安装的条件下使用。

（11）在采用非防爆型设备作为隔墙机械传动时，应符合下列要求：

① 安装设备的房间，应用非燃烧体的实体墙与爆炸危险区域隔开；

② 传动轴传动通过隔墙处应采用填料函密封或有同等效果的密封措施；

③ 安装设备房间的出口，应通向非爆炸危险区域的环境；当安装设备的房间必须与爆炸性环境相通时，应对爆炸性环境保持相对的正压。

（12）除本质安全电路外，爆炸性环境的电气线路和设备应装设过载、短路和接地保护，不可能产生过载的设备可不装设过载保护。爆炸性环境的电动机除按照相关规范要求装设必要的保护之外，均应装设断相保护。如果设备的自动断电可能引起比引燃危险造成的危险更大时，应采用报警装置代替自动断电装置。

（13）紧急断电措施为处理紧急情况，在危险场所外合适的地点或位置应采取一种或多种措施对危险场所设备断电。为防止附加危险产生，必须连续运行的设备不应包括在紧急断电回路中，而应安装在单独的电路上。

（14）在爆炸危险区域采用非防爆型设备时，应采取隔墙机械传动。安装电气设备的房间，应采取非燃体的墙与危险区域隔开。穿过隔墙的传动轴应有填料或同等效果的密封措施。安装电气设备房间的出口应通向既无爆炸又无火灾危险的区域，若与危险区域必须相通时，则必须采取正压措施。

2. 隔爆型电气设备的安装

（1）隔爆型电气设备在安装前，应进行下列检查：

① 设备的型号、规格应符合设计要求；铭牌及防爆标志应正确、清晰。

② 设备外壳应无裂纹、损伤。

③ 隔爆结构及间隙应符合要求。

④ 结合面的紧固螺栓应齐全,弹簧垫圈等防松设施应齐全并完好,弹簧垫圈应压平。

⑤ 密封衬垫应齐全完好,无老化变形,并符合产品的技术要求。

⑥ 透明件应光洁无损伤。

⑦ 运动部件应无碰撞和摩擦。

⑧ 接线板及绝缘件应无碎裂,接线盒盖应紧固,电气间隙及爬电距离应符合要求。

⑨ 接地标志及接地螺栓应完好。

(2) 隔爆型电气设备不宜拆装;确实需要拆装时,应符合下列要求:

① 应妥善保护隔爆面,不得损伤。

② 隔爆面上不应有沙眼和机械伤痕。

③ 无电镀或磷化层的隔爆面,经清洗后应涂磷化膏、电力复合脂或防锈油,严禁刷漆。

④ 组装时隔爆面上不得有锈蚀层。

⑤ 隔爆接合面的紧固螺栓不得任意更换,弹簧垫圈应齐全。

⑥ 螺纹隔爆结构,其螺纹的最小啮合扣数和最小啮合深度,不得小于表 5-16 的规定。

表 5-16　螺纹隔爆结构螺纹的最小啮合扣数和最小啮合深度

外壳净容积 V	螺纹最小啮合深度/mm	螺纹最小啮合扣数		
		ⅡA	ⅡB	ⅡC
$V \leqslant 100\ cm^3$	5.0			试验安全扣数的 2 倍,但至少为 6 扣
$100\ cm^3 < V \leqslant 2\ 000\ cm^3$	9.0	6		
$V > 2\ 000\ cm^3$	12.5			

注:表中 ⅡA、ⅡB、ⅡC 的分级应符合现行国家标准 GB 3836.1—2010《爆炸性环境　设备》(第 1 部分:通用要求)的有关规定,按爆炸性气体混合物的最大试验安全间隙或最小点燃电流比,将 Ⅱ 类(工厂用电设备)分为 A、B、C 共 3 级。

在正常工作状态下,隔爆型电机的轴与轴孔、风扇与端罩之间不应产生碰擦。正常运行时可能产生火花或电弧的隔爆型电气设备,其电气联锁装置必须可靠;当电源接通时壳盖不应打开,而壳盖打开时电源不应接通。用螺栓紧固的外壳应检查"断电后开盖"警告牌,并应完好。

(3) 隔爆型插销的检查和安装,应符合下列要求:

① 插头插入时,接地触头应先接通;插头拔出时,主触头应先分断。

② 开关应在插头插入后才能闭合,开关在分断位置时,插头应插入或拔脱。

③ 防止骤然拔脱的徐动装置应完好可靠,不得松脱。

3. 增安型和无火花型电气设备的安装

增安型和无火花型电气设备在安装前,应进行下列检查:

（1）设备的型号、规格应符合设计要求；铭牌及防爆标志应正确、清晰。

（2）设备的外壳和透光部分，应无裂纹、损伤。

（3）设备的紧固螺栓应有防松措施，无松动锈蚀，接线盒盖应紧固。

（4）保护装置及附件应齐全、完好。

滑动轴承的增安型电动机和无火花型电动机应测量其定子与转子间的单边气隙，其气隙不得小于表 5-17 中规定值的 1.5 倍；设有侧隙孔的滚动轴承增安型电动机应测量其定子与转子间的单边气隙，其气隙值不得小于表 5-17 中的规定。

表 5-17　滚动轴承的增安型和无火花型电动机定子与转子的最小单边气隙值 δ/mm

极数	δ		
	$D \leqslant 75$	$75 < D \leqslant 750$	$D > 750$
2	0.25	$0.25 + (D-75)/300$	2.7
4	0.2	$0.20 + (D-75)/300$	1.7
$\geqslant 6$	0.2	$0.20 + (D-75)/300$	1.2

注：① D 为转子直径。

② 变极电动机的单边气隙按最少极数计算。

③ 若铁心长度 L 超过直径 D 的 1.75 倍，其气隙值按上表计算值乘以 $L/1.75D$。

④ 径向气隙值需在电动机静止状态下测量。

4. 正压型电气设备的安装

（1）正压型电气设备在安装前，应进行下列检查：

① 设备的型号、规格应符合设计要求；铭牌及防爆标志应正确、清晰。

② 设备的外壳和透光部分，应无裂纹、损伤。

③ 设备的紧固螺栓应有防松措施，无松动锈蚀，接线盒盖应紧固。

④ 保护装置及附件应齐全、完好。

⑤ 密封衬垫应齐全、完好，无老化变形，并应符合产品技术条件的要求。

（2）进入通风、充电系统及电气设备的空气或气体应清洁，不得含有爆炸性混合物及其他有害物质。通风过程排出的气体，不得排入爆炸危险环境，当排入爆炸性气体环境 2 区时，必须采取防止火花和炽热颗粒从电气设备及其通风系统吹出的有效措施。通风、充气系统与电气设备的联锁，应按"先通风后供电、先停电后停风"的正常程序动作。在电气设备通电起动前，外壳内的保护气体的体积不得小于产品技术条件规定的最小换气体积与 5 倍的相连管道容积之和。

（3）微压继电器应装设在风压、气压最低点的出口处。运行中电气设备及通风、充气系统内的风压、气压值不应低于产品技术条件中规定的最低所需压力值。当低于规定值时，微压继电器应可靠动作，并符合下列要求：

① 在爆炸性气体环境为 1 区时，应能可靠地切断电源。

② 在爆炸性气体环境为 2 区时，应能可靠地发出警告信号。

（4）运行中的正压型电气设备内部的火花、电弧，不应从缝隙或出风口吹出。通风管道应密封良好。

5. 充油型电气设备的安装

(1) 充油型电气设备在安装前,应进行下列检查:

① 设备的型号、规格应符合设计要求;铭牌及防爆标志应正确清晰。

② 电气设备的外壳和透光部分,应无裂纹、损伤。

③ 电气设备的油箱、油标不得有裂纹及渗油、漏油缺陷;油面应在油标线范围内。

④ 排油孔、排气孔应通畅,不得有杂物。

(2) 充油型电气设备的安装应垂直,其倾斜度不应大于 5°;充油型电气设备的油面最高温升,不应超过表 5-18 的规定。

表 5-18　充油型电气设备油面最高温升/℃

温度组别	油面最高温升/℃
T1、T2、T3、T4、T5	60
T6	40

6. 本质安全型电气设备的安装

(1) 本质安全型电气设备在安装前,应进行下列检查:

① 设备的型号、规格应符合设计要求;铭牌及防爆标志应正确清晰。

② 外壳应无裂纹、损伤。

③ 本质安全型电气设备、关联电气设备产品铭牌的内容应有防爆标志、防爆合格证号及有关电气参数。本质安全型电气设备与关联电气设备的组合,应符合现行国家标准 GB 3836.4《爆炸性环境用防爆电气设备(本质安全型)》的有关规定。

④ 电气设备所有零件、元器件及线路,应连接可靠,性能良好。

(2) 与本质安全型电气设备配套的关联电气设备的型号,必须与本质安全型电气设备铭牌中的关联电气设备的型号相同。关联电气设备中的电源变压器,应符合下列要求:

① 变压器的铁心和绕组间的屏蔽,必须有一点可靠接地。

② 直接与外部供电系统连接的电源变压器,其熔断器的额定电流不应大于变压器的额定电流。

③ 独立供电的本质安全型电气设备的电池型号、规格,应符合其电气设备铭牌中的规定,严禁任意改用其他型号、规格的电池。防爆安全栅应可靠接地,其接地电阻应符合设计和设备技术条件的要求。本质安全型电气设备与关联电气设备之间的连接导线或电缆的型号、规格和长度,应符合设计规定。

7. 粉尘防爆电气设备的安装

(1) 粉尘防爆电气设备在安装前,应进行下列检查:

① 设备的防爆标志、外壳防爆等级和温度组别,应与爆炸性粉尘环境相适应。

② 设备的型号、规格应符合设计要求;铭牌及防爆标志应正确、清晰。

③ 设备的外壳应光滑、无裂纹、无损伤、无回坑或沟槽,并应有足够的强度。

④ 设备的紧固螺栓,应无松动、锈蚀。

⑤ 设备的外壳结合面应紧固严密,密封垫圈完好,转动轴与轴孔间的防尘密

封应严密,透明件应无裂损。

（2）设备安装应牢固,接线应正确,接触应良好,通风孔道不得堵塞,电气间隙和爬电距离应符合设备的技术要求。设备安装时,不得损伤外壳和进线装置的完整及密封性能。

（3）粉尘防爆电气设备的表面最高温度,应符合表5-19的规定。

表5-19　粉尘防爆电气设备表面最高温度/℃

温度组别	无过负荷	有认可的过负荷
T11	215	190
T12	160	145
T13	120	110

注:表中温度组别,应符合现行国家标准GB 3836.1—2010《爆炸性环境　设备》(第1部分:通用要求)的规定。

（4）粉尘防爆电气设备安装后,应按产品技术要求做好保护装置的调整和操作。

需要注意:防爆电气设备一般体积较大、结构复杂且价格较高,在选择、安装、使用和维护时都应特别小心。

例如,BXM系列防爆照明配电箱适用于爆炸性气体混合物ⅡB级、环境温度T4组及以下的场合。图5-10所示为BXM系列防爆照明配电箱电气原理图。注意图中的N线与PE线是分开的,且N线与相线应为同时断开。图5-11所示为BXM系列防爆照明配电箱外形及安装尺寸示例图。

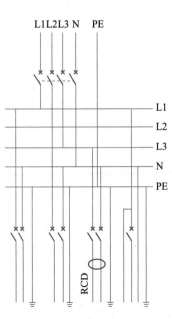

图5-10　BXM系列防爆照明
配电箱电气原理图
（根据用户要求,可组合不同的电路系统）

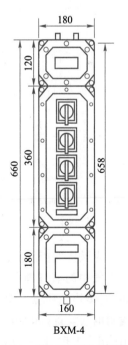

图5-11　BXM系列防爆照明配
电箱外形及安装尺寸示例图

187

又如,BAD62 系列防爆灯适用于爆炸性气体环境ⅡA、ⅡB、ⅡC 类,温度组别T3 组及以下。图 5-12 所示为 BAD62 系列防爆灯外形及安装尺寸示意图。

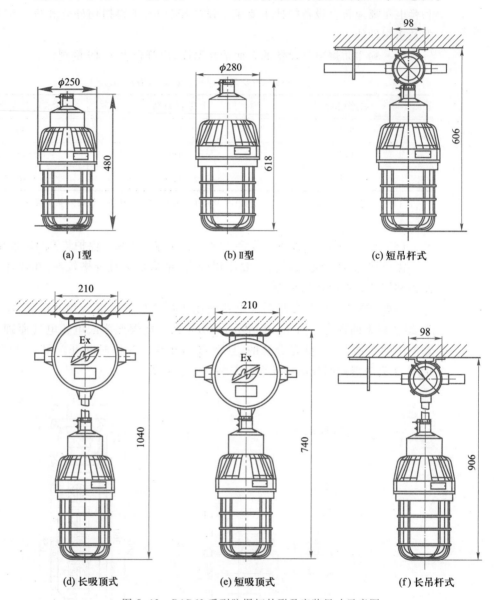

图 5-12 BAD62 系列防爆灯外形及安装尺寸示意图

应该特别指出:火药、炸药等是一种特殊的爆炸性物质,它是过氧化物,它不需要空气中的氧气即会发生爆炸。我国的有关防爆标准和规范,例如 GB 3836.1—2010《爆炸性环境 设备》(第 1 部分:通用要求)、GB 12476—2010《爆炸性粉尘环境用电气设备》和 GB 50058—2014《爆炸危险环境电力装置设计规范》等都在"适用范围"中把"使用或贮存火药、炸药和起爆药、引信及火工品生产等的环境"排除在外。而我国目前还没有专门适用于火药、炸药场所的防爆电气设备。这就使选择火药、炸药场所的电气设备成为一个问题。

自我检测题

1. 什么是电气火灾和爆炸? 酿成火灾和爆炸危险一般必须具备哪三个条件?

2. 发生电气火灾与爆炸的主要原因是什么? 产生电火花与电弧的原因有哪些?

3. 什么是爆炸危险区域? GB 50058—2014《爆炸危险环境电力装置设计规范》如何划分爆炸危险区域?

4. 爆炸危险环境中的电源系统的接地方式应满足哪些要求?

5. 对爆炸危险环境中电气设备的接地和等电位联结有何具体要求?

6. 电力变压器和断路器的防火防爆措施分别是什么?

7. 防爆电气设备的种类有哪些? 试简述各类的特点。

8. 简要说明爆炸性物质是如何分类、分级和分组的。

9. 简要说明设备保护级别(EPL)的概念。

10. 说明下列防爆标志的含义:dⅡBT2,iaⅡAT5,dⅡ(NH3),eⅡ(135 ℃)T4,dⅠ/ⅡBT4。

第 6 单元　电气绝缘试验

6.1 电工测量的基本知识

一、基本概念

首先介绍有关测量的一些基本概念。

1. 测量和误差

测量就是将已知的标准物理量与未知的被测物理量进行比较来确定某一数量或变量的过程。测量通常是由仪器或工具来实现的。随着科学技术的发展，新的测量方法和手段不断出现，新的、智能化的测量仪器越来越多；为了正确、合理、灵活地使用这些仪器，人们就要了解它们的工作原理和使用方法，并依据一定的规定对测量数据进行处理和修正，以得到正确的测量结果。绝对准确的测量结果一般是不可能的，只要测量结果能满足使用要求就可以了。因此，对测量者来说，重要的是确定满足要求的准确度，并找出造成误差的原因。由于所需的测量准确度和环境条件不同，采用的测量手段和方法也各异，实现测量过程的可行手段和方法称之为测量方法。

（1）常用的测量方法有以下几种基本形式。

① 直接测量：能够直接得出被测量结果的测量称为直接测量。例如，用钢卷尺测量距离或长度，用电压表测量电压等。

② 间接测量：在直接测量的基础上，还要通过某种换算关系进行计算才能得到最后测量结果的测量称为间接测量。例如，用热电阻测量温度，由于电阻与温度有一定的函数关系，只要测量出电阻值，就可以换算成相应的温度值。

③ 组合测量：以直接测量为基础，利用被测量在不同条件下与其他几个量之间的函数关系，建立联解方程而求出被测量结果的测量称为组合测量。

（2）按照得到测量值的方式，测量方法还可以分为以下三种。

① 直接读数法：就是直接从仪表上读取测量结果的一种方法，如用温度计测量环境温度、用电压表测量电压值等。

② 零值法：被测量与已知量相互平衡时，仪表的指针指示为零，这时已知量的数值就是被测量的数值，这种方法就是零值法。例如，用天平称量质量，当天平平衡时，砝码的质量等于被测对象的质量。此外，用电桥测量电阻也是零值法。

③ 微差法：被测量尚未被一个已知量完全补偿时，测量剩余的偏差量而达到测量目的的一种测量方法，如对热电偶鉴定时的测量方法。

（3）测量误差：当进行任何测量时，由于测量设备、环境条件的影响、测量方法和技术的不完善等原因，使被测量的真值与测量值之间产生一定的差值，这个差值就是误差。测量时，可以用一些技术措施来减小误差的影响。例如，为了进行精确测量，可以记录多个测量值而不依赖一个测量值，可以改变测量方法或使用不同的仪器测量同一个对象等。

误差按其产生原因和性质,通常可归纳为以下三个主要的方面。

① 粗大误差:是指在测量中很明显地偏离测量结果的误差。它是由试验者的粗心造成的,如读错、记错、仪器使用不当及计算错误等,在测量中要及时分析并剔除。

② 系统误差:是指在同一条件下多次测量同一被测量时,误差的大小、符号保持恒定或按照一定的规律变化的误差。这种误差主要是由仪器的精度,或者固定不变的外界因素的影响造成的。它有一定的规律性,只要将测量结果进行修正就可以消除这种误差。

③ 随机误差:又称偶然误差。是指在同一条件下多次测量同一被测量时,由于外部参数和测量系统的随机变化而产生的误差。随机误差的大小、符号均不能事先估计,也不能用试验的方法来消除,但这种误差一般符合正态分布,将这种误差计算出来就可以衡量测量结果的可靠程度。

2. 准确度和精密度

准确度指测量值与被测量真值的接近程度或一致程度。精密度又称精度,是指一组测量值之间或仪器之间一致的程度。

准确度反映的是量值之间的关系,精密度反映的则是仪器设备的质量状况。为了进一步阐述准确度和精密度的区别,可用两个构造和型号完全相同的电压表(或电流表)进行比较。两个电压表都具有刀锋式指针和镜面反射度盘以避免视觉引起的误差,其刻度亦进行过仔细的校准,这样的两个表可以读出相同的精密度。如果一个电压表中串联的电阻值发生了变化,其读数就会出现相当大的误差。因此,这两个电压表的准确度就不尽相同,但哪个电压表误差大,需要用标准电压表来判定。

精密度有两个特性,即一致性和测量所能获得的有效数字的位数。假如一个电阻的真值为 5 689.58 Ω,而用仪表测量所得数值始终重复地指示为 5.69 kΩ,测量者能读出的值就是 5.69 kΩ,这是靠估计能够读出的接近真值的值。尽管观测值没有偏差,但由于表盘读数的限制,不能获得足够的有效数字,造成了精密度误差。这个例子表明,测量时,如果要达到准确度的要求,必须考虑仪器所能提供的有效数字位数,即精确度。

实践表明,在精密的测量中,测量者使用不同的仪器或者不同的测量技术来进行一组独立的测量,可以避免相同的系统误差。此外,还必须确保仪表性能正常,同时应用已知的标准对仪器进行校准,并确保没有外界因素影响测量的准确度。

3. 有效数字

有效数字是表达被测量的量值及准确度的实际数据,它由全部准确数字和最后一位(只能是一位)存疑数字组成,它们共同决定了有效数字的位数。有效数字位数的多少反映了测量的精确度,在测量准确度允许的范围内,数据中有效数字的位数越多,表明测量的精确度越高。在测量时从仪表上直接读出的数值(刻度值)为准确数字,在准确数字后面还可以估算一位数字,该数字为存疑数字。

(1) 有效数字的表示方法

① 如果仪表指在某一刻度时,除记录刻度值外,还应记录一位存疑数值,如电

压表指针位于 221 V 时,应写成 221.0 V。这里 221 为准确数字,小数点后的 0 为存疑数字,有效数字为 4 位。

② 在记录很大或很小的数值时,应用 10 的方幂来表示有效值,如 2 150 000 可写成 $2.15×10^6$,0.000 215 可写成 $2.15×10^{-4}$ 等。

③ 数字 0 可以是有效数字,也可以不是有效数字,应视具体情况而定。例如 45.10 mV 中的 0 为有效数字,表示该数值为 4 位有效数字;又如 12.34 mm、0.012 34 m、0.000 012 34 km,这三个数字都是 4 位有效数字,但这里小数点后的 0 都不是有效数字,它们与所采用的单位有关,可以分别写成 $1.234×10$ mm、$1.234× 10^{-2}$ m、$1.234×10^{-5}$ km。

④ 可以认为,表示常数的数字的有效数字的位数是无限制的,如 $d=2r$,2 是常数,它的有效数字位数无限制,d 的有效数字的位数仅由 r 的有效数字位数来决定。

(2) 有效数字的修约规则

有效数字的位数不是任意的,为保证测量结果的一致性,国家标准对有效数字的修约有如下规定:

① 所舍去的数字中,其最左边的第一个数字小于 5 时,则应舍去,留下的数字保持不变。例如,将 115.248 7 修约保留 4 位有效数字时,因要舍去的数字中最左边的数字为 4,小于 5 应舍去,结果为 115.2。

② 所舍去的数字中,其最左边的第一个数字大于 5 时,则进 1,即在所留下数字的最后一位加 1。例如,将 115.268 7 修约保留 4 位有效数字时,因要舍去的数字中最左边的数字为 6,大于 5 则应进 1,结果为 115.3。

③ 所舍去的数字中,其最左边的第一个数字等于 5 而后面的数字并非全为 0 时,则进 1,即在所留下数字的最后一位加 1。例如,将 115.250 1 修约保留 4 位有效数字时,因要舍去的数字中最左边的数字为 5,5 后边为 01,则进 1,结果为 115.3。

④ 所舍去的数字中,其最左边的第一个数字等于 5 而后面的数字全为 0 时,所保留数字如为奇数,则进 1,如为偶数,则不进。例如,将 115.250 0 修约保留 4 位有效数字时,因要舍去的数字中最左边的数字为 5,5 后边为 00,2 为偶数则不进,结果为 115.2;将 115.350 0 修约保留 4 位有效数字时,因要舍去的数字中最左边的数字为 5,5 后边为 00,3 为奇数则进 1,结果为 115.4。

⑤ 所舍去的数字中,并非单独的一个数字时,不得对该数连续修约,应根据所拟舍去的数字中最左边的第一个数字的大小,按照上述规定处理。

(3) 有效数字的运算规则

① 加减法:当几个数据相加或相减时,可先对各有效数字修约,使各数修约到比小数点后位数最少的那个数多保留一位小数,再进行加减运算,最后对它们的和或差进行修约,使其和小数点后位数最少(即绝对误差最大)的那个数相同。

例 1　25.65 V+35.6 V+125.356 V = ?

解:对三个数先分别修约为:25.65、35.6、125.36,三个数之和为 186.61,结果为 186.6。

② 乘除法:对几个数据进行乘除运算时,可先对各有效数字修约,使各数修约

到比小数点后位数最少的那个数多保留一位小数,再进行乘除运算,最后对它们的积或商进行修约,使其和小数点后位数最少(即绝对误差最大)的那个数相同。

例 2　0.012 1×25.64×1.057 82 = ?

解:先对各有效数字修约,0.012 1 是 3 位有效数字,是有效位数最少的数字;25.64 为 4 位有效数字,保持不变;1.057 82 为 6 位有效数字,修约为 1.058;因此有

$$0.012 1×25.64×1.058 = 0.328 2$$

取 3 位有效数字,结果为 0.328。

4. 测量误差的表示方法

测量误差常用绝对误差和相对误差来表示。

(1) 绝对误差

绝对误差是指被测量对象的测量值与其真值之差,常用 Δx 来表示,即

$$\Delta x = x - x_0 \tag{6-1}$$

式中　x——测量结果(名义值);

　　　x_0——被测量的实际值(真值或标准表的示值)。

绝对误差是一个有量纲的量,它的大小与所取的单位有关;它能反映出误差的大小和方向;绝对误差有正、负之分,它的大小和正负号分别表示测量值偏离真实值的程度和方向,但它不能确切地反映出测量的精密度和准确度。

在实际测量中,还常用到修正值,它与绝对误差等值反号。如修正值用 c 表示,则有

$$c = -\Delta x = x_0 - x \tag{6-2}$$

(2) 相对误差

相对误差有实际相对误差、额定相对误差和相对引用误差之分。

① 实际相对误差等于绝对误差与实际值之比,用符号 r_A 表示,即

$$r_A = \frac{\Delta x}{x_0} \times 100\% \tag{6-3}$$

② 额定相对误差等于绝对误差与额定值之比,用符号 r_N 表示,即

$$r_N = \frac{\Delta x}{x} \times 100\% \tag{6-4}$$

③ 相对引用误差等于绝对误差与仪表的测量范围或测量上限 x_m 之比,用符号 r_F 表示,即

$$r_F = \frac{\Delta x}{x_m} \times 100\% \tag{6-5}$$

相对误差用百分数表示,因此,与绝对误差不同,它是一个量纲为一的量,且其数值大小与测量单位无关。它不仅能反映出误差的大小和方向,而且还能确切地反映出测量的精确程度。

相对引用误差去掉百分号之后常用来表示仪器仪表的精确度等级。

例 3　某一电流表量程为 300 mA,鉴定时在 250 mA 刻度处,标准表的读数为 250.05 mA,试求该点的绝对误差,实际相对误差,额定相对误差和相对引用误差(取 2 位有效值)。

解：绝对误差：根据式（6-1），得

$$\Delta x = x - x_0 = (250 - 250.05)\ \text{mA} = -0.05\ \text{mA};$$

实际相对误差：根据式（6-3），得

$$r_A = \frac{\Delta x}{x_0} \times 100\% = \frac{-0.05}{250.05} \times 100\% \approx -0.02\%$$

额定相对误差：根据式（6-4），得

$$r_N = \frac{\Delta x}{x} \times 100\% = \frac{-0.05}{250} \times 100\% = -0.02\%$$

相对引用误差：根据式（6-5），得

$$r_F = \frac{\Delta x}{x_m} \times 100\% = \frac{-0.05}{300} \times 100\% \approx -0.02\%$$

5. 测量标准

测量标准是指某一测量单位的物理模型，其单位是通过参照某一物质标准，或参照物理恒量和原子恒量的自然现象来认识的。例如，国际单位制（SI）中质量的基本单位是 kg（千克），它的定义是一立方分米的水在温度为 4 ℃、密度最大时的质量。这个质量单位有一个物质标准，即由一个"铂-铱"合金圆柱做成的国际千克原器的质量来代表，它是千克的"物质模型"。

测量标准有不同类型，根据其功能和用途分成以下几类：

（1）国际标准

国际标准是由国际协议确定的，它们代表生产和测量技术所能达到的最接近实际准确度的某些测量单位。国际标准要定期通过绝对测量来测量和核对，不允许普通测量仪器使用者用它来进行比较和校准。国际标准保存在国际计量局。

（2）基本标准

基本标准保存在世界不同地区的国家标准实验室中，分别在各个国家实验室用绝对测量来标定，测得的结果互相进行比较，得出世界平均数作为基本标准，主要用于鉴定和制定副标准，不允许带出国家实验室使用。

（3）副标准

用于工业测量实验室的基本参照标准。这些标准由特定的有关产业保存，根据地区的其他参照标准进行校检，由工业实验室负责保存和校准。副标准通常定期送到国家标准实验室，用基本标准进行对比和校准。副标准退还工业使用者时带有用基本标准表示的测量值的合格证。

（4）工作标准

它是测量实验室的主要工具。它们用来检验和校准普通试验仪器的准确度和性能，或者用来进行工业上的比较测量。

二、常用电工仪表

1. 电工仪表的分类

电工仪表是实现电磁测量过程所需技术工具的总称。它的分类方法很多，可以按工作原理及结构分类，也可按测量对象分类，还可以按使用场合、功能、准确度、防护性能等分类。这里着重叙述按工作原理及结构分类的各种常用电工仪表类别。

（1）磁电式仪表

磁电式仪表是一种根据通入电流的动圈在直流磁场中受力转动的原理而制造的仪表。在电工测量方面它主要用来测量直流电压和电流。它与整流元件及其他电量变换元件配套使用后，可组成各种不同种类的电工测量仪表。这种形式的仪表灵敏度高，损耗小，用于构成直流电压表、直流电流表时，其刻度特性具有良好的线性度，且受外界磁场影响小。

（2）电动式仪表

电动式仪表是利用通电流的定圈与动圈之间有相互作用力的原理而制造的。当定圈与动圈中的电流方向同时改变时，其相互作用力的方向不变，因此，此种仪表可构成交直流两用的电流表、电压表、功率表以及功率因数表、频率表等。它的特点是可以作成精度较高的指示仪表，例如，0.5 级以上的携带型电流表、电压表、功率表中的大部分是采用这种原理结构的。不带铁心的电动式仪表，由于磁感应强度与通过线圈的电流成正比例关系，而且空气中磁导率是一个不变的常量，因而准确度可达到较高的水平。但这种表也有其缺点，如功率消耗大，构成的电流表输入阻抗大，电压表输入阻抗低，刻度不均匀，耐过载能力低，受外界磁场影响大，结构比较复杂等。当此类仪表中的定圈绕在铁心上时，所产生的磁感应强度就大为增加，可产生较大的转矩，提高了仪表的灵敏度，这种结构的仪表称为铁磁电动式仪表。由于存在铁磁物质，准确度不如前者高，目前大部分的开关板式功率表基本上是属于这种结构的。

（3）电磁式仪表

电磁式仪表活动部件的转矩是由通电流的定圈所产生的磁场与动铁片（和活动部件相固接在一起）相互作用而产生，亦可以是处在上述磁场中心的固定铁片与动铁片之间的作用力所产生，这种结构形式大量应用于配电盘上的交流电压、电流表中及 0.5 级（或 0.2 级）携带型电压、电流表中。电磁式仪表的特点是结构简单、牢固，耐过载，并可以适当设计铁片的形状，使仪表的刻度特性得到改善。

（4）感应式仪表

感应式仪表的工作原理是一个可自由转动的铝盘在带有铁心的通电线圈所产生的交变磁场中产生感应电流，该电流与交变磁通相互作用而使铝盘转动或产生转矩。目前，大量使用的交流电能表就属于此种类型，它可以通过铝盘的转数来计量电能。

（5）变换器式仪表

变换器式仪表由各种电子元件所构成的电量变换器与磁电式电流表固定配套所组成，它是一种新发展起来的开关板式仪表，通过仪表内附（或外附专用）的各种不同电量（如交流电流、电压、功率、频率，相位等）的变换器，将被测电量变换成直流电压或电流，通过配套的磁电式直流表读数指示，由此可构成各种交流电流、电压、功率、频率、相位表。它们的特点是机械结构及工艺简单，便于大量生产。由于采用了电子元件，其灵敏度较高，功率损耗小。

2. 仪表误差及准确度等级

在实际测量中,由于测量仪表不够准确,测量方法不够完善以及其他因素的影响,都会使测量结果产生误差。仪表不同,测量时产生的误差也不同。仪表的准确度表示了测量值与真值的接近程度。仪表的准确度越高,产生的误差就越小。

仪表的准确度用准确度等级来表示,国家标准 GB/T 7676—2017《直接作用模拟指示电测量仪表及其附件》中把电气测量仪表的准确度等级分为七级,即:0.1级、0.2级、0.5级、1.0级、1.5级、2.5级、5.0级。各准确度等级的指示仪表在工作条件下使用时,其基本误差不应超出表6-1所规定的数值。

表 6-1   各准确度等级仪表的基本误差

准确度等级	0.1	0.2	0.5	1.0	1.5	2.5	5.0
基本误差/%	±0.1	±0.2	±0.5	±1.0	±1.5	±2.5	±5.0

例 4   用 1.5 级电流表的 250 mA 挡,在额定工作条件下测量某个电流值,其指示值为 200.0 mA,试求测量结果可能出现的最大相对误差,并指出实际值的范围。

解:绝对误差

$$\Delta x = (1.5\% \times 250)\ \text{mA} = 3.75\ \text{mA}$$

相对误差

$$r_F = \pm\frac{\Delta x}{x_m} \times 100\% = \pm\frac{3.75}{200} \times 100\% = \pm 1.9\%$$

实际值 x 的范围为 $(200 - 3.75)\ \text{mA} \leqslant x \leqslant (200 + 3.75)\ \text{mA}$,即 $196.25 \sim 203.75\ \text{mA}$。

6.2   绝缘电阻和吸收比的测量

一、电气试验的意义及目的

电气设备的绝缘在制造、运输、检修过程中,有可能发生意外事故而残留缺陷。它在长期运行中,又会受到水分、潮气的侵入,还会受到机械应力、电磁场、导体发热的作用以及大自然等各种因素的影响,这些都会使绝缘逐渐老化而形成缺陷。绝缘缺陷的存在和发展导致设备损坏,又可能使电力系统发生意外的停电事故,从而影响生产和生活,给国民经济造成很大的损失。

① 预防性试验。电气设备的预防性试验就是为了保证电力系统的安全运行,预防电气设备损坏,通过试验手段,掌握电气设备的质量和安全情况,制定相应的维护、检修甚至更换有缺陷设备的措施,做到防患于未然。"预防性试验"的名称就由此而来。

② 交接验收试验。对于新安装和大修后的电气设备,也要进行试验,称为交接验收试验或简称交接试验。其目的是鉴定电气设备本身及其安装和大修的质

量,以判断设备能否投入运行。

二、电气试验的分类

电气试验按作用和要求不同,可分为绝缘试验和特性试验两类。

1. 绝缘试验

电气设备的绝缘缺陷,一种是制造时就潜在的,另一种是在外界的作用下发展起来的。外界作用因素有工作电压、过电压、潮湿、机械力、热、化学等。所有这些因素可归结为两类。一类是集中性缺陷:如绝缘子的瓷质开裂;发电机绝缘的局部磨损、挤压破裂;电缆绝缘的气隙在电压作用下发生局部放电而逐步损伤绝缘;以及其他的机械损伤、局部受潮等。另一类是分布性缺陷,它是指电气设备的整体绝缘性能下降:如电机、套管等绝缘中的有机材料受潮、老化、变质等。

绝缘内部的缺陷会降低电气设备的绝缘水平。通过一些试验的方法,可以把隐藏的缺陷检查出来。这样的试验方法一般有两类:

第一类是非破坏性试验,即在较低的电压下或用其他不会损伤绝缘的方法来测量各种特性,从而判断出绝缘内部的缺陷状况。实践证明,这类方法是有效的,但由于试验的电压较低,有些缺陷还不能被发现。目前,还不能仅靠它来判断绝缘水平,还要考虑其他因素,作出综合判断,还需要不断地改进和完善非破坏性试验的方法。

第二类为破坏性试验,或称耐压试验。这类试验对绝缘的考验是严格的,特别能揭露那些危险性较大的集中性缺陷。通过此类试验,能保证绝缘有一定的水平和裕度。其缺点是可能在试验中给被试设备的绝缘造成一定的损伤,但目前它仍然是绝缘试验中的一项主要方法。

为了避免破坏性试验对绝缘的无辜损伤而增加修复难度,破坏性试验往往在非破坏性试验之后才进行。如果非破坏性试验已表明绝缘存在不正常情况,则必须在查明原因并加以消除后再进行破坏性试验。

2. 特性试验

① 特性试验。通常把绝缘以外的试验统称特性试验。这类试验主要是对电气设备的电气或机械方面的某些特性进行测试,如变压器和互感器的变比试验、极性试验、线圈的直流电阻测量;断路器的导电回路电阻、分合闸时间和速度试验等。

② 试验目的。上述试验有它们共同的目的,就是揭露缺陷,但又各具有一定的局限性。试验人员应根据试验结果,结合出厂及历年的数据进行"纵"向比较;并与同类型设备的试验数据及标准进行"横"向比较,经过综合分析来判断缺陷或薄弱环节,为检修和运行提供依据。

三、电气试验的技术措施和安全措施

电气试验工作必须坚持实事求是的科学态度,为此,有关操作人员必须具备下列三方面的条件:

1. 熟练的技术

电气试验工作人员的技术熟练程度,直接影响着试验的正确性。尽管某些试验的加压时间是以分秒计算,但大量的准备工作和正确的判断却是日积月累所形成的,必须具备下列条件,才是称职的电气试验人员。

① 了解常用电气材料的名称、规格、性能及用途。

② 了解被试验电气设备(简称试品)的名称、规格、基本结构、工作原理和用途。

③ 了解线路或供电系统的主结线和有关系统的结线。

④ 熟悉试验设备及仪器、仪表的基本结构、工作原理和使用方法,并能排除一般故障。

⑤ 能正确完成试验室和现场试验的接线、操作及测量,并熟知外界因素的影响和消除方法。

⑥ 对试验结果能进行计算、分析,并作出正确的判断。

⑦ 能采用和创造新的、更有效的试验技术。

2. 严谨的工作作风

电力系统现场的试验工作,多数在高电压、短工期的条件下进行,没有严谨的工作作风就不能圆满地完成试验任务。

① 周密的准备工作:包括拟订试验程序(简单试验程序也应该心中有数),准备好试验设备、仪器及仪表、电源控制箱、绝缘接地棒、接地线、小线、工具等。

② 合理、整齐地布置试验场地:试验器具应靠近试品,所有带电部分应互相隔开,面向试验人员并处于视线之内。操作人员活动范围和与带电部分的最小允许距离按表6-2规定。调压、测量装置及电源控制箱应靠近放置,并由一人操作和读数。

表6-2 操作人员活动范围和与带电部分的最小允许距离

电压等级/kV	6~10	25~35	66~110	220
不设防护栅时的最小允许距离/m	0.7	1.0	1.5	3.0
设防护栅时的最小允许距离/m	0.35	0.6	1.0	2.0

③ 试验接线应清晰、无误。

④ 操作顺序应有条不紊、连接恰当。除特殊要求者,均不得突然加压或失压。发生异常现象时,应立即停止升压,并随手做到降压、断电、放电、接地,然后再进行检查分析。

⑤ 做好试验的善后工作。包括清理现场以防在试品上遗忘物品,妥善放置试验器具,以利于再次使用。

⑥ 详细记录。包括试验项目、测量数据、试品名称编号、仪器仪表编号、气象条件及试验时间等。然后整理好试验报告以便抄报和存档。

3. 试验中的安全措施

交接试验和预防性试验中的多数试品装设在发、变电所现场,试品的对外引线、外壳(接地)、附近的带电运行设备、人员的嘈杂和堆放的杂物等均增加了试验工作的复杂性,加之试验项目中有些要施加高电压,因而必须具备完善的安全措施才能开展工作。

①　现场工作必须执行工作票制度、工作许可制度,工作监护制度、工作间断和转移及终结制度。

②　试验现场应装设遮栏或围栏,悬挂"止步,高压危险!"标示牌,并设专人看守,试品两端不在同一地点时,另一端还应派人看守。

③　高压试验工作不得少于两人,试验负责人应由有经验的人员担任。开始试验前,负责人应对全体试验人员详细布置试验中的安全事项。

④　因试验需要断开电气设备接头时,拆卸前应做好标记,恢复连接后应进行检查。

⑤　试验器具的金属外壳应可靠接地或做等电位联结,高压引线应尽量缩短,必要时用绝缘物支持牢固。为了在试验时确保高电压回路的任何部分不会对接地体放电,高电压回路与接地体(如墙壁、金属围栏、接地线等)的距离必须留有足够的裕度。

⑥　试验装置的电源开关,应使用有明显可见断开位置的电气装置,并保证有两个串联断开点和可靠的过载保护设施。

⑦　加电压前必须认真检查接线、仪表量程,确信调压器在零位及仪表的开始状态均正确无误,并通知有关人员离开被试设备,在取得试验负责人许可后,方可加压,并且加压过程中应有人监护。试验人员在加压过程中,应精力集中,不得与他人闲谈,随时警惕异常现象发生。操作人员应站在绝缘垫上。

⑧　变更接线或试验结束时,应首先降低电压、断开电源、放电,并将升压装置的高压部分短路接地。

⑨　未装接地线的大电容试品,应先放电后试验。进行高压直流试验时,每告一段落或试验结束后,应将试品对地放电数次并短路接地后方可接触。

⑩　试验结束时,试验人员应拆除自装的接地短路线,对试品进行检查并清理现场。

四、绝缘电阻和吸收比的测量

绝缘电阻是反映电气设备绝缘性能的基本指标之一。利用兆欧表测量绝缘电阻和吸收比,是既简单而又很适用的非破坏性试验。

测量电气设备的绝缘电阻,是检查其绝缘状态,判断其可否投入或继续运行的最为简便的辅助方法。电气设备的绝缘电阻与其绝缘上所施加的电压和所通过的电流有关,因而将施加在绝缘上的直流电压 U 和通过它的总电导电流(包括沿绝缘表面的泄漏电流和通过绝缘内部的电导电流)I 之比称为绝缘电阻。若以 R_i 表示绝缘电阻,则它们的关系为

$$R_i = \frac{U}{I} \tag{6-6}$$

1. 兆欧表(俗称"摇表")的工作原理

在现场常采用兆欧表来测量电气设备的绝缘电阻。常用的兆欧表多数为手摇式,所以俗称摇表。现在也有用电动机驱动的兆欧表以及采用晶体管的兆欧表,兆

欧表用 MΩ(兆欧)来标度。兆欧表原理图如图6-1所示。它由电源(发电机)和磁电系流比计(测量机构)组成。图中,R_A 和 R_V 分别为与流比计电流线圈 L_A 和电压线圈 L_V 相串联的固定电阻。

发电机所发出的电压经整流后加至两个并联电路(电流回路和电压回路)上。由于磁电系流比计处于不均匀的磁场之中,所以两个互成垂直角度安装在指针轴上的线圈的受力与线圈在磁场中所处的位置有关。两个线圈绕制的方向是不同的,流经其中的电流的方向也不相同,因而在同一磁场的作用下,不同方向的作用力产生不同方向的转动力矩。由于转矩差的作用,使可动部分旋转,一直旋转到两个线圈在磁场中所受转动力矩的大小相同时,指针稳定。指针的偏转角 α 与并联电路中电流的比值有关,即

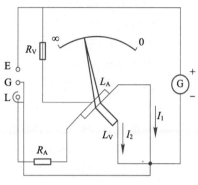

图 6-1　兆欧表原理图

$$\alpha = f\left(\frac{I_2}{I_1}\right) = \frac{U/R_V}{U/(R_A+R_x)} = \frac{R_A+R_x}{R_V} \qquad (6-7)$$

式中　I_1——流过电流线圈 L_A 中的电流;

　　　I_2——流过电压线圈 L_V 中的电流;

　　　U——发电机的电压;

　　　R_x——被测绝缘电阻。

因为并联支路电流的分配与其电阻值成反比,所以,偏转角的大小就反映了电阻值的大小。当图6-1中的"L"(相线)"E"(接地线)两个端子头开路时,线圈 L_A 中没有电流流过,即 $I_1=0$,而线圈 L_V 中则有电流 I_2 流过,指针偏转到最大位置,指示为"∞",相当于绝缘电阻为无穷大。当两端头短路时,指针指向"0",即相当于被测绝缘电阻为零。

最常用的兆欧表是国产 ZC-7 型兆欧表。图 6-2 所示为 ZC-7 型兆欧表的原理接线图。图中 G 为兆欧表的永磁式交流发电机,其转子是用永久磁铁制造的,转动发电机转子时,旋转磁场便切割定子线圈,产生感应电动势。当转子以额定转速转动时,发电机即输出额定交流电压,经二极管 D 全波倍压整流后,变成测量绝缘电阻的直流电压。C 为倍压电容器,R_A 为电流回路的电阻,R_V 为电压回路的电阻,L_A、L_V 为流比计的电流和电压线圈。L_S 绕在电流线圈的外面,串接在电压回路中,绕向与电压线圈 L_V 相反,产生一个相反方向的力矩,作为补偿线圈起到调整刻度特性和使测量稳定的作用。

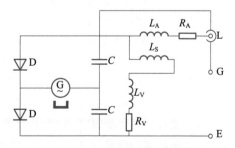

图 6-2　ZC-7 型兆欧表的原理接线图

2. 测量绝缘电阻、吸收比

当电介质中存在贯通的集中性缺陷时,其绝缘电阻值往往明显下降,用兆欧表检查时便可以发现。有些绝缘物体(如瓷或玻璃绝缘子、塑料或酚醛棒、板绝缘材料),在直流电压的作用下,其电导电流瞬间即可达到稳定值,所以测量这些材料的绝缘电阻时,也很快就达到稳定值。但对于发电机、电动机、变压器、电缆、互感器等电气设备而言,它们的绝缘是由复合电介质构成,在直流电压的作用下,会产生多种极化现象,而且从极化开始到完成,需要相当长的时间,可以用如图 6-3 的电路来表征这一作用过程。图中 R 支路中的电流代表电导电流 I_g,C 支路中的电流代表电容电流 I_c,r、ΔC 支路中的电流代表吸收电流 I_a。随着加压时间的增长,上述三种电流的总和下降,绝缘电阻相应增大,这就是所谓绝缘的吸收现象,一般来说,设备的容量越大,这种吸收现象越明显。但当绝缘受潮或有缺陷时,电流的吸收现象却不明显,总电流随时间缓慢下降。一般情况下,这一比值称之为绝缘电阻的吸收比,用 K 表示

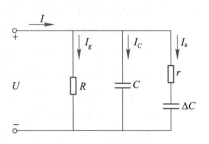

图 6-3　直流电压作用下的夹层绝缘等值电路图

$$K=\frac{R_{60}}{R_{15}}=\frac{U/i_{60}}{U/i_{15}}=\frac{i_{15}}{i_{60}} \tag{6-8}$$

式中　i_{15}、R_{15}——加压 15 s 时的电流和相应的绝缘电阻;

　　　i_{60}、R_{60}——加压 60 s 时的电流和相应的绝缘电阻;

　　　K——吸收比。

测量 K 值的试验称为吸收比试验。绝缘严重受潮或损坏时,K 接近于 1,绝缘情况良好时 K 值则大于 1(一般为 1.3 以上)。

3. 测量方法及注意事项

① 切断试品的电源,拆除或断开所有与之有关的连线并将其接地放电。对电容量较大的试品(如发电机,电缆、大中型变压器和电容器等),更需要足够的放电时间。接地放电操作应用绝缘工具(如绝缘棒、绝缘钳等)进行,切不可用手直接接触放电导线,以免有受电击的危险。

② 用干燥清洁柔软的布擦去试品表面的污垢,必要时可先用汽油或其他适当的去垢剂洗净绝缘表面的积污。

③ 将兆欧表放置平稳,驱动兆欧表至稳定的额定转速(约 120 r/min),兆欧表的表针应指示"∞"。当用导线短接兆欧表的"相线"与"接地线"端子时,瞬间低速旋转兆欧表,指示应为零。然后将试品的接地端接于兆欧表的接地端"E"上,测量端接于兆欧表的相线端子"L"上。如试品的表面泄漏电流较大,或试品为发电机、变压器等重要设备时,为避免表面泄漏电流的影响,必须加以屏蔽。屏蔽线应接在兆欧表的屏蔽端子"G"上。线路接好以后,相线暂不接于试品之上,驱动兆欧表至额定转速,其指针应指向"∞"。然后使兆欧表停止转动,将相线接至试品上。

④ 驱动兆欧表至额定转速,待指针稳定后读取绝缘电阻的数值。

⑤ 测量吸收比时,先驱动兆欧表至额定转速,待指针指示"∞"时,用绝缘工具将相线立即接至试品上,同时记录时间,分别读取 15 s 和 60 s 时的绝缘电阻值。

⑥ 读取绝缘电阻以后,先断开接至试品的相线,然后再将兆欧表停止运转,以免因试品的电容放电而损坏兆欧表。

⑦ 在湿度较大的条件下进行测量时,可在试品表面加等电位屏蔽。

⑧ 若测得试品三相绝缘电阻值过低或三相不平衡时,应进行解体试验,查明绝缘不良部分。

4. 影响绝缘电阻测量结果的因素和分析判断

(1) 影响绝缘电阻测量结果的因素

影响绝缘电阻测量结果的因素主要有温度、湿度和放电时间。

温度升高使电介质极化加剧,致使电导增加、电阻降低,因而绝缘电阻随温度升高而降低。绝缘电阻随温度的变化可根据下式计算:

$$R_{it} = R_0 \times 10^{-mt} \tag{6-9}$$

$$m = 0.11gK$$

$$\frac{i_{xt}}{R_{it}} = K^{0.1t}$$

式中 R_{it}、R_0——温度分别为 $t(℃)$ 和 0 ℃时的绝缘电阻;

  m、K——根据不同的设备、材料和结构的试验来确定的系数;

  i_{xt}——温度为 $t(℃)$ 时的泄漏电流。

绝缘表面吸潮或瓷绝缘表面形成水膜会使绝缘电阻显著降低。此外,当绝缘在相对湿度较大时会吸收较多的水分,使电导增加,绝缘电阻降低。

测试绝缘电阻相当于在绝缘上施加了直流高压,因而试品被充电,测试完毕之后应将试品充分放电,且放电时间应大于充电时间,才不致因残余电荷没能放尽,使得重复测量时所得到的充电电流和吸收电流比前一次测量值小,造成吸收比减小,绝缘电阻值增大的假象。

(2) 测量结果的分析和判断绝缘好坏的依据

对不同电气设备所测得的绝缘电阻应满足下面给出的数值,这些数值也是分析和判断绝缘好坏的依据。

① 油浸电力变压器绕组(消弧线圈、油浸电抗器)的绝缘电阻允许值见表 6-3。

表 6-3 油浸电力变压器绕组的绝缘电阻允许值

高压绕组电压等级/kV	绝缘电阻允许值/MΩ							
	10 ℃	20 ℃	30 ℃	40 ℃	50 ℃	60 ℃	70 ℃	80 ℃
3~10	450	300	200	130	90	60	40	25
20~35	600	400	270	180	120	80	50	35
66~220	1 200	800	540	360	240	160	100	70

② 油断路器和真空断路器的拉杆绝缘电阻最低值见表 6-4。

表 6-4 拉杆绝缘电阻最低值

试验类别	拉杆绝缘电阻最低值/MΩ			
	3~15 kV	20~35 kV	66~220 kV	330 kV
大修后	1 000	2 500	5 000	10 000
运行中	300	1 000	3 000	5 000

③ 支柱绝缘子和悬式绝缘子：多元件支柱绝缘子的每一个元件和每片悬式绝缘子的绝缘电阻不应低于 300 MΩ。

④ 避雷器：FS 型避雷器绝缘电阻应不低于 2 500 MΩ。35 kV 及以下的氧化锌避雷器的绝缘电阻应不低于 10 000 MΩ。35 kV 以上的氧化锌避雷器的绝缘电阻应不低于 30 000 MΩ。

⑤ 二次回路：直流小母线和控制盘的电压小母线，在断开所有其他并联支路时不应小于 10 MΩ。二次回路的每一支路和断路器、隔离开关、操作机构的电源回路不小于 10 MΩ；在比较潮湿的地方，允许降低到 0.5 MΩ。

⑥ 1 kV 以下的配电装置和电力布线：配电装置每一段的绝缘电阻不应小于 0.5 MΩ。电力布线绝缘电阻一般不小于 0.5 MΩ。

5. 极化指数

对大容量和吸收过程较长的发电机、变压器等，有时用 K 值尚不足以反映吸收全过程，则可用极化指数 P 表示，即 $P = R_{10min}/R_{1min}$。

6.3 介质损耗角正切值的测量

一、介质损耗角正切测量原理

在交流电压作用下，电介质中的部分电能不可逆地转变成热能，这部分能量称为介质损耗。单位时间内消耗的能量称为介质损耗功率。在介质损耗中，一部分是由电导引起的电导损耗，一部分则是由于极化而形成的极化损耗。介质损耗使介质发热，这是电介质发生热击穿的根源。在一定的电压和频率下，介质损耗反映绝缘介质内单位体积中能量损耗的大小。它与电介质体积无关，数值上为电介质中的电流有功分量与无功分量的比值，它的大小用介质损耗角的正切值 $\tan\delta$ 表示。

因为 $P = U^2\omega C\tan\delta$，所以当外加电压及其角频率一定时，对于电介质来说，其消耗的功率与 $\tan\delta$ 成正比，即 $\tan\delta$ 能反映出电介质的损耗特性。

通常情况下，电气设备总是由各个部件组合而成，其绝缘结构又是由多种绝缘材料组成的，因此，电气设备绝缘等值电路实际上应看成由许多简单电路的串、并联电路所组成的复杂电路（见图 1-8 和图 1-9）。一般所测得的 $\tan\delta$ 值，正是许多简单电路串、并联后的复杂电路的 $\tan\delta$ 综合值。根据分析，复杂电路的 $\tan\delta$ 综合值总是小于简单电路中个别 $\tan\delta$ 的最大值而大于简单电路中个别 $\tan\delta$ 的最小值。因此,在由许多简单等值电路串、并联组成复杂等值电路中,当其中有一个 $\tan\delta$ 值较高时,并不能有效地由综合的 $\tan\delta$ 值中反映出来。这就说明,对体积较大的,由多种绝缘材料组成的试品,其绝缘局部缺陷不易由 $\tan\delta$ 值检测出,但对严重的局部缺陷和绝缘老化、受潮等整体缺陷,对油质劣化,线圈上附着油泥等,还是能够比较灵敏地检测出来。同时,为了提高检出缺陷的灵敏度,若试品可以分解时,可采取分解试验的方法。

二、介质损耗的测量

介质损耗的大小可用介质损耗角的正切值 $\tan\delta$ 来表示,根据所测得 $\tan\delta$ 值的大小,就可以判断出介质损耗的大小。因此,可用 $\tan\delta$ 来判断电气设备的绝缘状况。通常应用交流电桥测量 $\tan\delta$ 值。常用的电桥有 QS1 型或 QS3 型高压平衡电桥,又称西林电桥。

下面以 QS1 型电桥为例,介绍测量 $\tan\delta$ 的原理和方法。

1. 电桥的工作原理

QS1 型电桥在电力系统中应用非常广泛,其基本原理和其他西林电桥相同,其原理接线图(正接线)如图 6-4 所示。图中,C_x、R_x 为试品的电容和电阻,R_3 为无感可调电阻,C_N 为高压标准电容器,C_4 为可调电容器,R_4 为无感固定电阻,G 为交流检流计。

当电桥平衡时,检流计 G 中无电流通过,说明 A、B 两点间无电位差。因此,电压 $\dot{U}_{CA}$ 与 $\dot{U}_{CB}$ 以及 $\dot{U}_{AD}$ 与 $\dot{U}_{BD}$ 必然大小相等、相位相同。即

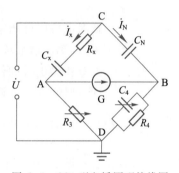

图 6-4 QS1 型电桥原理接线图

$$\dot{U}_{CA} = \dot{U}_{CB}$$

$$\dot{U}_{AD} = \dot{U}_{BD} \tag{6-10}$$

所以在桥臂 CA、AD 流过相同的电流 $\dot{I}_x$,在桥臂 CB、BD 流过相同的电流 $\dot{I}_N$。各桥臂电压之比应等于相应桥臂阻抗之比,式(6-10)可写成

$$\frac{\dot{U}_{CA}}{\dot{U}_{AD}} = \frac{\dot{U}_{CB}}{\dot{U}_{BD}} \tag{6-11}$$

即

$$\frac{\dot{I}_x Z_x}{\dot{I}_x Z_3} = \frac{\dot{I}_N Z_N}{\dot{I}_N Z_4}$$

所以

$$\frac{Z_x}{Z_3} = \frac{Z_N}{Z_4} \tag{6-12}$$

由图 6-4 可见

$$Z_x = R_x - j\frac{1}{\omega C_x}, \quad Z_N = -j\frac{1}{\omega C_N}$$

$$Z_3 = R_3, \quad Z_4 = \frac{1}{\dfrac{1}{R_4} + j\omega C_4}$$

将 Z_x、Z_N、Z_3、Z_4 带入(6-12)中,并令等式两边的虚部、实部分别相等,则可得

$$C_x = \frac{R_4}{R_3} C_N \tag{6-13}$$

$$\tan\delta = \omega C_4 R_4 \tag{6-14}$$

由式(6-13)和式(6-14)可知,当 C_N、R_3、R_4 为已知时,可计算出试品对地电容值 C_x。在电桥平衡条件下,$\tan\delta$ 只与电源的频率 ω 和 R_4 有关,而与试品的电容 C_x 无关。只要选择合适的 ω、C_4、R_4,就可以得出 $\tan\delta$ 的值。在工频时,频率为 $f =$ 50 Hz,$\omega = 2\pi f = 100\pi$,令 $R_4 = 10\,000/\pi$,则有

$$\tan\delta = \omega C_4 R_4 = 100\pi C_4 \times \frac{10\,000}{\pi} = 10^6 C_4$$

此时电桥中可调电容 C_4 值经过换算就是所测的 $\tan\delta$ 的值,可直接从电桥面板上 C_4 的刻度盘上读取。

2. QS1 型电桥的构造

QS1 型电桥内可调电容 C_4 是一个可调十进制电容箱,它由 25 只无损耗电容器组成$(5\times0.1 + 10\times0.01 + 10\times0.001)\,\mu F$;无感电阻 R_4 的阻值选取$\dfrac{10\,000}{\pi}\,\Omega = 3\,184$ Ω。如上所述,当电阻 R_4 的阻值选取$\dfrac{10\,000}{\pi}\,\Omega$ 时,则 $\tan\delta = 10^6 C_4\,(F)$,当 C_4 以微法(μF)计时,则 $\tan\delta = C_4$。这样,C_4 的微法数就可直接表示 $\tan\delta$ 的值。为便于读数,C_4 的刻度未给出电容值,而是给出 $\tan\delta$ 的百分数。

其他部分有检流计、调零、频率调节、灵敏度和过电压保护装置等。其中,检流计是用来检测电桥是否在平衡状态的指示装置;调零是使光带在最狭窄时,正好处在光标的"0"位处;频率调节是使光带在一定输入信号量时,获得最大宽度,即最佳频率响应;灵敏度的刻度标字为 $\pm(0\sim10)$ cm,使光带在有信号流过检流计时获得最大宽度。

过电压保护装置是由两只启动电压为 300 V 的放电管分别并联在第三臂、第四臂与地之间。当发生试品或标准电容器击穿时,第三臂或第四臂将承受全部试验电压,放电管达到启动电压时将自动放电,从而保护电桥和人身安全。

3. 电桥的使用

(1) 电桥的技术特性

额定工作电压:10 kV;

$\tan\delta$ 的测量范围:0.5% ~ 60%;试品 C_x 的测量范围:30 pF ~ 0.4 μF($C_N =$ 50 pF 时);

测量误差：$\tan\delta = 0.5\% \sim 3\%$ 时，不大于 $\pm 0.3\%$ ；

$\qquad\qquad\quad \tan\delta = 0.3\% \sim 6\%$ 时，不大于 $\pm 10\%$ ；

C_x 的测量误差：不大于 $\pm 5\%$ 。

当电桥降低电压使用时，其灵敏度亦降低。

（2）高压测量

有下列三种方法：

① 正接线：QS1 型交流电桥正接线法如图 6-5 所示。

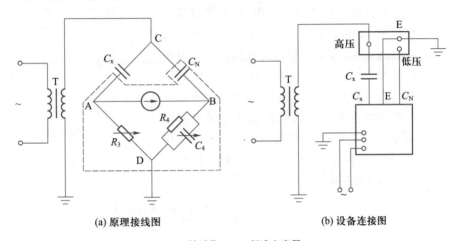

(a) 原理接线图　　　　　　　　(b) 设备连接图

C_x—被试物；C_N—标准电容器

图 6-5　QS1 型交流电桥正接线法

正接线是按电桥设计的绝缘状态，高压部分接试验高压，低压部分接试验低压，接地部分（E）接地。桥体引线"C_x""C_N""E"处于低压，该引线可任意放置，无需使其"绝缘"，操作安全方便，外界干扰较小，且不受试品对地寄生电容的影响，测量准确，但要求试品两极对地均有足够的绝缘。

② 反接线：QS1 型交流电桥反接线法如图 6-6 所示。

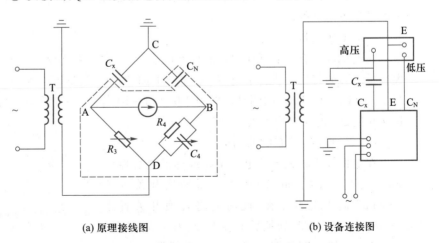

(a) 原理接线图　　　　　　　　(b) 设备连接图

C_x—被试物；C_N—标准电容器

图 6-6　QS1 型交流电桥反接线法

反接线是与电桥设计的绝缘状态成相反接线,即高压部分接地,而接地部分接入高压。桥体引线"C_x"、"C_N"、"E"处于高压状态,同时标准电容器 C_N 外壳处于高压。因此试验时,该引线应用绝缘绳带或绝缘物悬挂支撑起来。此时试品连同引线的对地寄生电容会引起测量误差,尤其是 C_x 较小时更为显著。这种接法适用于试品的一极接地的情况。

③ 对角接线:对角接线法如图 6-7 所示。

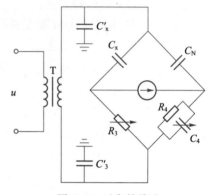

图 6-7　对角接线法

此种接线现场很少使用,只有当试品一极接地,而电桥又没有足够绝缘强度进行反接线测量时,可采用对角法接线。但在对角接线时,由于试验变压器高压绕组引出线回路与设备对地(包括对低压绕组)的全部寄生电容均与 C_x 并联,给测量结果带来很大误差。因此要进行两次测量,一次不接试品,另一次接试品,然后按式(6-15)计算,以消除寄生电容的影响。

$$\tan \delta = \frac{C_2 \tan \delta_2 - C_1 \tan \delta_1}{C_2 - C_1} \tag{6-15}$$

$$C_x = C_2 - C_1 \tag{6-16}$$

式中　$\tan \delta_1$——未接入试品时的测得值;

$\quad\quad\tan \delta_2$——接入试品后的测得值;

$\quad\quad C_1$——未接入试品时测得的电容;

$\quad\quad C_2$——接入试品后测得的电容。

图 6-7 中,C_x' 为高压端寄生电容,C_3' 为低压端寄生电容。

因此,只有在试品电容远大于寄生电容时才适宜采用这种接线,否则测量结果可能是很不准确的。

(3) 低压测量

在电桥内装有一套低压电源和标准电容器,通常用来测量低电压(小于100 V)大容量电容的特性。当标准电容 $C_N = 0.001$ μF 时,C_x 测量范围为 300 pF~10 μF;当 $C_N = 0.01$ μF 时,C_x 的测量范围为 3 000 pF~100 μF;$\tan \delta$ 的测量精度与高压测量法相同;C_x 的误差应不大于±5%。

(4) "$-\tan \delta$"位置时的测量

在电桥处于较强的外电场干扰或标准电容器的 $\tan \delta$ 大于试品的 $\tan \delta$ 时,若电桥转换开关置于"$+\tan \delta$"时不能调平衡,此时应将转换开关置于"$-\tan \delta$"位置测量,转换后电容 C_4 改为与 R_3 并联。$-\tan \delta$ 测量接线图如图 6-8 所示。电桥调平衡时,各臂阻抗值的实部与虚部都应相等,于是

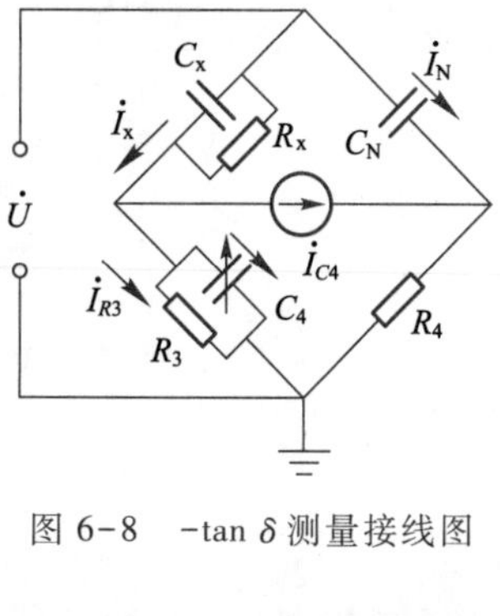

图 6-8　$-\tan \delta$ 测量接线图

$$C_x = \frac{R_4}{R_3} C_N, \quad R_x = \frac{1}{\omega^2 C_N C_4 R_4}$$

$$\tan \delta = \frac{1}{\omega C_x R_x} = -\omega C_4 R_3 \tag{6-17}$$

式（6-17）中的结果 $\tan \delta$ 为负值，这表明试品并不是真实的"负"损耗，而是说明试品的 $\tan \delta$ 比标准电容器更小，或是外界干扰较大。在用"$-\tan \delta$"测量时，分流器置于 0.01 挡位置，其数值可按式（6-18）进行计算

$$-\tan \delta = \omega (R_3 + R_x) C_4 = \omega (R_3 + R_x) \tan \delta \times 10^{-6} \tag{6-18}$$

例如，$R_3 = 636 \ \Omega$，$R_x = 0.8 \ \Omega$，$\tan \delta = 12\%$，代入式（6-18）可得

$$-\tan \delta = 2\pi \times 50 \times (636 + 0.8) \times 12\% \times 10^{-6} = 2.4\%$$

（5）操作及注意事项

① 测量 $\tan \delta$ 的试验，由于施加高压，且持续时间长，因此，操作时除应严格执行电业安全规程有关规定外，接地线、电桥及标准电容器的绝缘应良好并符合规定要求。

② 试验用各设备质量应符合要求，作为标准的电容器应定期送检。设备布置时，各设备的距离和位置应合理，以保证测量准确度。

③ 试验时，应在周围一定区域内设置安全警戒标示，与试验无关的人员一律不准入内，除操作人员外，还应有监护人员。

④ 正确操作仪器设备。

⑤ 合理选用试验变压器的容量，对于不同的被试对象，测量 $\tan \delta$ 时试验变压器的容量可参照表 6-5。

表 6-5　测量 $\tan \delta$ 时试验电源容量的选择

被试对象	套管、电流互感器、电压互感器	电力变压器、电压互感器、耦合电容器、小型电动机	发电机、同步补偿机、大型电动机、中等长度电缆	长电缆、电力电容器
电容量/pF	1 000	10 000	100 000	1 000 000
电源变压器二次侧线圈最大允许电流/mA	5	50	500	5 000
电压为 10 kV 时变压器的容量/（kV·A）	0.05	0.5	5	50

⑥ 注意消除外界干扰的影响。

三、影响测量 $\tan \delta$ 的因素

在现场测试 $\tan \delta$ 值时，由于试品受到周围电场、磁场、表面泄漏等的影响，使得准确测量 $\tan \delta$ 很困难。这些干扰因素可能使测得的 $\tan \delta$ 值不真实。同时，试品绝缘材料和结构不同，环境、温度和运行状况各异，也使 $\tan \delta$ 值受到很大的影

响。因此,要想在测试中正确地得出 $\tan\delta$ 值,必须排除外界各种因素干扰,并将不同温度下的 $\tan\delta$ 值进行换算,才能获得试品的真实 $\tan\delta$ 值,为判断试品绝缘提供准确的依据。具体操作如下:

1. 消除电场干扰

① 屏蔽法。此法只适于试品体积较小时。在试验中,将试品用金属罩或金属网罩住,并将金属网罩接屏蔽"E"或"地",使干扰电流不流经测量系统,只进入屏蔽或直接入地,减小寄生电容的影响,这样可使 $\tan\delta$ 不受外界电场影响。

② 倒相法。这是一种比较简便的方法。测量时将试验电源正接和反接时各测一次,分别得出两组测量结果 $\tan\delta_1$、C_1 和 $\tan\delta_2$、C_2,然后进行计算并求出 $\tan\delta$、C_x。如果轮流使用三相电源进行测量,应选取三相中 $\tan\delta_1$、C_1 和 $\tan\delta_2$、C_2 中差值最小的一组,然后取其平均值作为试品的 $\tan\delta$、C_x 近似值。当干扰不大时,C_1、C_2 相差也不大,此时 $\tan\delta \approx (\tan\delta_1 + \tan\delta_2)/2$,$C_x = (C_1 + C_2)/2$。假如干扰电源相位与电源相位相差不是 $120°$,这种方法的试验结果是近似的,其近似程度与二者相位有关,比较精确的方法是下面介绍的移相法。

③ 移相法。移相法就是采用移相电源代替普通电源进行测量的一种方法。当干扰电源一定时,干扰电源电流"i"的相位也是一定的。通过移相器改变试验电源电压的相位,使进入 C_x 中的电流"i_x"的相位可调,只要使"i_x"与"i"同相或反相即可使测得的 $\tan\delta$ 与真实值一致;反相再测一次,取正、反二次测量的平均值即可。用移相法消除干扰的接线如图 6-9 所示。此法与倒相法比较,倒相法每倒相一次只能将试验电源相位移相 $120°$,而移相法则可利用移相器使试验电源相位在 $0\sim360°$ 范围内变化,所以倒相法是移相法的一种特例。

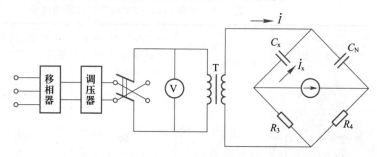

图 6-9　移相法消除干扰

2. 消除表面泄漏

当试品电容量较小且表面受潮脏污时,消除表面泄漏对 $\tan\delta$ 值的影响是很重要的。一般在现场试验时,使用软裸金属线或金属片紧贴试品表面绕成屏蔽环并与电桥的屏蔽相接,使表面泄漏电流不经桥臂而直接引回电源。用屏蔽环消除表面泄漏示意图如图 6-10 所示。

注意,屏蔽环的装设应尽量靠近 C_x 接线端,以尽量少改变原电场分布。

3. 消除磁场干扰

一般情况下,磁场的干扰影响较小,它主要作用于检流计的线圈。在试验前,先检查是否有磁场干扰,其方法是接通电桥电源,使检流计开关在断开位置时,观

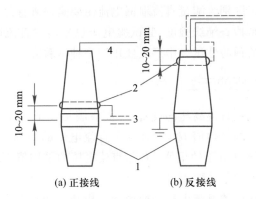

(a) 正接线　　　　　(b) 反接线

1—被试套管;2—屏蔽环;3—至电桥的 C_x 端;4—至电桥高压端

图 6-10　用屏蔽环消除表面泄漏示意图

察光带有无扩展的宽度,若有则视为有磁场干扰存在。其干扰大小视其光带扩展宽度的大小确定。为了减少干扰,通常是使电桥远离干扰源,或使电桥在原地转动,观察光带扩展情况,取其最小扩展宽度位置进行试验。试验时读取检流计在"接通Ⅰ"和"接通Ⅱ"情况下所测结果的平均值。

4. 消除温度对 $\tan\delta$ 值的影响

一般来说,试品的 $\tan\delta$ 值是随温度上升而增加的。为了便于比较设备绝缘情况,在不同温度下所测得的 $\tan\delta$ 值都应当换算至 20 ℃时的值,换算系数可查阅专门的换算表格。由于试品真正的平均温度难以测定,换算系数在一定温度范围内误差较小,因此通常 $\tan\delta$ 的试验在 10~30 ℃的温度下进行,其结果换算后比较准确。

随着数字技术在测量领域的推广应用,测量 $\tan\delta$ 的仪器也向数字化、微机化方向发展,仪器的智能化程度也越来越高,对各种干扰信号采取了一系列的过滤和隔离技术,干扰对测量的影响得到了一定程度的改善,目前工频下的干扰基本可以忽略不计。

四、$\tan\delta$ 结果分析

除了电磁干扰及温度对 $\tan\delta$ 测量有影响外,试验电压、试品电容对 $\tan\delta$ 的影响也是存在的。一般来说,$\tan\delta$ 与电介质温度、湿度、表面脏污、缺陷体积大小等有关;对 $\tan\delta$ 的分析,可判断绝缘普遍受潮、绝缘油或固体有机绝缘材料普遍老化等情况。通过分析 $\tan\delta$ 与试验电压关系曲线,还可判定电介质中是否存在较多气隙。对于 $\tan\delta$ 的分析,一是同历年测试结果进行比较,二是与同类设备进行比较,看它们之间有无明显差异。此外,还配合其他绝缘试验结果,进行全面综合分析判断,以便最终确定试品绝缘状态。

6.4　直流耐压试验及直流泄漏电流的测量

直流泄漏电流的测量与直流耐压试验的方法是基本一致的,但从试验目的来

看则有一定区别。测量直流泄漏电流主要是检查绝缘情况,试验电压较低;直流耐压试验则是检查绝缘强度,其试验电压也较高。直流耐压试验是目前高压电气设备和电缆的预防性试验中广泛使用的一种试验方法。

一、试验用直流高压的产生设备

用来产生直流高压的设备,一般应满足以下三个参数的要求。一是输出的额定直流电压的平均值 U_P,二是额定直流电流的平均值 I_P,三是输出电压的脉动系数 S(S 为脉动电压的幅值 ΔU 与直流电压的平均值 U_P 之比)。这三个参数均应满足国家有关规范的要求。

目前常用的直流电压一般由交流电压经整流后得到,高压整流设备一般为高压硅整流器(又称高压硅堆)。图 6-11 所示为高压硅堆半波整流电路。此外,用倍压整流电路也可获得所需的高压试验电压。

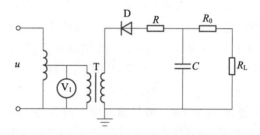

图 6-11　高压硅堆半波整流电路图

二、试验接线

直流耐压和泄漏试验线路按微安表所处的位置不同,一般可分为如下两种:

1. 微安表处于高压侧

若所用的试验变压器只有一只引出线套管时,可采用微安表接在高压侧的试验原理接线图,如图 6-12 所示,试验变压器 T 的高压端接至高压整流管 D 的负极。由于整流管的单向导电性能,其正极就有负极性的直流高压输出。为了减小直流电压的脉动,在试品 C_x 上并联稳压电容 C',该电容的值一般不小于 0.1 pF,电容量较大的试品,如发电机、电缆等可以不加稳压电容。

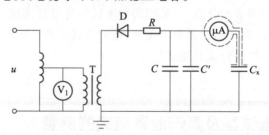

V_1—低压电压表;R—保护电阻;T—试验变压器;μA—微安表

图 6-12　微安表接在高压侧的试验原理接线图

　　当直流高压的脉动足够小时,其电压波形的峰值、有效值和平均值十分近似。一般用高压静电电压表来测量加在试品上的电压,也可以用低压侧的电压表 V_1 来读取加在试品上的电压,但应进行换算。串接在试品 C_x 上的微安表可测量泄漏电流。

　　采用这种试验接线时,微安表处在高压端,试品的对地绝缘不受高压对地杂散电流的影响,所测得的泄漏电流值较为准确。但由于微安表在高压侧,读数和切换都比较困难。注意微安表及从微安表至试品的引线应加装屏蔽。

　　2. 微安表处于低压侧

　　若所用的试验变压器有两只出线套管时,可采用微安表接在低压侧的试验原理接线图,如图 6-13 所示。此种接线,微安表处于低压端,优点是读数安全,切换量程方便。缺点是杂散电流的影响较大,测量结果的误差受环境、气候和试验变压器的绝缘状况的影响。

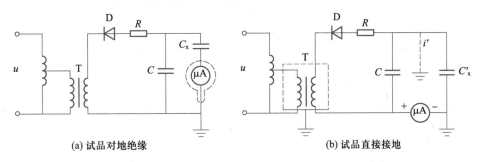

图 6-13　微安表接在低压侧的试验原理接线图

三、直流泄漏电流的测量

　　① 当直流电压加至试品的瞬间,流经试品的电流有电容电流、吸收电流和泄漏电流。电容电流是瞬时电流。吸收电流也可在较长时间内衰减完毕,最后逐渐稳定为泄漏电流。一般在试验时,先把微安表短路 1 min,然后打开进行读数。对具有大电容的设备,短路 3~10 min,或一直到电流稳定才记录。但不管取多少时间,在对前后所得结果进行比较时,必须采用相同的时间。

　　② 消除杂散电流的方法。绝缘良好的试品,内部泄漏电流很小。因此,绝缘表面的泄漏和高压引线的杂散电流等都会造成测量误差。必须采取屏蔽措施,对处于高压的微安表及引线,应加屏蔽,试品表面泄漏电流较大时,应加屏蔽环予以消除。如果采用微安表接在试验装置的低压侧的接线,试验装置本身泄漏电流又较大时,应在未接入试品之前记录试验电压各阶段的泄漏电流。然后在试验结果中分别减去这些泄漏电流值。

四、放电

　　试验完毕,切断高压电源,一般需待试品上的电压降至 1/2 试验电压以下之后,先将试品经电阻接地放电,最后再直接接地放电。对大电容量试品如长电缆、电容器、大电机等,需放电 5 min 以上,以使试品上储存的电荷放尽。另外,当附近电气设备有感应静电电压的可能时,也应予放电或事先短路。经过充分放电后,才能接触试品,更改接线或结束试验,拆除接线等。

对电力电缆、电容器、发电机、变压器等,必须先经适当的放电电阻对试品进行放电。如果直接对地放电,可能产生频率极高的振荡过电压,对试品的绝缘有危害。放电电阻应根据试验电压高低和试品的电容而定,但必须有足够的电阻值和热容量,电阻值大致上可按(200～500)Ω/kV 来考虑,一般选用专用的带有放电电阻器的放电棒进行放电。放电棒的外形结构如图 6-14 所示。

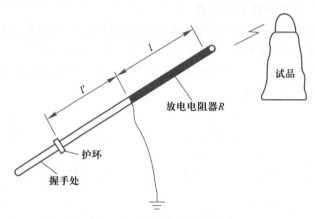

图 6-14　放电棒的外形结构

五、试验结果的判断

对直流耐压试验的结果,主要应从以下几方面进行分析判断:

1. 是否发生击穿

试品在规定的直流耐压试验电压下和持续的时间内,若发生击穿,则判断为不合格。试品是否发生击穿可以从仪表的读数及断电后放电火花的大小等方面进行分析判断。试验中若发现接入试验线路的微安表指示突然急剧地增高,或者接入试验线路的电压表的指示突然明显下降,一般皆表明试品击穿。对电容量较大的试品,当仪表发生上述情况时,去掉直流高压后,将试品对地放电,火花很小,甚至没有火花,则更能表明已被击穿。

2. 微安表指示有无周期性摆动

在试验中,如果微安表指示有周期性的大幅度摆动,常常说明试品绝缘有间隙性的击穿。这是由于,在一定电压下,间隙被击穿,电流突然增大,试品电容上的电荷经被击穿的间隙放电,充电电压下降,直到间隙绝缘相应恢复,电流又减小;然后,充电电压又升高,再使间隙击穿、再放电……如此重复发生上述现象,因而导致微安表指示发生周期性的摆动。

注意,发生微安表指示周期性摆动时,应排除其他因素的影响。例如,被试绝缘表面脏污、试验电源波动、试验设备本身绝缘不良等,都会引起泄漏电流不稳定,造成微安表指示摆动。此外,如果用整流管整流时,整流管老化等原因也会造成电流表指示周期性摆动。这些都是应当加以区别的,否则会造成误判断。

3. 泄漏电流

在耐压试验过程中,若泄漏电流随耐压时间的增长而上升,通常说明绝缘存在缺陷,例如存在绝缘分层、松弛、受潮等。对于电缆这类试品,若发现泄漏电流随耐压时间而上升时,还应适当延长耐压时间,以进一步观察绝缘是否被击穿。

温度对泄漏电流的影响极为显著,因此,最好在与真实工作现场相近的温度条件下进行测量,以便进行分析比较。

泄漏电流的数值,不仅和绝缘的性质、状态有关,而且和绝缘的结构、设备的容量等有关。因此,不能仅从泄漏电流的绝对值孤立地判断绝缘是否良好,更重要的是应分析其温度特性、时间特性、电压特性及长期以来的变化趋势来进行综合判断。

4. 耐压前后绝缘电阻值的变化

如果耐压以后的绝缘电阻值比耐压前有显著降低,则说明绝缘有问题,甚至已在试验电压下击穿。

六、直流耐压和泄漏试验的特点

① 做直流耐压试验时,试品所通过的是泄漏电流,其数值最多只达毫安级,核算到试验变压器的容量是微不足道的。因此直流耐压试验设备比较轻便,便于在现场进行预防性试验。

② 直流耐压试验和直流泄漏电流测量可以同时进行。在进行直流耐压试验时,可以在升压和耐压过程中测量相应试验电压下的泄漏电流,以便绘制电流-电压特性曲线,更有效地反映绝缘内部的集中性缺陷。

③ 直流耐压试验更容易发现电机的端部绝缘中存在的缺陷。在直流电压作用下,线棒绝缘中没有电容电流流过,故电机端部的绝缘表面也没有显著的电压降,使端部绝缘上的电压与所加电压相一致,这样就使远离接地部分的端部绝缘弱点也能击穿暴露。

④ 在试品上施加直流高压时,绝缘内介质损耗极小,长时间加直流电压不会使绝缘强度减弱。另外,当绝缘中有气泡时,在直流电压作用下,气泡中因局部放电而产生的正、负电荷将反向运动,停留在气泡壁上,这样便使外电场在气泡里的强度不断减弱,从而抑制了气泡内部的局部放电过程,所以直流耐压试验对绝缘的损伤较小。

⑤ 直流耐压试验一般应采用负极性试验电压。在对油浸纸绝缘电缆之类的设备进行直流耐压试验时,一般是将直流试验电压的负极接于缆芯导线上;如果正极接缆芯导线,则绝缘中如有水分存在,将会因电渗透性作用使水分移向铅包,导致缺陷不易发现。

6.5 工频交流耐压试验

随着电力工程技术的不断发展,各种新型绝缘材料得到广泛使用,电气设备的工作电压越来越高,结构也更加复杂。为了保证电气设备在正常工作电压下可靠工作,并能承受一定范围的过电压,就需要采取各种模拟手段对电气设备的绝缘强度进行检验。虽然前面讲过的绝缘电阻和吸收比试验、直流耐压和泄漏电流试验以及介质损耗角测量试验等能发现很多绝缘缺陷,但因其试验电压低于试品的工作电压,往往使一些绝缘缺陷还不能检查出来。为了进一步暴露设备绝缘缺陷,有必要进行另外一种交流耐压试验。交流耐压试验是鉴定电气设备绝缘强度的最有效和最直接的方法;它对于判断电气设备能否投入运行具有决定性的意义;也是保证设备绝缘水平,避免发生绝缘事故的重要手段。

交流耐压试验的电压大小、波形、频率和在试品绝缘内部电压的分布,均符合实际运行的情况,因此,交流耐压试验能有效地发现电气设备存在的较危险的集中性缺陷。但对于固体有机绝缘来说,交流耐压试验会使原来存在的绝缘弱点进一步发展,使绝缘强度逐渐减弱,形成绝缘内部劣化的积累效应。因此,必须正确地选择试验电压的标准和耐压时间。试验电压越高,发现绝缘缺陷的有效性越高,但试品被击穿的可能性越大,积累效应也越严重;反之,试验电压低,则难以发现缺陷,使设备在运行中击穿的可能性增加。因此,对交流耐压试验的电压和加压持续时间,国家有关试验规范中均有明确的规定,必须按规定的试验电压和持续时间进行试验。

绝缘击穿电压值不但与所加电压有关,而且还与加压的持续时间有关,尤其对有机绝缘更是如此,其击穿电压随加压时间的增加而逐渐下降。现有标准规定加压时间一般为 1 min;这一方面是为了便于观察试品情况,使有弱点的绝缘有时间暴露,特别是固体绝缘发生热击穿需要一定的时间;另一方面,又考虑到不致因加压时间过长而引起不应有的绝缘损伤,使本来合格的绝缘发生热击穿。

交流耐压试验一般都在绝缘电阻、吸收比、泄漏电流、介质损耗角及绝缘油等项目试验的基础上进行。根据已做的有关试验,可初步鉴定设备绝缘情况。若已发现设备的绝缘情况不良(如受潮和局部缺陷等),为避免在进行耐压试验过程中,造成不应有的绝缘击穿而延长检修时间或影响设备投入运行,应先进行处理后再做耐压试验。

一、试验接线

试验用的工频高电压通常采用高压试验变压器产生。对电容量较大的试品,可以采用串联谐振回路来产生高电压;对于电力变压器、电压互感器等具有绕组的试品,可以采用 100~300 Hz 的中频电源对其低压侧线圈励磁产生高电压。

1. 工频试验变压器的耐压试验原理接线

交流耐压试验的接线,应按试品的电压、容量和现场实际试验设备条件来决定。通常试验变压器是成套设备(包括控制及调压设备),但现场有时只有试验变压器而没有控制箱,所以常根据现场条件选择试验线路。图 6-15 所示为常用的交流耐压试验原理接线图。

交流耐压的试品一般为容性负载,试验时应从零开始升压,逐渐达到试验所需电压值。否则,如果突然加压或降压,当试品的电容量较大时,由于励磁涌流的作

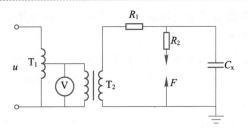

图 6-15　常用的交流耐压试验原理接线图

用,可使试品上产生过电压,超出试验变压器的输出电压,致使试品上的电压与实际试验电压不符。所以一般用调压器 T_1 来逐渐升压和降压。T_2 为试验变压器;R_1 为试验变压器的保护电阻,当试品突然击穿或放电时,R_1 可以限制过电流;一旦发生放电振荡时,R_1 还可以限制振荡的次数和峰值。R_2 为放电球隙击穿时的限流电阻,C_x 为试品。

2. 试验变压器的组合接线

如果试验时需要较高的电压或较大的电流,当无适当的高压试验变压器时,可将试验变压器(有时用电力变压器)或互感器组合使用,采用串联或并联组合的方法,以得到所需的试验电压和电流。当采用串联组合时,应注意考虑处于高电位的试验变压器绕组的绝缘水平。用两台试验变压器串联产生试验电压的原理接线图如图 6-16 所示。

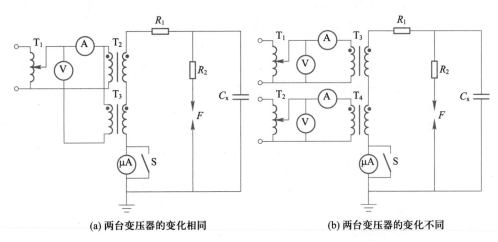

(a) 两台变压器的变化相同　　　　　　　　　　(b) 两台变压器的变化不同

图 6-16　用两台试验变压器串联产生试验电压的原理接线图

二、试验设备的选择

交流耐压试验所用的设备通常有试验变压器、调压设备、过电流保护装置、电压测量装置、击穿指示器、限流电阻及信号装置等,其中最关键的设备为试验变压器、调压设备、限流电阻及电压测量装置。

1. 试验变压器

试验变压器的电压高,容量小(高压绕组电流一般为 0.1~1 A),持续工作时间短,绝缘层厚,通常高压绕组一端接地。因而在使用时需要考虑这些特点,以便正

确使用。在选用试验变压器时,主要应考虑以下几个参数:

（1）电压

根据试品的试验电压,选用具有合适电压的试验变压器,并检查试验变压器所需低压侧电压是否与现场电源电压、调压器相匹配。

（2）电流

试验变压器的额定电流,应能满足流过试品的电容电流和泄漏电流的要求,一般按试验时所加的电压和试品的电容量来计算所需的试验电流

$$I_C = \omega C_{\mathrm{x}} U_{\mathrm{s}} \qquad (6-19)$$

式中　I_C——试验时试品的电容电流,mA;

　　　ω——电源角频率;

　　　C_{x}——试品电容量,μF;

　　　U_{s}——试验电压,kV。

试品的电容可用交流电桥或电容电桥测出,也可在试品上施加工频低压,根据测得的电压和电流(感抗和阻抗的影响不计)来估算

$$C_{\mathrm{x}} \approx \frac{I}{\omega U} \qquad (6-20)$$

式中　I——测量电流,mA;

　　　U——外加电压,kV。

（3）试验变压器的容量

由下式可以求出相应的试验变压器的容量

$$P = \omega C_{\mathrm{x}} U_{\mathrm{s}}^2 \times 10^{-3} \quad (\mathrm{kV \cdot A}) \qquad (6-21)$$

试验时,按 P 值选择变压器容量,一般不得超载运行。当采用电压互感器做试验变压器时,容许在 3 min 内超负荷 3.5~5 倍。

几种常见试品的电容量见表 6-6。

表 6-6　几种常见试品的电容量/pF

线路绝缘子	<50	电容式互感器	3 000~5 000
高压套臂管	50~600	电力变压器	1 000~5 000
高压断路器、电流互感器、电磁式电压互感器	100~1 000	电力电缆	150~400

2. 调压器

工频试验电压都是从零值逐渐上升到指定的数值。为了保证试验结果的可靠性,试验电压的准确调节是很重要的。工频试验变压器的输出电压是利用接在变压器一次侧的调压设备来调节的,即通过调压设备改变试验变压器的一次电压。

调压器能从零值平滑地调节电压,其最大输出电压应等于或稍大于试验变压器一次电压,调压器设备的容量应等于或稍大于试验变压器的额定容量,调压器输出的电压波形应尽可能接近正弦波,频率应在 45~55 Hz 范围内。常用的调压设备主要有自耦调压器和感应调压器。

（1）自耦调压器

采用自耦调压器，改变碳刷在绕组上的位置就可调节试验变压器的一次电压。

自耦调压器是最简单的调压设备之一，它具有漏抗小，波形畸变小，功率损耗小等优点。而且可以获得比电源电压稍高的输出电压。由于滑动触头处会发热，自耦调压器的容量不能很大，一般适用于容量在 10 kV·A 以下，一次电压在 500 V 以下的试验变压器。

调压器容量按下式选用

$$P_0 = (0.75 \sim 1)P \tag{6-22}$$

式中　P_0——调压器二次侧输出容量；

　　　P——试验变压器一次侧输入容量。

（2）感应调压器

当试验变压器容量较大时，多选用感应调压器，其容量选择同自耦调压器。但如调压器处于良好状态，短时间内可超负荷 25% 使用。最好在调压器输出端装设滤波器，以改善电压波形。

3. 保护电阻

试验时，试验变压器的高压输出端应接保护电阻（参见图 6-15 之 R_1），以限制试品闪络时变压器高压侧出口短路电流，降低变压器高压线圈上的过电压。

保护电阻取值一般为 0.1～0.5 Ω/V，并应有足够的热容量和长度。保护电阻阻值不宜太大，否则会引起正常工作时回路产生较大的电压降和功率损耗。保护电阻可采用可调的线绕电阻，线绕电阻应注意匝间绝缘强度，防止匝间闪络。保护电阻的长度应以试品击穿或闪络时保护电阻不发生沿面闪络为条件，它的长度应能耐受最大试验电压，并有适当裕度。保护电阻的最小长度可参照表 6-7。与保护球隙串联的保护电阻（参见图 6-15 之 R_2），其阻值通常取 1 Ω/V，电阻的长度也按表 6-7 来选取。

表 6-7　保护电阻最小长度

试验电压/kV	保护电阻长度/mm	试验电压/kV	保护电阻长度/mm
50	300	150	1 000
100	700		

三、试验电压的测量

交流耐压试验电压的测量属于稳定高压的测量，其测量装置一般分为两类：一类是直接接入式的测量装置，如测量球隙，高压静电电压表。另一类是高阻抗和低压仪表配合的测量装置，此类装置也分为两种，一种是测量通过高阻抗的电流，由已知的高阻抗值和测出的电流确定加于高阻抗上的电压；另一种是测量两个串联阻抗中低阻抗上的电压值，由已知的两个阻抗之比求出加于整个串联阻抗上的电压值，这就是分压器测量方法。

1. 在试验变压器低压侧测量

对于一般瓷质绝缘、断路器、绝缘工具等,可测取试验变压器低压侧的电压,再通过变比换算至高压侧电压。这种方法简单、直观,但一般准确度较低,特别当负荷容量较大时,误差更大。

2. 用电压互感器测量

将电压互感器的一次侧并接在试品的两端头上,在二次侧测量电压,根据测得的电压和电压互感器的变压比计算出高压侧的电压。为保证测量的准确度,电压互感器一般不应低于 1.0 级,电压表不应低于 0.5 级。

3. 用高压静电电压表测量

也可用高压静电电压表直接测量工频高电压的有效值。目前国产的有 30 kV、100 kV 及 200 kV 的静电电压表。静电电压表高低压电极之间的电容不大,约为 5~50 pF,而极间电阻很高,在测量工频交流电压时吸收功率极小,表的接入不会引起被测电压的明显变化。对于 100 kV 及以上的静电电压表,电极都暴露在外面,测量时受外界电磁场的影响较大,同时受风吹的影响很大,因此一般不适合现场使用。一般使用时,在静电电压表接入测量回路之前,将电压升到略小于试验电压的数值,观察静电电压表有无指示,如有指示,说明有电磁场干扰,应设法屏蔽或避开强电磁场区域。

4. 用铜球间隙测量

由一定直径的球形电极构成的空气间隙,如保持各种外界条件不变,则一定的间隙距离对应一定的放电电压;距离改变时,放电电压也随之改变。利用这个特性,就可用球间隙来进行电压的测量。事先用不同大小的已知电压对球间隙进行放电试验,求得放电电压和间隙距离的关系,并将对应的数据绘成曲线或列表,即可作为测量的依据。测量时,将被测电压加在间隙上,从大到小逐渐改变间隙距离,直到间隙中发生放电,根据放电时间隙距离的大小,即可在表上或曲线上查出被测电压值。

用球间隙测量工频交流电压,其测量误差在 ±3% 的范围之内。应注意球间隙测的是交流电压的峰值。如果所测电压为正弦波,则峰值除以 $\sqrt{2}$,即为有效值。

为了保证测量的准确度,间隙距离 d 与球径之比应不大于 0.5,也不应小于 0.05。球表面应清洁、光滑、干燥(相对湿度应在 80% 以下)。在正式测量之前,应进行几次预放电,以使放电电压稳定。在球间隙周围规定范围内不应有其他任何物体。

气压、温度和湿度对气体间隙的放电电压均有影响,一般来说,气压增加,放电电压提高;温度上升,放电电压下降。球间隙的电场为稍不均匀电场,放电电压受湿度的影响较小,可不做湿度校正。标准中所规定的放电电压与间隙距离的关系为标准大气条件下的值,如果在非标准大气条件下进行测量,必须对查表所得的电压值加以校正才能求出实际的电压。实际电压 U 和查表所得电压值 U_0 的关系为

$$U = KU_0 \qquad\qquad (6-23)$$

其中 K 是与相对空气密度 δ 有关的校正系数。

而相对空气密度 δ 为

$$\delta = \frac{p(273+t_0)}{p_0(273+t)} \tag{6-24}$$

式中 p_0——标准大气条件下的气压,0.101 3 MPa;

p——试验时的气压,MPa;

t_0——标准大气条件下的温度,20 ℃;

t——试验时的环境温度,℃。

当空气相对密度在 0.95~1.05 范围时,$K \approx \delta$,则式(6-23)可写为

$$U = \delta U_0 \tag{6-25}$$

5. 用分压器测量

测量交流电压一般可用电容分压器。电容分压器测量线路是由高压臂电容器 C_1 与低压臂电容器 C_2 串联组成的分压器。用电压表测量 C_2 上的电压 U_2,然后按分压比算出高压 U_1。接入电阻 R 是为了消除 C_2 上的残余电荷,使测量系统有良好的升降特性。一般取 $R \gg \dfrac{1}{\omega C_2}$,时间常数 $RC_2 = 1 \sim 2$ s 即可以满足要求。分压器的分压比 K_U 为

$$K_U = \frac{U_1}{U_2} = \frac{C_1 + C_2}{C_1} \tag{6-26}$$

当 $C_1 \gg C_2$ 时,则有

$$U_1 \approx \frac{C_2}{C_1} U_2 \tag{6-27}$$

C_1、C_2 的值可用电容电桥测得,U_2 的值可用峰值电压表或静电电压表测得。为了保护测量仪器,测量时应在低压臂电容 C_2 上或在测量仪器上并联过电压保护装置。

四、对试验结果的判断

试品在交流耐压试验中,一般以不发生击穿为合格,反之为不合格。试品是否发生击穿可按下列情况进行分析。

① 仪表的指示。一般情况下,当试验回路中电流表指示突然上升,或者接在高压侧测量试验电压的电压表指示突然明显下降时,往往表示试品击穿。但当试品的容抗 X_C 与试验变压器的漏抗 X_L 之比等于 2 时,虽然试品已被击穿,但电流表的指示不变(因为回路阻抗 $X = |X_C - X_L|$,所以当试品击穿短路时,$X_C = 0$,回路中仍有 X_L 存在,且与试品击穿前的电抗值是相等的,所以电流表的指示不会发生变化);当 X_C 与 X_L 的比值小于 2 时,试品击穿后,试验回路的电抗增大,电流表指示反而下降。实际中,一般不会出现上述情况,只有在试品电容量很大或试验变压器容量不够时,才有可能发生。此时,应以接在高压端测量试品上的电压表指示来判断,试品被击穿时,电压表的指示值明显下降。

② 电磁开关的动作情况。若接在试验线路上的过电流继电器整定值适当,则试品击穿时电流值增大,过电流继电器就会动作,接着电磁开关跳开。因此,电磁开关跳开时,表示试品有可能击穿。当然,若过电流继电器整定值过小,可能在升

压过程中并非试品击穿,而是试品电容电流过大而造成电磁开关跳开;另外,若整定值过大,即使试品放电或小电流击穿,电磁开关也不一定跳开。因此正确整定过电流继电器的动作电流是很重要的,一般应整定为试验变压器额定电流的 1.3 ~ 1.5 倍。

③ 升压和耐压过程中的其他异常情况。若在试品升压和耐压过程中发现打火、冒烟、燃烧、有焦味、有放电声响等现象,则表明试品绝缘存在问题或已被击穿。

④ 对有机绝缘,在耐压试验以后,经试验人员触摸,若出现普遍的或局部的发热,都应怀疑绝缘不良(如受潮),需进行处理(如干燥)。

⑤ 对综合绝缘或有机绝缘的设备,其耐压后的绝缘电阻与耐压前比较不应有明显下降,否则必须进一步查明原因。

⑥ 在耐压试验过程中,若由于空气的湿度、温度,或试品绝缘表面脏污等的影响,引起沿面闪络放电,则不应轻易地认为不合格,应该经过清洁、干燥处理后,再进行耐压试验;当排除外界的影响因素之后,在耐压中仍然发生沿面闪络等现象,则说明绝缘存在问题,如老化、表面损耗过大等。

五、试验规定及注意事项

1. 一般规定

① 交流耐压试验时,周围环境温度不宜低于 +5 ℃,空气相对湿度一般不高于 80%。

② 交流耐压试验时,加至试验标准电压后的持续时间,凡无特殊说明者,均为 1 min。其他耐压法施加电压的时间在有关设备的试验方法中规定。

③ 升压必须从零(或接近于零)开始,切不可冲击合闸。升压速度在 40% 试验电压以前,可以是任意的;自 40% 试验电压值开始应缓慢的均匀升压,升压速度为每秒 3% 试验电压值。试验后则应在 5 s 内将电压均匀降至试验电压的 25% 以下,然后切断电源。

④ 任何试品在交流耐压试验前,应测量绝缘电阻,合格后再进行耐压试验。

⑤ 试验时,从升压试验开始,升压过程中应密切监视高压回路,监听试品有无异常。试验中若无破坏性放电或击穿情况,则认为通过耐压试验。

2. 注意事项

在进行工频交流耐压试验时应注意下列事项:

① 防止电压谐振。进行交流耐压试验时,若试品为容性,试验变压器在电容负载下,由于电容电流在线圈上产生漏抗压降,使变压器高压侧电压升高。当试品的容抗与试验变压器漏抗相等或接近时,即发生串联谐振,电压显著升高,使试验人员难以控制。因此应避免发生这类现象,若要使高压侧电压升高不超过 20%,则应满足

$$C_x < 530/X_k \tag{6-28}$$

式中　C_x——试品电容,μF;

　　　X_k——调压器、变压器漏抗之和(归算到高压侧的值),Ω。

② 应注意试验电压波形,避免试验电压波形畸变。

③ 当试品为有机绝缘材料时,应及时检查发热情况,如有异常,应予以处理。

④ 在试验前,应对试品表面进行清洁、干燥处理。

⑤ 升压必须从零开始,不可冲击合闸。升压速度在 40% 试验电压以内可不受限制,其后均匀升压,升压速度为每秒 3% 试验电压值。

⑥ 耐压试验前、后均应测量试品的绝缘电阻。

⑦ 为保护测量仪表,应在测量仪器上并联适当电压的放电管或氧化锌压敏电阻等。

⑧ 在需要改变高压接线及进行有较多人工换线操作的工作时,为了防止电源侧刀闸或接触器意外闭合等情况,在更换接线时,应先在试品上悬挂接地放电棒,以保证人身安全。在再次升压前,先取下放电棒,应特别防止带接地放电棒升压。

自我检测题

1. 什么是测量? 常用的测量方法有几种?

2. 什么是误差? 误差产生的原因有哪些?

3. 什么是有效数字? 如何表示?

4. 如何对有效数字进行修约?

5. 将下列数字进行修约,保留 4 位有效数字。1 567.69、58 924.20、245 876.01、87 953.04、5 428.06、0.002 457。

6. 试求 253.4+25.01×12.05−8.95÷0.586,保留 3 位有效数字。

7. 有一温度测量仪表,其测量范围 0~800 ℃,准确度为 0.5 级,试求其最大允许误差。

8. 某一电压表,量程为 0~450 V,准确度为 1.0 级,在 300 V 刻度处实测电压值为 298.25 V,请问,该表是否满足要求? 其绝对误差是多少?

9. 现有量程为 1 000 A 的电流表一块,在 200 A、400 A、600 A、800 A、1 000 A 处,实测电流值分别为 200.05 A、399.25 A、600.05 A、798.25 A 和 999.58 A,试求各点处的相对误差、绝对误差和电流表准确度。

10. 常用电工仪表有哪几类?

11. 简述兆欧表的工作原理。

12. 什么是介质吸收比和绝缘电阻?

13. 已知 $C_N = 0.05\ \mu F$,$R_3 = 5\ \Omega$,$R_4 = 8\ \Omega$,试求试品对地电容值 C_x 和 $\tan\delta$。

14. 影响 $\tan\delta$ 测量的因素有哪些? 如何消除?

15. 直流耐压和泄漏电流测量的特点有哪些?

16. 简述试验电压的测量方法。

试验 1　绝缘电阻和吸收比的测量

一、试验目的

① 了解兆欧表的原理,掌握兆欧表的使用方法。

　② 学习绝缘电阻、吸收比的测量方法。

　③ 根据试验结果分析判断绝缘状态并判断故障所在位置。

二、试验接线

　① 用兆欧表测量线路对地绝缘电阻示意图如图 6-17 所示。

　② 用兆欧表测量电机绕组对地绝缘电阻和吸收比示意图如图 6-18 所示。

　③ 用兆欧表测量电缆（相间、相对地）绝缘电阻及吸收比示意图如图 6-19 所示。

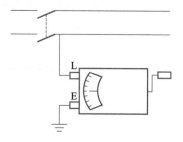

图 6-17　用兆欧表测量线路对地
绝缘电阻示意图

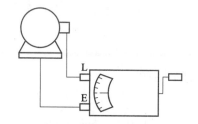

图 6-18　用兆欧表测量电机绕组对地
绝缘电阻和吸收比示意图

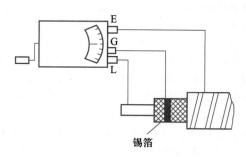

图 6-19　用兆欧表测量电缆绝缘电阻及吸收比示意图

三、试验步骤及注意事项

1. 选择兆欧表

通常兆欧表按其额定电压分为 500 V、1 000 V、2 500 V、5 000 V 等几种。应根据被试设备的额定电压来选择兆欧表。若兆欧表的额定电压过高，可能在测试中损坏被试设备绝缘。一般来说，额定电压为 1 000 V 以下的设备，选用 500 V 或 1 000 V 的兆欧表；额定电压为 1 000 V 及以上的设备，则用 2 500 V 或 5 000 V 的兆欧表。

2. 检查兆欧表

使用前应检查兆欧表是否完好。检查的方法是：

　① 先将兆欧表水平放稳，使兆欧表的接线端子间开路，转动兆欧表手柄，使兆欧表达到额定转速（约 120 r/min），观察兆欧表指针，此时指针应该指向"∞"；

　② 用导线短接 L、E 端，慢慢摇动手柄，指针应指向"0"（注意：摇动手柄的转速

不能太快,否则会损坏表针)。如果兆欧表的指示不对,则需调换或修理后再使用。

③ 将试品的地线接于摇表 E 端,同时将试品的非测量部分短接接地,试品的另一引线不连至 L 端,将手柄空摇至额定转速,指针应指向"∞",这时表明兆欧表可正常工作。如可能产生表面泄漏电流,则应加屏蔽,接在兆欧表 G 端。

3. 对被试设备断电和放电

对运行中的设备进行试验前,应确保该设备已断电,并且断电后已对地充分放电。对电容量较大的被试设备(如发电机、电缆、大中型变压器、电容器等),放电时间不应少于 2 min。

4. 接线

按前述的接线方法进行接线,接线时,兆欧表与试品的连线应尽量短,线路与接地端子的引出线间应相互绝缘良好。

5. 测量绝缘电阻和吸收比

保持兆欧表额定转速,均匀转动其手柄,观察兆欧表指针的指示值,同时记录时间。分别读取转动 15 s 和 60 s 时的绝缘电阻 R_{15} 和 R_{60}。如前所述,参见式(6-8),$K = R_{60}/R_{15}$ 即为被试物的吸收比。通常以 R_{60} 作为试品的绝缘电阻值。读数完毕以后,应先将兆欧表线路端子的接线与试品断开,然后再停止转动;若线路端子接线尚未与试品断开就停止转动,有可能由于试品电容电流反充电而损坏兆欧表。在试验大容量设备时更要注意这一点。在测吸收比时,应从绝缘加上全部额定电压后再开始计时。

6. 将试品放电

测量结束后,应将试品对地进行充分放电,对电容量较大的被试设备,其放电时间同样不应少于 2 min。

7. 记录

记录的内容包括被试设备的名称、编号、铭牌、依据规范、运行位置,被试绝缘的温度,试验现场的湿度以及测得的绝缘电阻值和吸收比等。

最后,请读者思考:用万用表也可以测量电阻,但为什么不能用万用表来测量绝缘电阻和吸收比?

四、对试验结果的判断

1. 绝缘电阻

不同结构、不同容量、不同电压等级的试品,其绝缘电阻有很大差异。因此,试验规程中一般没有也不应规定统一的绝缘电阻合格值。绝缘电阻的判断是根据工厂、安装、交接、大修及历次试验的历史数据进行相互比较,根据同期同型产品,同一产品不同相的数据进行相互比较。通常认为,当绝缘电阻降至初始值的 60% 时则应查明原因。造成绝缘电阻显著下降的原因有:

① 全部或局部绝缘有贯穿性受潮。

② 全部或局部表面有贯穿性脏污。

③ 绝缘中存在因局部放电造成的贯穿性烧伤及导电通道。

2. 吸收比

吸收比是同一设备两个电阻的比值,故排除了绝缘结构几何尺寸的影响。规程规定在 10~30 ℃时,吸收比不应小于 1.3。

试验 2　介质损耗角正切值试验

一、试验目的

① 掌握用 QS1 型西林高压电桥测量介质损耗角正切值 tan δ 的方法。

② 根据所测 tan δ,分析、判断介质的绝缘状况。

二、试验接线

参见图 6-5 和图 6-6 的原理接线图和设备接线图。

三、试验步骤及注意事项

1. 根据被试设备的类型和试验条件选择合适的接线方式,并正确接线。

2. 将 R_3、C_4 及检流计灵敏度等旋钮均置零位,极性切换开关置于"+tan δ"的断开(中间)位置,调谐旋钮可在任一位置。合上检流计电源,调节检流计谐振旋钮至光带最窄,逐级放大检流计灵敏度,微调谐振旋钮至光带最窄时为止,随后将灵敏度调至最小位置。

3. 根据试品电容电流的大小,选择电桥分流器的位置。试品电容电流的大小可按下式计算

$$I_C = \omega C_x U \times 10^{-9} \tag{6-29}$$

式中　ω——所加试验电压角频率;

C_x——试品的电容值,pF;

U——所加试验电压,kV。

4. 先后合上电源及指示灯开关,这时检流计刻度盘上应出现一条狭窄的光带,用检流计调零旋钮将光带调到刻度盘中间零位。

5. 确认接线正确无误后,合上调压器电源开关,均匀升高试验电压到所需数值(一般为 8~10 kV)。

6. 把极性开关旋到"+tan δ"接通 1 的位置。

7. 调节检流计灵敏度,使狭窄光带放大扩宽,直到占据总刻度的 1/3~1/2 为止。

8. 调节检流计频率旋钮,使光带达到最大宽度;若光带超出刻度盘,应减小检流计灵敏度,再将光带调到最大宽度。

9. 调节 R_3,使光带缩至最小,再调节 tan δ(%)使光带进一步缩小;增大检流计灵敏度(光带将变宽),再反复调节 R_3 和 tan δ(%),直到检流计灵敏度调到最大位置(即"10");再进一步细调 R_3、tan δ(%),直至光带缩小到最窄(通常不超过 4 mm),这时称电桥达到平衡。

10. 将检流计灵敏度调回零位,记录 R_3、$\tan\delta(\%)$、R 值及分流器位置。

11. 把极性开关旋到"+$\tan\delta$"接通 2 的位置,再将检流计灵敏度放大到"10"的位置,若光带有扩大现象,说明有电磁场干扰,应重新调节 R_3、$\tan\delta(\%)$、R 值,使光带缩到最窄。再将检流计灵敏度调回零位,记录 R_3、$\tan\delta(\%)$、R 值。

12. 数据处理。上述两次所测 $\tan\delta(\%)$ 的平均值即可作为试品的介质损耗值 $\tan\delta$。

13. 操作注意事项:

① 测量 $\tan\delta$ 的试验,由于要施加高压,且持续时间长,因此,操作时除应严格执行电业安全规程有关规定外,还应保证接地线、电桥及标准电容器绝缘良好并符合规定要求。

② 试验用各设备的质量应符合要求,作为标准的电容器应定期送检。设备布置时,各设备的距离和位置应合理,以保证测量的准确度。

③ 试验时,应在周围一定区域内设置安全警戒标记,与试验无关的人员一律不准入内,除操作人员外,还应有监护人员。

④ 正确操作仪器设备(尤其是有电磁干扰时),以便获得准确的测量结果。

⑤ 对于不同的试品,要合理选用试验变压器的容量。测量时的试验变压器的容量可参照表 6-5 测量 $\tan\delta$ 时试验电源容量的选择。

四、对试验结果的判断

对介质损耗试验中所测出的 $\tan\delta$ 值,应着重从以下几方面进行判断:

① $\tan\delta$ 值的判断。测得的 $\tan\delta$ 值不应超出有关规程的规定,若有超出,应查明原因,必要时应对试品进行分解试验,以便查明问题所在,并进行妥善处理。

② 试验数值的相互比较。将所测得的 $\tan\delta$ 值与被试设备以前历次所测得的 $\tan\delta$ 值比较,与其他同类型设备比较,同一设备各相间比较。即使 $\tan\delta$ 未超出规程规定,但在上述比较中,有明显增大时,同样应加以重视。

③ 测试 $\tan\delta$ 对电压的关系曲线。对于良好的绝缘,在击穿电压以下的范围内,随电压升高,在有功电流 I_R 增加的同时,无功电流 I_C 也成正比地增加。因此,$\tan\delta$ 不随电压的变化而变化,如图 6-20 中曲线 1 所示。但因绝缘老化,或内部有分层、裂缝以及其他原因使绝缘中含有气体时,因气体的游离电压较低,当外施电压高于气体的游离电压 U_0 时,气体发生游离,有功电流 I_R 增加,损耗增加,$\tan\delta$ 会迅速增大,如图 6-20 中曲线 2 所示。利用这一特性,必要时可通过测量 $\tan\delta$ 与外施电压的关系曲线,即 $\tan\delta = f(U)$ 曲线,观察 $\tan\delta$ 是否随电压上升,用以判断绝缘内部是否有分层、裂缝等缺陷。

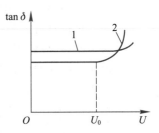

图 6-20　$\tan\delta$ 与电压的关系

在对 $\tan\delta$ 进行分析判断时,应充分考虑温度的影响,在有关规程标准中,一般都规定了一定温度下的 $\tan\delta$ 标准数值。例如,对额定电压为 110 kV 及以上的变压器绕组连同套管一起的 $\tan\delta$ 标准为:大修后所测得的数值,在 20 ℃时不得大于 1.5%,

30 ℃时不得大于 2%,40 ℃时不得大于 3%等。因此,若条件许可,最好能在标准规定的相同或相近温度下进行试验;在相互比较时,也应在相同温度的基础上进行。

试验 3　直流耐压试验及泄漏电流的测量

一、试验目的

① 掌握获得直流高压的方法。

② 学习直流耐压试验和测量泄漏电流的方法,并根据泄漏电流的变化状况来分析绝缘状况。

二、试验接线

试验原理接线图参见图 6-12 或图 6-13。

三、试验步骤及注意事项

1. 确定试验电压值

根据被测设备绝缘的情况,按照有关标准的规定,确定试验中应施加的直流试验电压值。如果直流泄漏电流测量与直流耐压测量同时进行,则施加的最高试验电压,应是直流耐压试验电压值。

2. 选择合适的试验设备及试验接线方式

根据试验电压的大小、现有试验设备的条件,选择合适的试验设备及试验接线方式,并绘出正确的试验线路图。

3. 现场布置和接线

对选择好的试验设备,结合试验现场情况,进行合适的布置,而后按接线图进行接线,接线完毕,应由第二人认真检查各试验设备的位置、量程是否合适,调压器指示应在零位,所有接线应正确无误。

4. 逐级升压和读取泄漏电流值

可按直流试验电压值的 25%、50%、75%、100%等几个阶段逐级升压,每升高一级电压后,应停留一段时间(通常为 1 min),待微安表指示稳定后,读取并记录此级电压下的泄漏电流值。当电压升高到直流试验电压的规定值时,持续时间不得超过直流耐压试验规定的时间。对大电容的试品(如电机、电缆、电容器等),电压的升高应以均匀缓慢的速度进行,以免充电电流过大,损坏被测设备。

试验中,如有击穿、闪络、微安表指针大幅度摆动或电流突变等异常现象时,应马上降压、切断电源,查明原因并处理后再进行试验。

5. 降压、断电及放电

上述试验结束后,应迅速将试验电压降低到零,再切断电源,而后将试品经放电棒对地充分放电,对电容较大的试品,放电时间不应少于 2 min。

6. 整理记录并绘制电流、电压关系曲线

记录的内容包括被试设备的名称、编号、铭牌、依据规范、运行位置,被试绝缘的温度,试验现场的湿度,试验过程中所施加的直流电压值和测量到的相应泄漏电流值。将记录整理后,还应绘制泄漏电流与所施加的直流电压关系曲线。

四、对试验结果的判断

对泄漏电流试验结果的分析判断与绝缘电阻和吸收比试验相类似,应着重以下几个方面进行:

1. 泄漏电流值

泄漏电流试验中所测得的泄漏电流值不应超出 DL/T 596—2005《电力设备预防性试验规程》规定值,若有明显超出,应该查明原因。

2. 试验数据的相互比较

将泄漏电流数值与被试设备历次相应数据比较,同一设备各相间互相比较,与其他同类设备比较,都不应有显著的差异。各相泄漏电流的差别不应大于现行规范规定的数值,否则应查明原因,并设法消除。

同时,在泄漏电流试验中,每一级试验电压下,泄漏电流不应随加压时间的延长而增大,否则说明绝缘存在一定的缺陷。

3. 分析电流与电压的关系曲线

从泄漏电流与试验电压关系的发展趋势来判断,如果电流随电压增长较快或急剧上升,则表明绝缘不良或内部已有缺陷。

在对泄漏电流试验结果进行分析判断时,与绝缘电阻试验一样,应排除温度、湿度、脏污等因素的影响。

试验 4　交流耐压试验

一、试验目的

① 掌握获得交流高压的方法;
② 学会交流耐压试验方法并根据试验结果分析、判断绝缘状况。

二、试验接线

参见图 6-15。

三、试验步骤及注意事项

1. 首先查看其他各项非破坏性试验的结果,只有之前各项试验结果都合格才能进行耐压试验。若有不合格者,应查明原因,并加以消除。必要时可重新测量试品的绝缘电阻,其值应符合规范要求。

2. 依据试品的实际情况选择适当的试验设备和测量仪表。试验变压器的容量可由下式求得,即

$$S = \omega C_x U^2 \tag{6-30}$$

式中 S——试验变压器的容量,$kV \cdot A$;

  ω——试验电源的角频率;

  C_x——试品的电容量,μF;

  U——试验电压,V。

如调压器为自耦调压器,其容量应为试验变压器容量的 0.75~1 倍;测量仪表的量程及精度应满足规范要求。

3. 接线正确可靠,高压部分应有足够的安全距离,邻近的不参加试验的设备应可靠接地;周围应设置安全警戒线。

4. 升压前,先拆去到试品的高压引线,短接毫安表,合上电源开关,缓慢升压,调整保护球隙的放电电压为试验电压的 1.1~1.5 倍,然后降到试验电压,持续 1 min,再把电压降到零,切断电源。变压器及所有设备应工作正常,过流保护系统整定合适,动作可靠。

5. 接上试品,调压器置于零位,合上电源,开始升压。在试验电压的 40%之前,升压速度可以是任意的,然后应以每秒 3%~4%的试验电压值均匀上升到要求的数值。如果升压太快,当试品击穿时,电压表指针由于惯性继续上升,会使得读数不准。

6. 当试验电压升到规定值时,开始计时,读取试验电压及电容电流,保持 1 min 后迅速均匀地降压至零,断开电源,将试品接地放电。

7. 耐压试验后,应再次检查绝缘状况。

8. 在升压和耐压试验过程中,如发现下列不正常现象时应立即断开电源,停止试验并查明原因。

① 电压表指针摆动很大。

② 毫安表的指示急剧增大。

③ 发现绝缘有烧焦或冒烟现象。

④ 被试设备发生不正常响声。

9. 试验电压波形应符合要求。

10. 对于充油设备,应在加完油并静置 24 h 以上后再进行试验。

11. 试验时应注意防止谐振现象。

12. 试验时应有试验方案和人员分工,使试验有序进行。

四、结果分析

1. 试品在交流耐压试验的持续时间内,不击穿为合格,反之则为不合格。试品是否击穿,可按下面情况分析:

① 根据试验时测量仪表指示值分析。一般情况下,试品击穿,则表现为电流表读数突然上升。但有时试品击穿时,电流表指示不是上升,反而下降,这种现象往往是试验变压器容量不够,此时可观察高压端电压表,如击穿,指示应突然下降。

　　② 根据控制回路状况分析。在保护控制回路中,如果过电流保护整定值适当,则试品击穿时,过电流继电器应动作,使开关跳闸。

　　③ 根据试品状况分析。试验过程中,如果试品发生击穿声响、断续放电声响、冒烟、打火、焦味及燃烧等现象,则认为试品存在问题或已击穿。

　　2. 当试品为有机绝缘材料时,试验结束并放电后立即触摸,如发现普遍或局部过热,便认为绝缘不良,需经处理后再行试验。

　　3. 对组合绝缘的设备或有机绝缘材料,其耐压前后绝缘电阻不应下降30%,如下降30%以上应查明原因。

　　4. 试验过程中,若由于空气温度、湿度或试品表面脏污等造成沿面闪络或空气放电,则不应认定为不合格,应查明原因再定。应对试品进行清洁、干燥处理,排除外界因素影响。如表面仍出现局部电弧或放电,则可能由于绝缘老化、表面受损等引起,应认为不合格。

　　5. 交流耐压试验作为绝缘预防性试验的主要项目,对绝缘状况的判断起着重要作用,它直接检查了绝缘的耐压强度。综合分析交流耐压试验结果和其他预防性试验结果(即将所得试验结果与规程中规定的参考数据进行比较,与试品本身历次试验结果比较,与同类设备比较),才能对被试设备的绝缘状况作出较准确的判断。

　　6. 对充油设备,如油浸式变压器、互感器、断路器等,除了整体进行交流耐压试验外,其中绝缘油还需进行电气强度(耐压)试验。

　　绝缘油电气强度(耐压)试验的目的在于对运行中的绝缘油进行日常检查。对注入6 kV及以上设备的新油也需进行此项试验。

　　图6-21所示为绝缘油电气强度(耐压)试验电路图。图6-22所示为绝缘油电气强度(耐压)试验用油杯及电极。

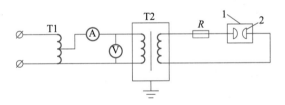

1—试验油杯;2—电极;T1—调压器;T2—试验变压器(升压0~50 kV);R—保护电阻(水阻,5~10 MΩ)

图6-21　绝缘油电气强度(耐压)试验电路图

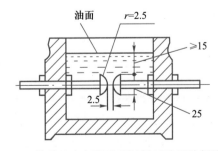

图6-22　绝缘油电气强度(耐压)试验用油杯及电极

　　油杯用瓷或玻璃制成,容积约为 200 mL。电极用黄铜或不锈钢制成,直径为 25 mm,厚 4 mm,倒角半径为 2.5 mm。两极的极面应平行,均垂直于杯底面。从电极到杯底、到杯壁及到上层油面的距离,均不得小于 15 mm。

　　试验前,先用汽油将油杯和电极清洗干净,并调整电极间隙,使间隙精确地等于 2.5 mm。被试油样注入油杯后,应静置 10~15 min,使油中气泡逸出。

　　试验时,合上电源开关,调节调压器,升压速度约为 3 kV/s,直至油被击穿放电,电压表读数骤降至零、电源开关自动跳闸为止。

　　发生击穿放电前一瞬间的最高电压值,即为击穿电压。

　　油样被击穿后,可用玻璃棒在电极中间轻轻地搅动几次(注意不要触动电极),以清除滞留在电极间隙的游离碳。静置 5 min 后,重复上述升压击穿试验。如此进行 5 次,取其击穿电压平均值作为试验结果。

　　试验过程中应记录:各次击穿电压值,击穿电压平均值,油的颜色,有无机械混合物和灰分,油的温度,试验日期和结论等。

　　在这种标准油杯中测得的绝缘油击穿电压,只能用来比较绝缘油的相对品质,因为绝缘油的击穿电压与测试时的电极形状、距离、温度、压力等因素都有关系。

第7单元　安全生产与管理

7.1 安全生产的重要性

安全是人类最重要、最基本的需求,是人民生命与健康的基本保证。如果在生产过程中因事故致残或身患职业病,生活质量将大大降低。有关研究表明,人类在生产和社会活动中,生理需求是第一位的,其次就是安全上的保障。人们只有满足生理和安全上的需求之后,才能有积极参加生产和社会活动的需求,人类社会才能不断进步和发展。

安全生产是我国在生产建设中的一贯指导思想,是我国的一项基本政策。电力安全生产是安全生产的一个重要领域,是电力工业建设的重要内容,是发展电力工业的重要条件,是社会主义电力企业经营管理的基本原则。"以人为本、安全第一、预防为主"的方针是我国生产和建设长期坚持的基本方针。

电力安全生产是指为使电力生产过程在符合安全的物质条件和秩序下进行,防止人身伤亡、设备损坏和电网事故以及各种灾害的发生,保障职工的安全健康和设备、电网的安全以及"发、送、变、配、用"电各个环节的正常进行而采取的各项措施和活动。电力安全生产的范围主要包括电力生产安全、电力基本建设安全等。电力安全生产的内容主要包括:贯彻落实安全生产法规和"安全第一、预防为主"的方针;加强安全生产管理;健全和执行安全生产规章制度;坚持安全检查,排除不安全隐患;坚持对领导、职工和特种作业人员进行安全教育,提高安全技术素质;采取各种安全技术措施和反事故技术措施,消除不安全因素;不断改善安全装备和劳动条件,减轻劳动强度,保证劳逸结合;对职工伤亡及生产过程中的各类事故进行调查、处理和统计报告等。

电力安全生产的重要性是由电力生产、建设的客观规律和生产特性及其社会作用决定的。电力安全生产不仅关系到电力系统自身的稳定、效益和发展,而且直接影响到广大电力用户的利益和安全,影响国民经济的健康发展、社会秩序的稳定和人民的日常生活。随着国民经济的迅速发展、社会的不断进步,人民生活水平的日益提高,不仅对电力工业提出了相应的发展要求,而且对电力安全生产也提出了更高的要求。

一、从电力工业在国民经济中的地位看安全生产的重要性

电力工业是国民经济的基础产业,在国民经济中占有极其重要的地位。电力使用的广泛性和不可或缺性,决定了电力工业还是一种具有社会公用事业性质的行业。现代工业、农业、国防、交通运输和科研,乃至现代人的生活,已经离不开电力的供应,而且对电力的需求和依赖正变得越来越强烈。电力供应的短时中断,都可能造成一些行业(或系统)的瘫痪、社会和人民生活秩序的混乱以及国民经济的巨大损失;而且,即便电力系统运行频率和电压在允许的偏移范围内变动,电能质量的降低也会直接损害用户的利益。因此,电力安全生产事关国计民生,具有重要的政治和经济意义。

二、从电力企业的自身需要看安全生产的重要性

电力企业要生存、要发展,必然要讲究经济效益。假若电力企业安全生产没有搞好,发生了安全事故,不仅减少对外供电和增加各类费用支出,导致成本上升,还会产生不良的社会影响。所以,搞好安全生产也是电力企业取得良好经济效益的基础。

"人民电业为人民"是我国电力企业的根本宗旨。为此,电力行业必须要抓好行风建设和优质服务。假若安全生产没有搞好,供电可靠性就难以保证,电能的质量就难以提高,向社会提供优质服务就无从谈起。因此,安全生产又是电力企业落实"人民电业为人民"宗旨的前提。

三、从电力生产的特点看安全生产的重要性

众所周知,电力生产的特点之一是高度自动化。由许多发电厂、输电线路、变配电设施和用电设备组成电力网,互相牵连、互相制约地联合运行,构成一个十分庞大、复杂的电力生产、流通、分配、消费过程。在这个过程中,发电、供电、用电同时进行,电力的生产、输送、使用是一次性同时完成并随时处于平衡状态。电力生产的这些内在的特点要求电网运行必须十分稳定、可靠,任何一个环节发生事故,如不能及时排除,都可能带来连锁反应,导致主设备严重损坏或大面积停电,甚至可能造成全网崩溃的灾难性事故。目前,我国电力工业已经步入了以"大机组、大电厂、大电网、高参数、高电压、高度自动化"为主要特点的新阶段;另一方面,风力发电、光伏发电和分布式供电方式的兴起,也给电力安全生产带来了新的课题,提出了更新、更高的要求。

四、从电力生产的劳动环境特点看安全生产的重要性

电力生产的劳动环境具有以下几个明显的特点:一是电气设备(包括高压和低压)多;二是高温、高压设备(如火电厂的锅炉、汽轮机、压力容器和热力管道等)多;三是易燃、易爆和有毒物品(如火电厂的燃煤、燃油、强酸、强碱、液氯和充油电气设备及制氢系统、氢冷设备等)多;四是高速旋转机械(如汽轮发电机、风机、电动机等)多;五是特种作业(如带电作业、高处作业、焊接作业、起重作业等)多。这些特点表明,电力生产的劳动条件和环境相当复杂,本身就潜伏着许多不安全因素,极具潜在的危险性,对职工的人身安全构成威胁。因此,安全工作稍有疏忽,潜伏的不安全因素随时会转变为不安全的事实,潜在危险性随时会转变为现实的人身伤害事故。这就要求我们必须从保障电力职工的人身安全和身体健康、保护电力职工的切身利益的高度,进一步认识电力安全生产的重要意义。

7.2 安全生产的法律规定

由于电力安全生产在社会经济生活中具有十分重要的地位,它直接关系到广

大从业人员的生命和健康;直接关系到国家、生产经营单位以及个人的财产安全;直接关系到人民的安居乐业和社会的稳定;因此,国家制定了一系列的法律法规来保证电力生产的安全。与之相关的有《中华人民共和国安全生产法》(简称《安全生产法》)《中华人民共和国电力法》(简称《电力法》)《生产安全事故报告和调查处理条例》以及《电力生产安全工作规定》、《电业安全工作规程》《电业生产事故调查规程》《电网调度管理条例》《电力安全监察规定》《电力系统多种经营安全管理工作规定》《电力建设安全施工管理规定》等。

《安全生产法》确立了安全生产的基本方针、基本原则和责任制度。不仅规范了生产经营单位的安全生产行为,明确了生产经营单位主要负责人的安全责任,而且为保障人民群众生命和财产安全,依法强化安全生产监督管理提供了法律依据。同时,也为依法惩处安全违法行为,强化安全生产责任追究,减少和防止安全事故,促进经济发展,提供了法律保证。

《安全生产法》和《电力法》中规定,安全生产管理坚持"安全第一、预防为主"的方针。这项方针是保障安全生产长期实践的经验总结,是安全生产各项工作中最基本的要求,是正确处理生产与安全关系所必须遵循的原则。要求在生产经营活动中将安全放在第一位,采取一切可能的措施保障安全,防止一切可能防止的事故,生产必须安全,安全是生产的先决条件。实现这些要求,执行"安全第一、预防为主"的方针,是一项法定的义务和责任。

依法管理、依法采取保障措施、遵守法律、执行法律是实现安全生产所不可缺少的基本原则,是在安全生产中必须树立的正确观念。

《安全生产法》中明确规定要建立、健全各级安全生产责任制度,各个层次、各个有关部门、各个有关机构、各个岗位上的从业人员都应当对安全生产负有明确的责任,都依法承担各自的责任,一旦发生安全事故,就依法追究相关人员的法律责任。

实行安全生产,最重要的目的之一是保障从业人员的生命安全和健康免受损害,而从业人员在安全生产过程中也应履行自己应尽的义务。依法建立从业人员的保障权利和履行义务的机制是保证安全生产的重要机制。生产经营单位应当对从业人员进行安全生产教育和培训,保证从业人员具备必要的安全生产知识,熟悉有关的安全生产规章制度和安全操作规程,掌握本岗位的安全操作技能,未经安全生产教育培训合格的人员,一律不得上岗作业。此外,生产经营单位还必须提供足够的安全生产设施和防护用品,保证安全投入足额到位,否则也要承担相应的法律责任。

各级政府管理部门依法履行安全生产监督管理职责,形成一个协调统一的体制,对安全生产实施综合管理。建立健全各种安全生产的标准体系,以消除、限制或者预防生产经营活动中的不安全因素,避免事故的发生。采取各种形式加强安全生产的宣传教育,提高人们的安全生产意识。实行安全生产事故责任追究制度,使在生产安全中负有责任的人员对事故的发生和后果承担相应的责任。没有责任的追究,一切权力的行使便无约束,一切责任制度的建立便会流于形式,一切事故的防范便会松弛无力,安全生产便很难实现。

《生产安全事故报告和调查处理条例》已由国务院颁布并于 2007 年 6 月 1 日开始实施。该条例根据《安全生产法》的要求，就生产经营活动中发生的造成人身伤亡或者直接经济损失的生产安全事故的等级划分、报告、调查、处理，落实生产安全事故责任追究制度，以及各有关责任主体的职责作出了进一步的详细规定。

《中华人民共和国电力法》《电力生产安全工作规定》《电业安全工作规程》《电业生产事故调查规程》《电网调度管理条例》《电力安全监察规定》《电力系统多种经营安全管理工作规定》《电力建设安全施工管理规定》等法律、条例和规定，是结合电力行业的特点制定的，对电力企业生产经营各个环节中的安全管理、监督检查提出了具体的要求。

随着社会经济活动日趋活跃和复杂，特别是经济成分、组织形式日益多样化，我国的安全生产问题越来越突出。安全生产状况与安全生产法制建设密切相关。加强安全生产立法，对强化安全生产监督管理，规范生产经营单位和从业人员的安全生产行为，遏制重大和特大事故，维护人民群众的生命安全，保障生产经营活动顺利进行，促进经济发展和保持社会稳定，具有重大而深远的意义。

1. 加强安全生产监督管理

为了适应安全生产形势和管理的需要，国务院决定设立国家安全生产监督管理局，各省（自治区、直辖市）也相继建立了安全生产综合监督管理机构，逐步在全国形成了一个安全生产综合监管体系。各级政府也都赋予各级安全生产监管部门对各行业、各部门的安全生产工作进行综合监管的职能，要履行综合安全监管和执法职能，各级安全生产综合监管部门必须有法可依。因此，要建立健全具有权威性的、高效率的安全生产管理体系，必须制定安全生产法律法规，以便依法监管。

2. 保护人民群众生命和财产安全

坚持以人为本，全面、协调、可持续的发展是时代的需要。"以人为本"就是指要从人的特点或实际出发，一切制度安排和政策措施"要体现人性，要考虑人情，要尊重人权，不能超越人的发展阶段，不能忽视人的需要"。安全生产工作的着眼点和落脚点，主要是保障人民群众的生命安全，即依法保护人的生命权，特别是从业人员的人身权利和与人身安全有关的经济权利。

我国还是一个发展中国家，现阶段社会生产力水平和安全生产水平还有待进一步提高，安全生产法制尚不完备，从业人员安全生产权利保护方面也还存在着不容忽视的问题。从业人员人身安全缺乏法律保护会导致从业人员的生产劳动积极性受到挫伤，应有的权利受到损害。这与社会主义国家的本质不相容，与尊重和保障人权的社会主义法制精神不相容。要真正保障从业人员的安全生产权利，必须通过相应立法加以确认。

3. 预防和减少事故

生产事故多发，是我国经济发展中的突出问题。造成这种状况的原因是多方面的：安全生产管理的责任不够明确，有关安全生产管理的法律、法规不够完善，一些地方和企业安全生产管理松弛等都是重要原因。要解决这些问题，切实贯彻"安全第一，预防为主"的方针，就必须依法对生产经营单位的安全生产条件、主要负责人和从业人员的安全责任、作业现场和安全设备的安全管理、事故防范和应急措施以及政府和安全生产监管部门的监督管理措施等加以规范,预防和减少事故的发生,保证生产经营活动的安全。

4. 制裁安全生产违法犯罪

社会主义法律的功能之一,是通过制裁违法犯罪来保护人民群众的根本利益。对各类严重的安全生产违法犯罪行为的纵容和姑息,就是对人民群众的极大犯罪。对各种安全生产违法犯罪行为没有明确的法律界定和法律责任加以约束,是当前安全生产违法行为屡禁不止的症结所在,所以,必须制定明确、具体、严厉的法律制度,充分运用刑事、行政和民事责任的综合功能,实现文明生产、安全生产。

总之,为了加强安全生产监督管理,防止和减少生产安全事故的发生,保障人民群众生命财产安全,促进经济发展和保障社会稳定,必须加强安全生产立法工作。

7.3 安全管理体系的建立

安全生产工作是一项复杂的系统工程,它涉及企业的方方面面。科学、系统的安全管理以系统安全的思想为基础,从组织整体出发,把安全管理放在预防事故发生的整体效应上,实行全员、全过程、全方位的安全管理,使系统达到安全状态。为了实现这个目的,企业应建立一种有效的运转机制来满足它的需要。电力系统多年来的实践证明,建立并不断完善企业的两个体系——安全生产保证体系和安全生产监察体系,并在生产过程中充分地发挥它们的作用,企业安全生产就能得到保证。

安全生产保证体系就是企业为了安全生产的目的,利用系统工程的理论,把从事企业生产的有关人员、设备进行有机地组合,并使这种组合在企业生产的全过程中进行合理的运作,形成合力,在保证安全的各个环节上发挥最大的作用,从而在完成生产任务的同时,确保生产的安全。

这个体系包含三个因素,即人、设备、手段。现代安全理论认为,一起事故的发生是由于人的不安全行为(或人的失误),以及物的不安全状态和环境的不安全因素所致。控制人的不安全行为,需要在总结心理学、行为科学等成果的基础上,通过教育培训等方法来提高人的安全意识和能力;物的不安全状态需要用安全技术来改善。直接影响安全的技术系统可靠性和人的可靠性的组织管理,已经成为复杂工业系统是否发生事故的最深层原因。

近年来,职业安全健康管理体系在世界各国得到广泛应用,它被认为是安全工作最为有效的管理办法。现在,我国也大力推行职业安全健康管理体系,2011 年国家制定了《职业健康安全管理体系　要求》(GB/T 28001—2011),为改善我国的职业安全状况,提高安全工作的管理水平提供了科学、有效的管理标准。

一、管理体系的特点

① 行为安全管理是体系运行的重点。安全理论认为,一次事故的发生对应着

很多不安全行为的出现。识别不安全行为并消灭于未遂,是这些体系运行的重点内容。同时,这些体系坚持"以人为本"的思想,对事不对人,并针对人的行为,在工作前进行认真分析。行为安全管理衍生出企业安全文化的倡导与建设,极大地提高了企业的形象和凝聚力。

② 突出企业有序的规范化运作。企业安全管理涉及的环节纷繁复杂,为此,这些体系要求根据风险评估的内容,就各个要素制定运作标准,并在实际工作中严格执行,避免了管理过程中的随意性和可能造成的疏忽大意,使管理工作更加标准化、程序化。

③ 强调全员参与。职业健康安全管理体系(OSHMS)要求从班组工作中进行风险识别,使每个员工都能明确自己的工作任务、工作程序,识别每一程序中可能遇到的危险,并掌握处理危险的方法和措施,使每一位员工的风险意识得到提高。

④ 体现持续改进的特点。上述管理体系均强调按照 PDCA(P——计划,确定方针、目标和内容;D——执行,以实际行动实现所计划的内容;C——检查,对执行计划的结果进行检查、总结;A——行动,对检查、总结的结果进行处理。)循环的原则,不断地提高安全生产的绩效。

二、电力安全生产管理与现代安全管理体系的比较

① 安全生产目标管理。电力企业的安全生产目标是根据国家及上级主管单位和企业的经济目标确定的,符合国家及行业对企业安全生产的基本要求,与管理体系制定的安全生产目标、方针是一致的。

② 电力行业要求建立健全各级人员安全生产责任制,并做到职责明确、责任到位。"三大标准"(即工作标准、技术标准、管理标准)的建立,进一步规范了安全生产责任。"两大体系"(即安全生产保证体系和安全生产监督体系)的建立是电力安全生产的根本保障。这一点与管理体系要求的职责分工、明确责任是完全一致的。

③ 输电网、发供电企业、调度系统安全性评价与管理体系要求的职业健康安全和环境等风险评估有共同的目的,但各自要求的重点不同。风险评估除了考虑人在作业过程中可能出现的风险因素外,对输电网、发供电企业、调度系统安全性评价的重点是电力系统各个组成部分的安全生产风险因素,重点是对构成电力系统的设备、设施、环境等系统的安全性进行评价,且应用现代科学技术,依据国际和国家标准进行量化评估。对安全生产管理则按照行业要求进行检查评价。

④ 安全大检查与管理体系的内审检查。电力系统安全大检查的要求是"查领导、查思想、查纪律、查规程制度、查设备管理"。这与管理体系中要素、运行控制程序等的检查是一致的,都是检查各项管理制度的落实情况和生产、作业过程中存在的安全隐患,提出严重不符合项报告或纠正控制、预防措施,对重大隐患发出限期整改通知,及时消除影响安全生产的重大危险因素。

⑤ 总结评比与管理评审都是对安全生产绩效的总结。通过总结和评审,总结管理或体系运行取得的成绩,找出存在的问题,制订整改方案和措施,按照 PDCA循环持续改进的原则督促实施,以达到提高安全生产绩效和管理水平的目的。

⑥ 上级检查和外审检查。电力行业的上级检查,主要靠检查人员的经验及上级的要求,带有一定的主观性和随意性,存在不规范、不统一、因人而异的问题。而管理体系的外审检查是第三方检查,在检查过程中对照该企业的手册和体系要素进行,且与该企业无直接的利益关系,检查相对客观公正。但若第三方不熟悉该企业的生产工艺、流程,仅仅从文件化管理检查,也不能真正查到存在的主要问题。

三、安全生产管理体系的内容

"管理体系"是以职业安全健康管理体系的思想为指导,按照供电企业自身的管理流程、危险源控制方法等传统模式中的有效方法,通过对安全生产管理现状和经验的系统化整合,建立对企业管理具有可操作性的安全管理体系文件。

1. 决策管理保证体系

决策管理保证体系是安全生产保证体系的核心,在整个保证体系中起到至关重要的作用。一是要正确制订本企业安全管理目标,并提出全面实施安全管理目标的方法和步骤(包括安全目标制订标准、安全目标的控制、安全目标的考核等)。二是建立以企业主要管理者为安全第一责任人的安全责任制,实现对安全工作科学化、法制化、规范化领导。三是实施严格考核手段,发挥激励机制作用。

2. 日常执行保证体系

日常执行保证体系是安全生产保证体系的基础,该保证体系处于生产的最前沿位置,无论是正确的决策,还是先进技术装备的作用,都必须通过该系统来落实。该系统要包含以下要素的内容:

一是设立专门的安全生产管理机构或人员,贯彻、落实各项安全制度和措施。二是建立、健全班组安全工作机制,并使其正常可靠的运转。三是建立一套行之有效的标准化操作程序,实施标准化作业,杜绝习惯性违章。四是开展安全技术培训,提高技术水平和防护能力,从业人员必须持证上岗。

3. 建立有效的规章制度保证体系

规章制度保证体系是安全生产保证体系的根本。要实现电力安全生产,避免事故发生,最基本的要求就是认真执行各项安全规程、标准和相关的安全制度。只有长期严格地执行规章制度,才能形成安全生产的法制化管理。

4. 安全技术保证体系

安全技术保证体系是安全生产保证体系的重要组成部分,是加强技术监督与技术管理、为安全管理提供技术支持的基础工作。应确保设备健康运行。另外,各种先进技术和设备的应用,可以有效消除物的不安全因素,从而降低各类事故的发生。

5. 设备管理保证体系

设备管理保证体系是安全保证体系的关键,在发供电企业,设备是主要的生产工具,是安全生产的重要保证。应落实反事故措施计划,强化设备管理,提高设备完好率。对运行设备加强运行监督,执行缺陷管理制度和设备评级制度,认真搞好"两检",保证设备安全运行。

7.4 安全事故的调查与处理

所谓安全事故是指生产经营企业在日常生产经营活动中发生的造成人身、设备损害或造成经济损失和不良影响的事故。

一、事故等级的划分

根据生产安全事故(以下简称事故)造成的人员伤亡或者直接经济损失,《生产安全事故报告和调查处理条例》中对事故一般分为以下等级:

① 特别重大事故,是指造成30人以上死亡,或者100人以上重伤(包括急性工业中毒,下同),或者1亿元以上直接经济损失的事故。

② 重大事故,是指造成10人以上30人以下死亡,或者50人以上100人以下重伤,或者5 000万元以上1亿元以下直接经济损失的事故。

③ 较大事故,是指造成3人以上10人以下死亡,或者10人以上50人以下重伤,或者1 000万元以上5 000万元以下直接经济损失的事故。

④ 一般事故,是指造成3人以下死亡,或者10人以下重伤,或者1 000万元以下直接经济损失的事故。

二、事故的报告和内容

1. 事故的报告

根据《生产安全事故报告和调查处理条例》的规定,事故发生后,事故现场有关人员应当立即向本单位负责人报告;单位负责人接到报告后,应当于1小时内向事故发生地县级以上人民政府安全生产监督管理部门和负有安全生产监督管理职责的有关部门报告。

情况紧急时,事故现场有关人员可以直接向事故发生地县级以上人民政府安全生产监督管理部门和负有安全生产监督管理职责的有关部门报告。

安全生产监督管理部门和负有安全生产监督管理职责的有关部门接到事故报告后,应当依照下列规定上报事故情况,并通知公安机关、劳动保障行政部门、工会和人民检察院:

① 特别重大事故、重大事故逐级上报至国务院安全生产监督管理部门和负有安全生产监督管理职责的有关部门。

② 较大事故逐级上报至省、自治区、直辖市人民政府安全生产监督管理部门和负有安全生产监督管理职责的有关部门。

③ 一般事故上报至设区的市级人民政府安全生产监督管理部门和负有安全生产监督管理职责的有关部门。

安全生产监督管理部门和负有安全生产监督管理职责的有关部门依照前款规定上报事故情况,应当同时报告本级人民政府。国务院安全生产监督管理部门和负有安全生产监督管理职责的有关部门以及省级人民政府接到发生特别重大事故、重大事故的报告后,应当立即报告国务院。

必要时,安全生产监督管理部门和负有安全生产监督管理职责的有关部门可以越级上报事故情况。

安全生产监督管理部门和负有安全生产监督管理职责的有关部门逐级上报事故情况,每级上报的时间不得超过 2 小时。

2. 报告事故应当包括下列内容

① 事故发生单位概况。

② 事故发生的时间、地点以及事故现场情况。

③ 事故的简要经过。

④ 事故已经造成或者可能造成的伤亡人数(包括下落不明的人数)和初步估计的直接经济损失。

⑤ 已经采取的措施。

⑥ 其他应当报告的情况。

事故报告后出现新情况的,应当及时补报。

自事故发生之日起 30 日内,事故造成的伤亡人数发生变化的,应当及时补报。道路交通事故、火灾事故自发生之日起 7 日内,事故造成的伤亡人数发生变化的,应当及时补报。

三、事故的调查

1. 事故调查的组织

事故发生后,应根据事故的等级分别由下列部门组织调查:

特别重大事故由国务院或者国务院授权有关部门组织事故调查组进行调查。

重大事故、较大事故、一般事故分别由事故发生地省级人民政府、设区的市级人民政府、县级人民政府负责调查。省级人民政府、设区的市级人民政府、县级人民政府可以直接组织事故调查组进行调查,也可以授权或者委托有关部门组织事故调查组进行调查。

未造成人员伤亡的一般事故,县级人民政府也可以委托事故发生单位组织事故调查组进行调查。

上级人民政府认为必要时,可以调查由下级人民政府负责调查的事故。

自事故发生之日起 30 日内(道路交通事故、火灾事故自发生之日起 7 日内),因事故伤亡人数变化导致事故等级发生变化,依照本条例规定应当由上级人民政府负责调查的,上级人民政府可以另行组织事故调查组进行调查。

特别重大事故以下等级事故,事故发生地与事故发生单位不在同一个县级以上行政区域的,由事故发生地人民政府负责调查,事故发生单位所在地人民政府应当派人参加。

2. 事故调查组的人员组成

根据事故的具体情况,事故调查组由有关人民政府、安全生产监督管理部门、负有安全生产监督管理职责的有关部门、监察机关、公安机关以及工会派人组成,并应当邀请人民检察院派人参加。

事故调查组可以聘请有关专家参与调查。

事故调查组成员应当具有事故调查所需要的知识和专长,并与所调查的事故没有直接利害关系。

事故调查组组长由负责事故调查的人民政府指定。事故调查组组长主持事故调查组的工作。

3. 事故调查组应履行的职责即权限:

① 查明事故发生的经过、原因、人员伤亡情况及直接经济损失。

② 认定事故的性质和事故责任。

③ 提出对事故责任者的处理建议。

④ 总结事故教训,提出防范和整改措施。

⑤ 提交事故调查报告。

事故调查组有权向有关单位和个人了解与事故有关的情况,并要求其提供相关文件、资料,有关单位和个人不得拒绝。

事故发生单位的负责人和有关人员在事故调查期间不得擅离职守,并应当随时接受事故调查组的询问,如实提供有关情况。

事故调查中发现涉嫌犯罪的,事故调查组应当及时将有关材料或者其复印件移交司法机关处理。

应当委托具有国家规定资质的单位进行技术鉴定。必要时,事故调查组可以直接组织专家进行技术鉴定。技术鉴定所需时间不计入事故调查期限。

4. 调查组的工作原则

① 事故调查组成员在事故调查工作中应当诚信公正、恪尽职守,遵守事故调查组的纪律,保守事故调查的秘密。

② 未经事故调查组组长允许,事故调查组成员不得擅自发布有关事故的信息。

③ 事故调查组应当自事故发生之日起 60 日内提交事故调查报告;特殊情况下,经负责事故调查的人民政府批准,提交事故调查报告的期限可以适当延长,但延长的期限最长不超过 60 日。

四、事故调查的内容

事故调查报告应当包括下列内容:

① 事故发生单位概况。

② 事故发生经过和事故救援情况。

③ 事故造成的人员伤亡和直接经济损失。

④ 事故发生的原因和事故性质。

⑤ 事故责任的认定以及对事故责任人的处理建议。

⑥ 事故防范和整改措施。

事故调查报告应当附具有关证据材料。事故调查组成员应当在事故调查报告上签名。

事故调查报告报送负责事故调查的人民政府后,事故调查工作即告结束。事故调查的有关资料应当归档保存。

五、事故原因的分析

事故原因通常分为直接原因和间接原因。

1. 直接原因

直接原因是发生事故在时间上最近的原因,其中有物的原因和人的原因两种。

1) 物的原因是指工作环境或设备、设施存在的缺陷,即"不良的环境和设备"。直接原因可分为现场的配备、作业工程、警戒设施、防护设施、服装保护及劳保用具的缺陷等五类。

2) 人的原因是指作业人员的行为直接成为事故发生的原因,也称之为"人的不安全行为"。人的不安全行为可以分成十种:

① 联络不好(没有监督,指令不明确,误认警报)。

② 进入危险区(有悬挂物垂直下落及飞来物的场所,封闭体的内部,不稳定物体的上面,高压电气设备四周)。

③ 四肢伸进运转中的机械装置内作业(加油、修理、检查、清扫等)。

④ 清理整顿不足(放置方法、规程方法、排列方法等)。

⑤ 防护设备的损坏(损坏、卸下、不起作用等)。

⑥ 误用工具(使用有毛病的工具等)。

⑦ 错误处理危险物品(火、可燃物、爆炸物、高压容器、重物等)。

⑧ 工作服、保护用具的错误使用(不穿戴、摘下、误用等)。

⑨ 不安全姿态和速度(跳上车、跳下车、跑、跳、抛掷等)。

⑩ 恶作剧(乱呼叫、戏闹等)。

2. 间接原因

间接原因可分为技术、教育、身体、精神及管理等五类。

① 技术原因指工厂的建筑、机械装置设计不良;材料选择不合适;制造有误差;检修、保养不好;作业标准不合理等。

② 教育原因指因从事作业的人缺乏安全知识或者工作经验不足而造成的事故,如无知、不理解、不熟悉、无经验等。

③ 身体原因指身体有病,如耳聋、近视、疲劳、醉酒、眩晕症、癫痫症、恐高症、身高、性别不合适等。

④ 精神原因指人们的错觉、冲动、怠慢、不满,精神不安、恐怖、紧张、感觉缺陷、反应迟钝、固执、心胸狭窄等性格缺陷及其他精神范畴的缺陷。

⑤ 管理原因指组织、管理上的缺陷。如管理人员的责任心不强,安全管理机构不健全,安全教育制度不完善,安全目标不明确,安全标准、检查、保养制度不健全,对策实施迟缓、拖延,劳动纪律松弛,隐患整改的投资少等方面存在的缺陷。

实际上,最常见的间接原因有技术原因、教育原因及管理原因等三种,管理原因是间接原因中的基础原因。

3. 根据事故分析,制订预防对策

经过对事故统计分析,从中找出防止事故的对策。防止事故的对策有技术对策、教育对策、医学对策、精神对策和管理对策等五种。

(1) 技术对策

在进行机械装置、生产流程的设计或工厂和成套设备的施工安装时,应事先认真考虑潜在的危险地点或危险源,预测可能发生的危险及危害程度,并从设计开始就对这些危险因素采取预防对策,在技术上予以解决。另外,按此进行安全设计的机械装置或设备,通过检修以及保养,使之保持良好状态,也是很重要的。

收集并整理各种已知的数据,而且对未知性质的物质,也要通过反复的实验,积累预防事故的资料,这是很重要的。

(2) 教育对策

安全教育应该尽可能从初级教育着手,从小开始建立对安全工作的良好认识和习惯,并通过在校学习培养和提高人的安全意识和救护能力。在岗人员要针对具体的工作岗位进行不同层次的职业安全教育。

(3) 医学对策

由身体原因引起的事故,用医学对策来解决。必须根据症状,采取休养、治疗、脱离工作岗位或者调换工种等方法处理。

(4) 精神对策

在针对当事人的心理状态进行心理治疗的同时,在严格纪律的前提下,根据具体情况给予批评教育与惩罚,并在必要时调换工作岗位。

(5) 管理对策

首先要强化企业领导对安全工作的责任感,并健全安全管理体制。其次,在企业内部自觉地实施安全标准。

六、事故的处理

通过对事故的调查和发生原因的分析,根据事故造成的损失程度,确认事故的性质,并以此为基础提出对事故的处理意见并报有关人民政府批准。有关行政管理部门应依照法律、行政法规规定的权限和程序,对事故发生单位和有关人员进行行政处罚,对负有事故责任的国家工作人员进行处分。事故发生单位应当按照负责事故调查的人民政府的批复,对本单位负有事故责任的人员进行处理。负有事故责任的人员涉嫌犯罪的,应依法追究刑事责任。

事故处理的基本原则为:事故原因未查清楚不能放过,事故整改和防范措施未落实到位不能放过,事故责任人未受到处理不能放过,群众未受到教育不能放过。

事故发生单位应当认真吸取事故教训,落实防范和整改措施,防止事故再次发生。防范和整改措施的落实情况应当接受工会和职工的监督。

安全生产监督管理部门和负有安全生产监督管理职责的有关部门应当对事故发生单位落实防范和整改措施的情况进行监督检查。

事故处理的情况由负责事故调查的人民政府或者其授权的有关部门、机构向社会公布,但依法应当保密的除外。

自我检测题

1. 搞好安全生产工作有什么重要意义?
2. 建立安全生产体系主要应考虑哪些因素?
3. 简述安全管理体系的特点。
4. 安全生产管理体系的主要内容是什么?
5. 事故等级是如何划分的?
6. 事故发生后应如何上报?
7. 对事故调查人员的组成和职责有何要求?
8. 事故调查的内容有哪些?
9. 应从哪些方面分析事故发生的原因?

附　　录

附录1 低压供配电系统按接地形式的分类

一般来说，供配电系统都有两个接地问题：其一是系统内电源侧带电导体的接地，其二是负荷侧电气设备外露可导电部分的接地。就低压供配电系统而言，前者通常是指发电机、变压器等中性点的接地，称为系统接地；后者通常是指电气设备的金属外壳、布线用金属管槽等外露可导电部分的接地，称为保护接地(PE)。系统接地的主要作用是保证供电系统的正常工作，因此也称工作接地。保护接地则对电气安全十分重要。

我国的 380 V/220 V 配电系统占了低压配电系统的绝大多数，只有在一些特殊工业场所，例如矿井等处，有 660 V 或 1 140 V 低压配电系统。选择低压配电系统的接地形式，主要从供电可靠性和电击防护等方面考虑。低压配电系统是电力系统的末端，分布广泛，几乎遍及现代工业与民用建筑的每一个角落，而低压配电系统所面对的人绝大多数是非电气专业人员，因此电击事故的发生率大大高于高压系统。在向国际标准靠拢的过程中，我国电气工程界对低压配电系统从表述到认识都发生了很大的变化，但长期以来形成的一些认识和不规范的表述往往不能准确地掌握概念，从而影响对系统形式及其分析计算的正确理解，下面的介绍就从名词解释开始。

一、名词解释

1. 系统中性点

发电机、变压器、电动机和电器的绕组以及串联电路中有一点，它与外部各接线端之间的电压绝对值相等，这一点就称为中性点。

在正常情况下，系统中性点一般在电路接线的中间点处，比如星形联结的中心点，但在故障时，系统中性点有时会从电路接线的中间点处移走，这种情况称为中性点位移。

2. 外露可导电部分

电气装置的可能被触及的可导电部分，它在正常时不带电，但在基本绝缘损坏时可能带电。例如电动机、变压器和开关柜的金属外壳等。并不是所有的电气设备都有外露可导电部分，如塑壳电视机等家用电器就没有外露可导电部分。

3. 外界可导电部分

给定场所中不属于电气装置组成部分，且易于引入电位的可导电部分，该电位通常为局部地电位。例如，场所中的金属管道(水管、暖气管等)即为外界可导电部分。

4. 等电位联结

使各个外露可导电部分之间及外界可导电部分之间电位基本相等的电气连接。在此特别指出，等电位联结采用"联结"(Bonding)一词而非"连接"(Connection)一词，是因为等电位联结的作用主要是通过电气连通来均衡电位，而不是通过电气连通来构造电流通道。

5. 中性线(N 线)

与电源的中性点连接,并能起传输电能作用的导线。

6. 保护接地线(PE 线)

为防止触电危害而用来与下列任一部位作电气连接的导线:

① 外露可导电部分。

② 外界可导电部分。

③ 总接地线或总等电位联结端子。

④ 接地极。

⑤ 电源接地点或人工中性点。

在正常情况下,PE 线上是没有电流的,它不承担传输电能的任务,但在故障情况下,它可能有电流通过,因此其截面积选择也是有条件的。

7. 保护接地中性线(PEN 线)

兼有 PE 线和 N 线功能的导线。

8. 移动式设备

工作时移动的设备,或在接有电源时能容易地从一处移至另一处的设备。

9. 手握式设备

正常使用时要用手握住的移动式设备。

10. 固定式设备

牢固安装在支座(支架)上的设备,或用其他方式固定在一定位置上的设备。

二、接地系统分类

低压接地系统按接地形式可分为 TN、TT 和 IT 三种类型,这些接地系统的文字符号的含义如下。

第一个字母说明电源系统与大地的关系。

T:电源的一点(通常是中性点)与大地直接连接(T 是"大地"一词法文 Terre 的第一个字母)。

I:电源与大地隔离或电源的一点经高阻抗(如 1 000 Ω)与大地直接连接(I 是"隔离"一词法文 Isolation 的第一个字母)。

第二个字母说明电气装置的外露可导电部分与大地的关系。

T:外露可导电部分直接接大地,它与电源的接地无联系。

N:外露可导电部分通过与接地的电源中性点的连接而接地(N 是"中性点"一词法文 Neutre 的第一个字母)。

TN 系统按 N 线与 PE 线的不同组合又分为以下三种类型:

TN-C 系统——在全系统内 N 线和 PE 线是合一的(C 是"合一"一词法文 Combine 的第一个字母)。

TN-S 系统——在全系统内 N 线和 PE 线是分开的(S 是"分开"一词法文 Separe 的第一个字母)。

TN-C-S 系统——在全系统内,仅在电气装置电源进线点前 N 线和 PE 线是合一的,在电源进线点后即分为 N 线和 PE 线。

　　需要特别说明，TN-S 系统 N 线和 PE 线的分开是从变电所或发电站的低压配电盘出线处开始算起的。因为从变压器或发电机到低压配电盘的一段线路很短，可以将它们看成一个电源点。只要此电源点的中性点是直接接地的，则从电源点的低压配电盘可同时引出相线、中性线、PEN 线和 PE 线。换言之，可同时引出除 IT 系统外的 TN-S、TN-C、TN-C-S 以至 TT 等不同接地系统的供电线路。

　　各种类型的接地系统见附录图 1-1～附录图 1-5。

　　上述接地系统各有其特点和优缺点，应对其逐一了解，以便正确地选用。

　　1. IT 系统

　　IT 系统就是电源中性点不接地、用电设备外露可导电部分直接接地的系统，如附录图 1-1 所示。IT 系统可以有中性线，但国际电工委员会（IEC）强烈建议不设置中性线。因为 IT 系统多用于易发生单相接地的场合，而中性线引自系统中性点，一旦发生中性线接地，也就相当于系统中性点发生了接地，此时 IT 系统就变成了 TT 系统，即系统的接地形式发生了质的变化。

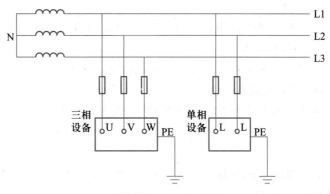

附录图 1-1　IT 系统

　　在 IT 系统中，连接设备外露可导电部分和接地体的导线，就是 PE 线。

　　IT 系统在发生一个接地故障时，由于不具备故障电流返回电源的通路，其故障电流仅为非故障相的对地电容电流，其值甚小，因而对地故障电压很低，不致引发事故，所以 IT 系统在发生一个接地故障时不需切断电源而使供电中断。

　　IT 系统可用于对供电连续性要求较高的配电系统，如矿山的巷道配电，或用于对电击防护要求较高的场所，如医院重要手术室的配电等。

　　2. TT 系统

　　TT 系统就是电源中性点直接接地、用电设备外露可导电部分也直接接地的系统，如附录图 1-2 所示。通常将电源中性点的接地称为工作接地，而设备外露可导电部分的接地称为保护接地（PE）。TT 系统中，这两个接地必须是相互独立的。设备接地可以是每一设备都有各自独立的接地装置，也可以若干设备共用一个接地装置，附录图 1-2 中单相设备和单相插座就是共用接地装置的。

　　TT 系统的电气装置各有自己的接地极，正常时装置内的外露可导电部分为地电位，电源侧和各装置出现的故障电压不会互窜。但当发生接地故障时，因故障回路内包含工作接地和保护接地两个接地电阻，故障回路阻抗较大，故障电流较小，一般不能用

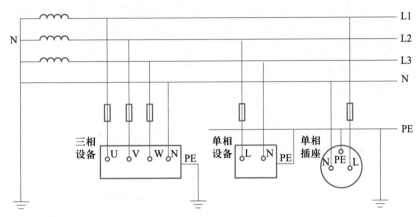

附录图 1-2　TT 系统

过电流防护兼作接地故障防护,为此必须装用剩余电流保护装置 RCD 来切断电源。

在一些国家,TT 系统的应用十分广泛,工业与民用的配电系统都大量采用 TT 系统。在我国,TT 系统主要用于城市公共配电网和农用电网,现在也有一些大城市如上海等在住宅配电系统中采用 TT 系统。在实施剩余电流保护的基础上,TT 系统有很多优点,是一种值得推广的接地形式。在农网改造中,TT 系统的使用也比较普遍。在城市道路照明系统中采用 TT 系统也是一个发展方向。

3. TN 系统

TN 系统即电源中性点直接接地、设备外露可导电部分与电源中性点直接电气连接的系统。TN 系统有三种形式,分述如下。

(1) TN-S 系统

TN-S 系统如附录图 1-3 所示,图中,相线 L1~L3、中性线 N 与 TT 系统相同;与 TT 系统不同的是,用电设备外露可导电部分通过 PE 线连接到电源中性点,与系统中性点共用接地体,而不是连接到自己专用的接地体。在这种系统中,中性线(N 线)和保护线(PE 线)是分开的,这就是 TN-S 中"S"的含义。TN-S 系统的最大特征是 N 线与 PE 线在系统中性点分开后,不能再有任何电气连接,这一条件一旦破坏,TN-S 系统便不复成立。

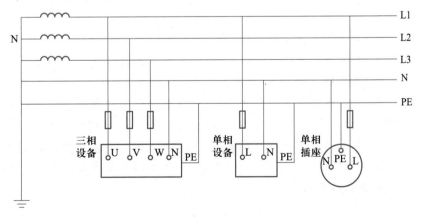

附录图 1-3　TN-S 系统

除非施工安装有误,除很小的对地泄漏电流外,PE 线平时不通过电流,也不带电位。它只在发生接地故障时通过故障电流,因此,电气装置的外露可导电部分对地平时不带电位,比较安全,但它需在回路的全长多数设一根导线。

TN-S 系统是我国现在应用最为广泛的一种系统,在自带变配电所的建筑物中几乎无一例外地采用了 TN-S 系统,在建筑小区中,也有一些采用了 TN-S 系统。

（2）TN-C 系统

TN-C 系统如附录图 1-4 所示,它将 PE 线和 N 线的功能结合起来,由一根称为 PEN 线(保护中性线)的导体来同时承担两者的功能。在用电设备处,PEN 线既连接到负荷中性点上,又连接到设备外露可导电部分。

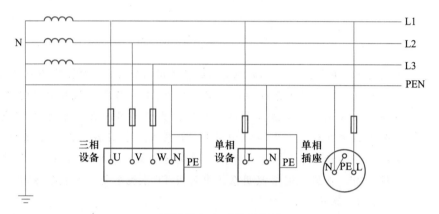

附录图 1-4　TN-C 系统

PE 线和 N 线的功能本来不同,用一根 PEN 线来同时承担两者的功能,必然带来一些技术上的弊端。例如,某一设备外壳上的故障电压可能经 PEN 线窜到其他设备外壳;当 PEN 线断线时,设备外壳上可能带上危险的故障电压;正常工作时,PEN 线因通过三相不平衡电流和 $3n$ 次谐波电流而产生电压降,从而使所接设备的金属外壳对地带电位等。

TN-C 系统曾在我国广泛应用,但由于它所固有的技术上的一些弊端,现在已很少采用。尤其是在民用建筑的配电中已不允许采用 TN-C 系统。另外,在爆炸危险环境和临时施工现场等一些对安全性和供电可靠性要求较高的环境也不允许采用 TN-C 系统。

（3）TN-C-S 系统

TN-C-S 系统是 TN-C 系统和 TN-S 系统的结合形式,如附录图 1-5 所示。

TN-C-S 系统中,从电源出来的那一段采用 TN-C 系统,在这一段中没有用电设备,只起电能的传输作用;到用电负荷附近某一点处,将 PEN 线分开为 N 线和 PE 线,且此后 N 线和 PE 线一直分开,从这点以后,即相当于 TN-S 系统。

TN-C-S 系统在我国当前应用还比较广泛。但应注意:采用 TN-C-S 系统时,在系统由 TN-C 变为 TN-C-S 处,一定要将 PEN 线重复接地或采取等电位联结,以提高系统的安全性。

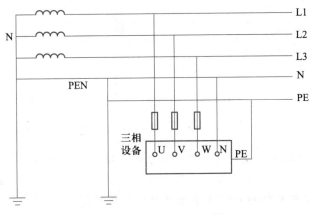

附录图 1-5 TN-C-S 系统

附录2 低压供配电系统按带电导体系统的分类

按照 IEC 标准,配电系统有两种分类法:一种是按上述接地系统分类,分为 IT、TT、TN 等系统;另一种是按带电导体分类。

由于传统习惯的影响,我国有些电气人员经常将 TN-S 系统中三相的称为"三相五线制"系统,单相的称为"单相三线制"系统,严格来说,这些称呼都是不规范的。按照 IEC 标准(IEC 60364 文件)和 GB 16895《低压电气装置》的规定,带电导体是指正常工作时带电的导体,相线(L 线)和中性线(N 线)是带电导体,保护接地线(PE 线)不是带电导体。带电导体系统按带电导体的相数和根数分类,在根数中都不计 PE 线。按 IEC 规定,交流的带电导体系统有:单相两线系统、单相三线系统、两相三线系统、两相五线系统、三相三线系统、三相四线系统(注意:不论有无 PE 线都应称为三相四线系统)。

上述交流的带电导体系统的形式详见附录图 2-1。

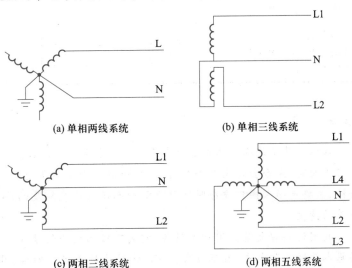

(a) 单相两线系统　　　(b) 单相三线系统

(c) 两相三线系统　　　(d) 两相五线系统

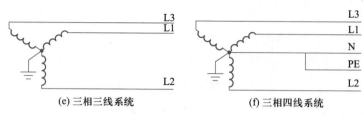

(e) 三相三线系统　　　　　　(f) 三相四线系统

附录图 2-1　交流的带电导体系统的形式

　　总之,按系统带电导体形式分类与按系统接地形式分类是两种不同性质的分类方法,不能混为一谈。为了表述的严谨准确,也为了与 IEC 标准取得一致,一般不宜仅采用"×相×线"来表述系统的接地形式。

附录3　电气设备按电击防护方式的分类

　　IEC 产品标准将低压电气设备按间接接触电击防护的不同要求分为 0、Ⅰ、Ⅱ、Ⅲ共四类,详见附录表 3-1。

附录表 3-1　电气设备按电击防护方式的分类

类别	0 类	Ⅰ 类	Ⅱ 类	Ⅲ 类
设备主要特征	基本绝缘,无保护连接手段	基本绝缘,有保护连接手段	基本绝缘和附加绝缘组成的双重绝缘或相当于双重绝缘的加强绝缘,没有保护接地手段	由安全特低电压供电,设备不会产生高于安全特低电压的电压
安全措施	用于不导电环境	与保护接地相连	不需要	接于安全特低电压
电气设备的防电击标志	无标志	⏚	▣	〈Ⅲ〉

一、0 类设备

　　仅依靠基本绝缘作为电击防护的设备,称为 0 类设备。这类设备的基本绝缘一旦失效时,是否会发生电击危险,则完全取决于设备所处的环境条件。所谓环境条件,主要是指人操作设备时所站立的地面及人体能触及的墙面,或外界可导电部分等的情况。

　　我国过去曾大量使用 0 类设备,它具有较高机械强度的金属外壳,但它仅靠一层基本绝缘来防电击,且不具备经 PE 线接地的手段。例如,具有金属外壳但电源插头没有 PE 线插脚的台灯、电风扇等。

为保证安全,0 类设备一般只能用于非导电场所,否则就需用隔离变压器供电。

由于 0 类设备的电击防护条件较差,在一些发达国家已逐步被淘汰,有些国家甚至已明令禁止生产该类产品。

二、Ⅰ类设备

Ⅰ类设备的电击防护不仅依靠基本绝缘,而且还可采取附加的安全措施,即设备外露可导电部分可连接一根 PE 线,这根线用来与场所中固定布线系统中的保护线(或端子)相连接。

这类设备在目前应用最为广泛。

上述附录一中所介绍的 TT、TN、IT 等系统,设备端的保护连接方式都是针对Ⅰ类设备而言的。Ⅰ类设备保护线的作用在不同接地形式的系统中有所不同。在 TN 系统中,保护线的作用是提供一个低阻抗通道,使碰壳故障变成单相短路故障,从而使过电流保护装置动作,消除电击危险。在 TT 系统中,保护线连接至设备的接地体,当发生碰壳故障时,可形成故障回路,通过接地电阻的分压作用降低设备外壳接触电压;在设置了剩余电流保护装置(RCD)的 TT 或 TN 系统中,该保护线还具有提供剩余电流流通通道的作用。

Ⅰ类设备的保护线,要求与设备的电源线配置在一起。设备的电源线若采用软电缆或软电线,则保护线应当是其中的一根芯线。常用的家用电器的三芯插头,其中有一芯就是 PE 线插头片,它通过插座与室内固定配线系统中的 PE 线相连。

在我国日常使用的电器中,Ⅰ类设备占了大多数,因此,做好对Ⅰ类设备的电击防护,对降低电击事故的发生率有着十分重大的意义。

三、Ⅱ类设备

Ⅱ类设备的电击防护不仅依靠基本绝缘,而且还增加了附加绝缘作为辅助安全措施,或者使设备的绝缘能达到加强绝缘的水平。Ⅱ类设备不设置 PE 线。

Ⅱ类设备一般用绝缘材料做外壳,例如,目前带塑料外壳的家用电器一般都是Ⅱ类设备。也有采用金属外壳的,但其金属外壳与带电部分之间的绝缘必须是双重绝缘或加强绝缘。采用金属外壳的Ⅱ类设备,其外壳也不能与保护线连接,只有在实施不接地的局部等电位联结时,才可考虑将设备的金属外壳与等电位联结线相连。

Ⅱ类设备的电击防护全靠设备本身的技术措施,其电击防护不依赖于供配电系统,也不依赖于使用场所的环境条件,是一种安全性能很好的设备类别,若排除价格等因素,这是一种值得大力发展的设备类别。但Ⅱ类设备绝缘外壳的机械强度和耐热水平不高,且其外形尺寸和电功率都不宜过大,使它的应用范围受到了限制。

四、Ⅲ类设备

Ⅲ类设备的间接接触电击防护原理是降低设备的工作电压,即根据不同的环境条件采用适当的特低电压供电,使发生接地故障或人体直接接触带电导体时,接触电压都小于限值。

Ⅲ类设备的电击防护依靠采用 SELV(安全特低电压)供电,这类设备要求在任何情况下,设备内部都不会出现高于安全电压值的电压。

关于安全电压或安全特低电压,在国家标准 GB/T 3805—2008《特低电压(ELV)限值》中有所规定。

应当特别注意,安全(特低)电压并不只是一个电压值,它是包括电压值在内的一系列规定的总称,因此,必须满足对安全(特低)电压的全部要求,Ⅲ类设备的电击防护才是完整有效的。

顺便说明,以上四类设备是以罗马数字 0、Ⅰ、Ⅱ、Ⅲ进行分"类"而不是分"级",分类的顺序并不说明防电击性能的优劣,也并不表明设备的安全水平等级,它只是用以区别各类设备防电击的不同措施而已。

附录4　接地与等电位联结

一、接地的基本概念

1. 地和接地

所谓"地",在电气领域有两种含义:其一是实指大地;其二是泛指电气系统中的参考点或等电位点。这个参考点或等电位点可以不与大地相接连,它只是象征意义上的"地"。简单来说,"地"是指能供给或接受大量电荷,并可用作良好的参考电位的物体。而"接地"则是将电力系统或电气装置的某些可导电部分,经接地线连接至"地"。

2. 接地电阻及其要求

接地电阻由接地体流散电阻、接地体接地线的电阻和接地体与土壤的接触电阻组成。在一般的工程计算中可以认为接地电阻就是指接地体流散电阻。工频接地电流流经接地装置所呈现的接地电阻,称为工频接地电阻。雷电流流经接地装置所呈现的接地电阻,称为冲击接地电阻。冲击接地电阻主要用于防雷和过电压防护的接地计算。有关规范规定了各种情况下对接地电阻的具体要求。

3. 接触电压与跨步电压

① 接地电流电位分布

当电气设备外壳或机座等外露可导电部分由于某种原因带上故障电压时,接地电流通过接地体流入大地。

② 接触电压、跨步电压

当人在流散区这个范围内触及故障带电设备的外壳,人与设备的接触点和人体站立点之间就存在一个电位差,人体所承受的这个电位差称为接触电压,一般用U_{tou}表示。人在流散区内行走,由于人的双脚行走时所处位置不同,在两脚之间也存在一个电位差,称之为跨步电压,一般用U_{step}表示。接地电流、电位分布曲线是非线性的,跨步电压和人站立地点距接地点的远近有关;人离接地点越近,跨步电压也越高。同时,跨步电压还和跨步的大小有关,跨步越大,两脚之间电位差越大,跨步电压也越高。

4. 接地的分类

根据接地的不同作用,一般可分为功能性接地、保护性接地和电磁兼容性接地三大类。

(1) 功能性接地。用于保证设备(系统)的正常运行,或使设备(系统)可靠而正确地实现其功能。例如:

① 工作(系统)接地。指根据系统运行的需要而进行的接地。如电力系统中性点直接接地,能在运行中维持三相系统中相对地电位不变;电力系统中性点经消弧线圈接地,能在单相接地时减小或消除接地点的断续电弧,避免出现危险的过电压等。

② 信号电路接地。指设置一个等电位点作为电子设备的基准电位,一般简称"信号地"。

(2) 保护性接地。指以保护人身和设备的安全为目的的接地。例如:

1) 保护接地。为保障人身安全、防止间接接触电击造成人身伤亡或设备损坏而将设备的外露可导电部分进行接地,称作保护性接地。保护接地又可细分为以下两种情况:

① 将电气设备的外露可导电部分经各自的保护线(PE 线)分别进行接地,使其处于地电位,一旦电气设备带电部分的绝缘损坏时,可以减轻或消除电击危害。通常外露可导电部分就是电气设备的金属外壳,所以这种接地亦称外壳接地,如 TT 系统的接地和 IT 系统的接地。

② 将电气设备的外露可导电部分经公共的保护线(PE 线)或保护中性线(PEN 线)接地,如 TN 系统的接地。我国过去称这种保护接地方式为"保护接零"或"接零",目前有些资料中仍不适当地保留了这一叫法。

在系统中性点直接接地的 TN 系统中,为确保公共 PE 线或 PEN 线安全可靠,除在电源中性点进行工作接地外,还必须在 PE 线或 PEN 线的一些地方进行必要的重复接地。

2) 防雷接地。指为防雷装置(接闪杆、接闪线、接闪网和避雷器等)向大地泄放雷电流而设置的接地。就防雷系统本身而言,防雷接地是一种工作接地;而从电气设备的角度来看,防雷接地也可被视为是一种保护接地。

3) 防静电接地。将静电导入大地以防止其危害的接地。例如,对易燃易爆的储罐、管道以及电子器件、设备等为防静电危害而设置的接地。

4) 阴极保护接地。使被保护金属表面成为电化学原电池的阴极,以防止该表面腐蚀的接地。

(3) 电磁兼容性接地。电磁兼容性(EMC)是指设备或系统在其环境中能正常工作且不对该环境中任何事物构成不能承受的电磁骚扰的能力。由此可见,电磁兼容学科研究的主要内容是如何使处于同一电磁环境下的各种电气、电子设备或系统能够正常工作又不相互干扰,从而达到"兼容"的目的。屏蔽是达到电磁兼容性要求的基本保护措施之一。为防止寄生电容回授或形成噪声电压,需将金属屏蔽物接地,以便屏蔽物泄放感应电荷或形成足够的反向电流以抵消干扰影响。

二、等电位联结(Equipotential Bonding)的基本概念

1. 概述

等电位联结是将电气设备的外露可导电部分和外界可导电部分等用金属导体(或用电涌保护器 SPD)适当地连接起来。这样,即使有故障电流流过,人所能接触到的两个导体之间基本上是等电位,也就避免或减小了电击的危险。等电位联结就是在带电场所内将所有可能引起电击的金属外露部分,都尽可能的通过电气连通来均衡电位,从而依靠降低接触电压来降低电击危险。

特别指出,本书强调"等电位联结"应采用"联结(Bonding)"一词而非"连接(Connection)"一词;因为等电位联结的作用主要是通过电气连通来均衡电位,而不是通过电气连通来构造电流通道。实际上,在我国多数的国家标准和技术资料中都采用了"等电位联结",例如国家标准 GB 50054—2011《低压配电设计规范》、GB 50058—2014《爆炸危险环境电力装置设计规范》、GB 16895《建筑物电气装置》、GB/T 4776—2008《电气安全术语》和标准图集 02D501《等电位联结》等;但也有的国家标准中表述为"等电位连接",例如 GB 50057—2010《建筑物防雷设计规范》和 GB 50343—2012《建筑物电子信息系统防雷技术规范》。国家标准的用词应该规范和统一。

等电位联结就是使不带电的导体或者用电涌保护器 SPD 保护的带电的导体(在 SPD 动作后)处在同一电位。在这里,联结(Bonding)强调的主要是传导电位达到均衡的意思,它表示那种正常时不通过电流,仅在故障时才通过部分故障电流的导体间的导通接触。在英文电气专著中,"Bonding"一词一般即可表示"等电位联结"。而连接(Connection)则是广义的导体间的接触导通,包括通过正常工作电流的接触导通,它更偏重于表示通过电气连通来构造电流通道。IEC 标准将设备的金属外壳与 PE 线的连接称为"联结(Bonding)"而不同"接地(Earthing 或 Grounding)"一词,即意在使词意表达更为准确。

等电位联结包括总等电位联结(Main Equipotential Bonding,MEB)和辅助等电位联结(Supplementary Equipotential Bonding,SEB)、局部等电位联结(Local Equipotential Bonding,LEB)共三种。

所谓"总等电位联结",即将电气装置的 PE 线或 PEN 线与附近的所有金属管道构件(如接地干线、水管、煤气管、采暖和空调管道等,如果可能也包括建筑物的钢筋及金属构件)在进入建筑物处,接向总等电位联结端子板(即接地端子板)。总等电位联结靠均衡电位而降低接触电压,同时它也能消除从电源线路引入建筑物的危险电压。它是建筑物内电气装置的一项基本安全措施。IEC 标准和一些技术先进国家的电气规范都将总等电位联结作为接地故障保护的基本条件;实际上总等电位联结已兼有电源进线处重复接地的作用。在有总等电位联结的场所内,若某回路的过电流防护电器不能满足自动切断电源防电击的要求,则常需加设"辅助等电位联结"来进一步降低接触电压以防止电击事故的发生。对于特别潮湿,触电危险大的局部特殊环境如浴室、医院手术室、喷水池等处,还应作"局部等电位联结",即在此局部范围内,将 PE 线或 PEN 线与附近所有的上述金属管道、构件等相

互连接,作为对总等电位联结的补充,以进一步提高用电安全水平。局部等电位联结的主要目的亦在于使接触电压降低至安全电压限值以下。

另外,GB 50057—2010《建筑物防雷设计规范》亦规定:装有防雷装置的建筑物,在防雷装置与其他设施和建筑物内人员无法隔离的情况下,也应采取等电位联结。

等电位联结不需增设保护电器,只要在施工时增加一些连接导体,就可以均衡电位而降低接触电压,消除因电位差而引起的电击危险。这是一种经济而又有效的防电击措施。

此外,当部分电气装置位于总等电位联结作用区以外时,应装用带有剩余电流保护装置(Residual Current Operated Protective Devices,RCD)的断路器,且这部分的PE 线应与电源进线的 PE 线隔离,改接至单独的接地极(局部 TT 系统),以杜绝外部窜入的危险电压。

下面对这三种等电位联结的应用范围、工程作法以及相互关系等进行详细介绍。

2. 总等电位联结(Main Equipotential Bonding,MEB)

(1) 作法

总等电位联结是在建筑物电源进线处采取的一种等电位联结措施,它所需要联结的可导电部分有:

① 进线配电箱的 PE(或 PEN)母排。

② 公共设施的金属管道,如上、下水、热力、煤气等金属管道。

③ 应尽可能地包括建筑物金属结构。

④ 如果有人工接地,也包括其接地极引线。

下面以办公楼建筑为例,介绍总等电位联结系统的具体做法和作用。如附录图 4-1 所示,在此建筑物内有办公楼总电源配电柜、总供水管网、煤气管网、采暖管网以及空调机房和电梯竖井等设施。为了构成一个等电位空间,在附录图 4-1 中,将办公楼总电源配电柜、总供水管网、煤气管网、采暖管网以及空调立管和电梯导轨,建筑物金属预埋件等设施联结在一起,接到一个专供等电位联结用的总等电位联结板(简称 MEB 板)上,就构成了此办公楼系统的总等电位联结。具体安装时应注意,在与煤气管道作等电位联结时,应采取措施将处于建筑物内、外两部分的管道隔离(中间加一段绝缘材料作的短管),以防止将煤气管道作为电流的散流通道(即接地极),并且,为防止雷电流在煤气管道内产生火花,在此隔离两端应跨接火花放电间隙(应由有关专业人员完成)。

若建筑物有多处电源进线,则每一电源进线处都应做总等电位联结,且各个总等电位联结端子板应互相联通。

(2) 作用

总等电位联结的作用在于降低建筑物内间接电击的接触电压和不同金属部件间的电位差,并消除自建筑物外经各种金属管道或各种电气线路引入的危险电压的危害,它同时也具有重复接地的作用。

附录图 4-2 为一个建筑物的总等电位联结平面示意图,附录图 4-2(a)中的进户金属管道未做等电位联结,当室外架空裸导线断线并接触到金属管道时,高电位会由金属管道引至室内,若有人触及金属管道,则可能发生电击事故。

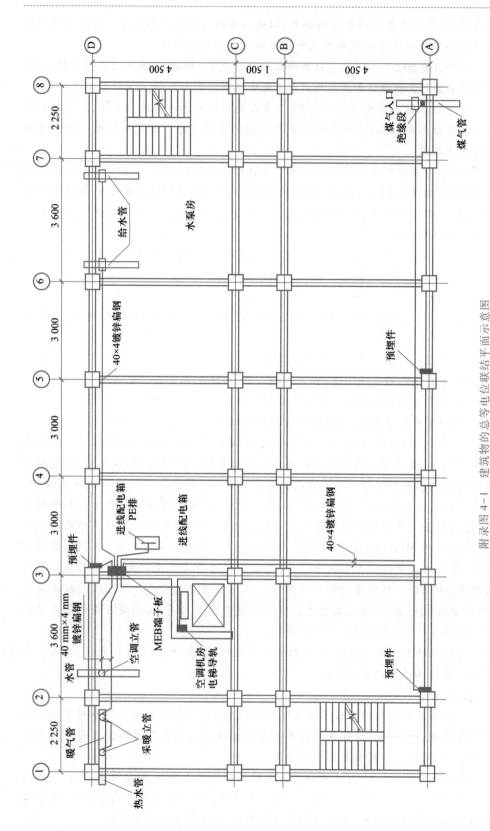

附录图 4-1　建筑物的总等电位联结平面示意图

说明：① 当防雷设施利用建筑物金属体和基础钢筋作引下线和接地板时，引下线应与等电位联结系统连通。

② 图中 MEB 线采用 40 mm×4 mm 镀锌扁钢或 25 mm² 铜导体在墙内或地面内暗敷。

而附录图 4-2(b)所示为有等电位联结的情况,这时,PE 线、地板钢筋、进户金属管道等均作总等电位联结,此时,即使人员触及带电的金属管道,在人体上也不会产生电位差,因而是安全的。

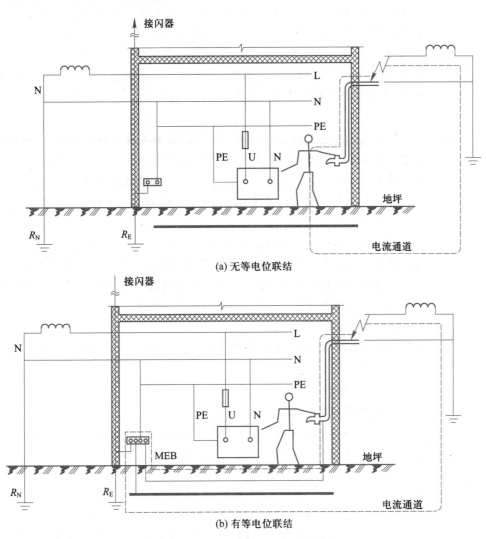

(a) 无等电位联结

(b) 有等电位联结

附录图 4-2　有无等电位联结的比较

3. 辅助等电位联结(Supplementary Equipotential Bonding,SEB)

(1) 功能及作法

将两个可能带不同电位的设备外露可导电部分和(或)外界可导电部分用金属导体直接联结,从而使故障接触电压大幅度降低。

(2) 作用

如附录图 4-3(a)所示,某一两层车间,分配电箱 AP 既向固定式电气设备 M 供电,又向手持式电气设备 H 供电。当 M 发生碰壳故障时,按 GB 50054—2011《低压配电设计规范》规定,其过电流保护应在 5 s 内动作;而这时 M 外壳上的危险电压会经 PE 排通过 PE 线 ab 段传导至 H,而 H 的保护装置不会动作。这时手握设备 H 的人员若同时触及其他外界可导电部分 E(图中为一给水龙头),则人体将承受故障电流 I_d 在 PE 线 mn 段上产生的压降,这对要求 0.4 s 内切除故障电压的手握式电气设备 H 来说是不安全的。但是,若将设备 M 通过 PE 线 de 与水管 E 作辅助等电位联结,如附录图 4-3(b)所示,则此时故障电流 I_d 被分成 I_{d1} 和 I_{d2} 两部分回流至总等电位联结板。因而此时 $I_{d1} < I_d$,PE 线 mn 段上压降降低,从而使 b 点电位降低;同时 I_{d2} 在水管 eq 段和 PE 线 qn 段上产生压降,使 e 点电位升高,这样,人体接触电压 $U_{tou} = U_b - U_e = U_{be}$ 会大幅降低,从而使人员安全得到保障。注意,在以上讨论中,电位参考点均为总等电位联结端子板的电位。

由此可见,在有总等电位联结的场所内,若某回路的过电流防护电器不能满足自动切断电源防电击的要求,则常需加设"辅助等电位联结(SEB)"来进一步降低接触电压以防止电击事故的发生。并且,辅助等电位联结既可直接降低接触电压,又可作为总等电位联结的一个补充,从而进一步降低接触电压。

4. 局部等电位联结(Local Equipotential Bonding, LEB)

(1) 功能

当需要在一局部场所的范围内作多个辅助等电位联结时,可以将多个辅助等电位联结通过一个等电位联结端子板来实现,这种方式称为局部等电位联结。相对于辅助等电位联结而言,局部等电位联结可使范围更广泛的一个局部场所大幅度降低故障接触电压。

(2) 实现方法

局部等电位联结应通过局部等电位联结端子板(LEB 板)将以下部分连接起来:

① PE 母线或 PE 干线。

② 公用设施的金属管道。

③ 尽可能地包括建筑物的金属构件,例如结构钢筋和金属门窗等。

④ 其他装置外可导电体和电气装置的外露可导电部分。

仍以上述附录图 4-3 的两层车间为例,若采用局部等电位联结,则其接线方法如附录图 4-4 所示。图中 LEB 为局部等电位联结端子板。

对于特别潮湿,触电危险大的局部特殊环境如浴室、医院手术室、喷水池、游泳池等处,应作"局部等电位联结(LEB)";即在此局部范围内,将 PE 线或 PEN 线与附近所有的上述金属管道、构件等相互联结,作为对总等电位联结的补充,以进一步提高用电安全水平。这种根据具体条件和需要,在一个局部场所内作等电位联结的防电击措施即为局部等电位联结(LEB)。局部等电位联结的主要目的亦在于使接触电压降低至安全电压限值以下,同时也使得接线更加方便和美观。

5. 三种等电位联结之间的关系

① 在电气工程中,常见的等电位联结措施有三种,即总等电位联结(MEB),辅助等电位联结(SEB)和局部等电位联结(LEB)。这三种等电位联结在原理上都是相同的,都是为了降低建筑物内发生间接接触电击时的接触电压和不同金属部件间的电位差。不同之处仅在于作用范围和工程做法。

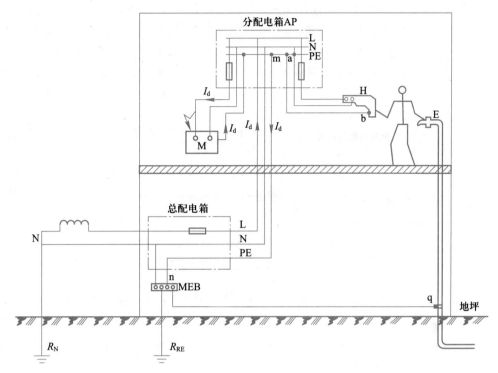

(a) 无辅助等电位联结

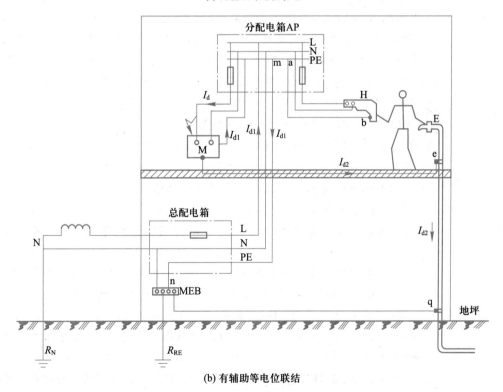

(b) 有辅助等电位联结

附录图 4-3　辅助等电位联结的作用

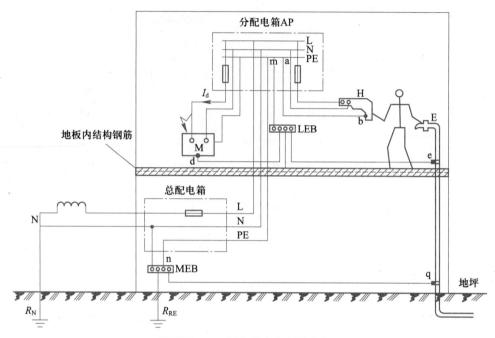

附录图 4-4　局部等电位联结的作用

② 有的技术资料认为应当取消局部等电位联结(LEB)的提法,即认为只有总等电位联结(MEB)和辅助等电位联结(SEB)两种等电位联结。实际上,局部等电位联结(LEB)可以看作是辅助等电位联结(SEB)的一种扩展。当局部区间内需要作多个辅助等电位联结时,局部等电位联结箱就有存在必要了。例如,在民用建筑的浴室中设置"局部等电位联结箱",在高层建筑中的各个楼层设置等电位联结端子板等,都是局部等电位联结(SEB)的实际应用。在 IEC 标准中只有总等电位联结(MEB)和辅助等电位联结(SEB)而无局部等电位联结(LEB),但 IEC 60354 标准的辅助等电位联结(SEB)是 2.5 m 伸臂范围内可同时触及的导电部分之间的联结,而实际中存在很多大于 2.5 m 的局部范围的联结。为了电气安全并便于执行,GB 50054—2011《低压配电设计规范》规定了局部等电位联结的条文。

6. 接地与等电位联结的关系

① 在电气系统中,接地和等电位联结都是保证人身安全和设备安全的基本方法。

② 就其作用而言,"等电位联结"和"接地"在有些情况下是难以区分的。一般而言,"等电位联结"是一种比"接地"更为广泛和本质的概念。

③ 可以认为,传统的"接地"就是以大地为参考电位,在地球表面实施的"等电位联结"。而"等电位联结"则可视为以金属导体代替大地,以导体电位作参考电位的"接地"。

④ 应注意,在 IEC 标准中,接地和等电位联结是两个独立的电气安全性和功能性措施。等电位联结不一定就要接地。例如:有些场所内只能作等电位联结而不可能接地——例如天空中的飞行器;有些场所内则只能作等电位联结而不允许

接地——例如在某些场所内,为保证安全而采用隔离变压器供电时,若接地,则 PE 线可能导入不相同的电位而影响安全。

⑤ 使用电涌保护器(Surge protective device,SPD)防雷击电磁脉冲(Lightning electromagnetic impulse,LEMP)或瞬时过电压时,SPD 的作用实质上也是一种特殊形式的等电位联结。电涌保护器(SPD)又称浪涌保护器,它是一种防雷击电磁脉冲的防雷装置。目前应用最广泛的是氧化锌压敏电阻型电涌保护器。根据 IEC 规定,电涌保护器是一种限制瞬态过电压和分流电涌电流的器件,它至少应含有一个非线性元件。SPD 应具有快速响应的特点,通过自身优良的非线性特性来实现对过电压的抑制和对过电流的分流。

将电气系统或信息系统中应作等电位联结的带电导体(如电源线、信号线等)经过电涌保护器与接地系统联结,并利用电涌保护器的非线性特性来限制瞬时过电压和分流瞬时过电流;这样,在 SPD 未动作时形成一种"准等电位联结",在 SPD 动作后即实现"等电位联结",以达到保护电气系统和信息系统的目的。

7. 几点说明

① 对于 TN 系统的防电击而言,等电位联结是一个必须并且十分重要的附加保护。

② 作为 TN 系统防电击的附加保护,等电位联结一定要与自动切断电源的保护联合实施。

③ 等电位联结以降低接触电压而降低电击危险,从而保护人身安全;但它不一定能保护电气设备的安全。

三、接地和等电位联结在建筑物综合防雷系统中的作用

1. 接地和等电位联结是电气安全的一个重要内容。

接地和等电位联结在建筑物综合防雷系统中有着十分重要的作用。在 GB 50057—2010《建筑物防雷设计规范》、GB 50343—2012《建筑物电子信息系统防雷技术规范》和 GB 16895《建筑物电气装置》中均有详细的规定。

2. 建筑物防雷装置是一个完整的系统,它用于减少由于闪击打在建筑物上时可能造成的物理损害、生命危险以及对电气系统和信息系统的干扰和损害。

3. 雷电对建筑物的影响是多方面的,既有直接雷击,又有从各种线路和金属管道侵入的雷击电磁脉冲(LEMP),还有在建筑物附近落雷时产生的电磁感应,以及雷击接闪器后由于引下线和接地装置上的高电位而产生的反击等等。因此,建筑物必须采用综合防雷系统,才能达到较好的防雷效果。

4. 国际电工委员会标准 IEC 62305 文件将建筑物的防雷装置分为三大类,即外部防雷装置、内部防雷装置及防雷击电磁脉冲(LEMP)。附录图 4-5 所示为建筑物综合防雷系统结构示意图。

5. 为防雷电感应和反击,防雷系统的接地装置之间,要么应做等电位联结以均衡电位,要么就必须保持一定的间隔距离(如独立接闪器的接地装置)。隔离(间距)和联结(等电位)看似为两种互相对立的作法,但却是为了达到防雷的同一效果。

6. 防雷与防洪有很多相似之处:防雷中的隔离类似于防洪中的"堵"(如筑堤建坝、围堰等);防雷中的共同接地、等电位联结和装设 SPD 等则类似于防洪中的

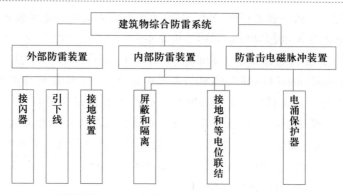

附录图 4-5　建筑物综合防雷系统结构示意图

"疏"（如疏通水流通道等）。成都附近著名的都江堰水利工程总结出"深淘滩、低作堰"的经验，此"六字诀"可供防雷工作者借鉴。

7. 高层建筑防雷示例。附录图 4-6 所示为某高层建筑屋顶防雷平面图。图中详细说明了高层建筑防雷的具体工程做法，包括屋顶接闪带、引下线和防侧击措施等。

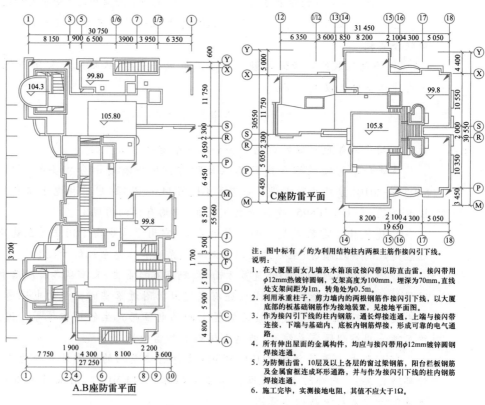

附录图 4-6　某高层建筑屋顶防雷平面图

四、共同（联合）接地方式

建筑物内常见的接地系统有电气设备的工作接地、保护接地、防雷接地和信号电路接地、电磁兼容性接地等。共同接地方式就是将所有的功能性接地、保护性接地和电磁兼容性接地等采用共同的接地系统,并实施等电位联结措施。附录图 4-7所示为建筑物防雷区的等电位联结和共同接地系统示意图。共同接地亦称联合接地。一般来说,除了独立接闪器的防雷接地和极个别有特殊要求者之外,都应该采取共同(联合)接地方式。

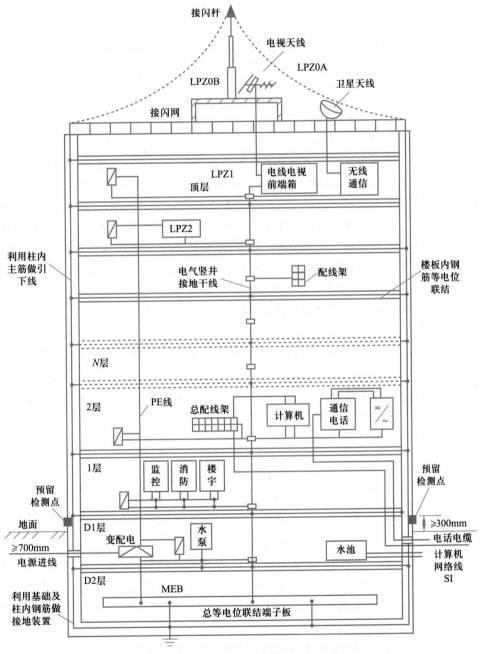

附录图 4-7　建筑物防雷区的等电位联结和共同接地系统示意图

一般都要求接地装置的接地电阻值必须按接入设备中要求的最小值确定。实际上,在实施等电位联结之后,对接地电阻值和重复接地都可以不作严格要求,因为等电位联结主要是依靠均衡电位而防止电击。就实质而言,共同接地和等电位联结以及装设电涌保护器(SPD)都是通过"Bonding"即"联结"而达到均衡电位的目的。

附录5　电气事故实例

电气事故是指由电流、电磁场、雷电、静电和某些电路故障等直接或间接造成建筑设施、电气设备毁坏、人或动物伤亡以及引起火灾或爆炸等后果的事故。

电气事故可分为人身事故和设备事故两大类。当然,这两类事故可能有因果联系,例如人触及漏电设备的金属外壳引起的触电死亡就是设备事故引发的人身事故。电线过载或短路引起火灾并烧死人,也是设备事故引发的人身事故。

先看一看下列不幸发生的典型触电事故。由这些活生生的实际事故可见,触电给人们带来了多么惨重的灾难,给国家、集体和个人造成了多么巨大的损失。经常学习并掌握好电气安全技术和触电急救方法,是非常重要的。希望读者认真阅读与思考,务必牢牢记取这些血的教训。

1. 缺乏电气安全常识的事故实例

(1) 跨步电压电击

1980 年 6 月,湖南某县郊区电杆上的电线被大风刮断掉在水田中。早晨有一个小学生把一群鸭子赶进水田,当鸭子游到断线落地附近时,一只只死去,小学生便下田去看鸭子,未跨几步被电击倒。随后哥哥赶到田边并下田拉弟弟,也被电击倒。爷爷赶到田边,急忙跳入水田拉孙子,也被电击倒。小学生的父亲闻讯赶到,见鸭死人亡,下田抢救也被电击倒。一家三代 4 人均死在水田中。

主要原因:

① 低压线(常用的 380 V/220 V 系统)一相断落碰地形成单相接地短路,尤其在水田中,落地处附近的跨步电压很高。

② 缺乏电气安全常识,未立即切断电源,造成多人触电死亡的恶性事故。

(2) 电机无可靠保护装置

1982 年 7 月一个炎热的中午,有 5 个小学生来到某化肥厂的工业循环水池游泳。水池长 40 m,宽 10 m,深 5 m。露天安装了一台水泵,配用一台 17 kW 交流电动机,从水池内抽水供循环水系统。当他们游到进水管附近时,竟全部触电死亡。

主要原因:

① 对学生的电气安全教育不够,儿童缺乏电气安全常识。

② 在穿有电线的保护钢管内有电线接头,因被水长期浸湿而松动脱落,其裸线接头触及钢管,然后使水泵、电动机外壳、水泵外壳、水管及其附近的水均带电。

③ 电动机未采取可靠的保护措施。

（3）电动机外壳带电

1985 年 8 月某日，某供销社豆制品厂一名职工在磨豆腐时，因磨豆粉机的电动机外壳带电而触电死亡；1986 年 8 月某日，某县商业总店一名女营业员，在豆腐店使用电磨加工米粉时，因 380 V 电磨外壳带电而触电死亡。

主要原因：

① 管理混乱，设备陈旧，未定期检修。

② 缺乏电气安全常识。

③ 电气设备外壳未采取保护接地措施。

（4）带电作业

1979 年 8 月 3 日 15 时左右，某厂机动科一名电工（男，26 岁）和另一人安装日光灯。他站在七挡人字梯的最高挡，带电接荧光灯电源线。在拆开相线上的绝缘胶布后，不慎碰上附近的接地铁丝引起触电，并从 2.3 m 高处的梯子上摔下，头部后脑着地，经抢救无效于当日死亡。

主要原因：

① 低压带电作业未采取相应安全措施。

② 缺乏高处作业的电气安全常识，也没有使用安全带。

③ 对周围环境未仔细观察，误碰接地铁丝线，形成单相经人体接地短路。

（5）安全距离不够

1984 年 1 月 31 日下午 4 点，某县 3 名职工在四楼平台上安装电视机室外天线时，金属天线不慎倾倒在附近的 10 kV 高压线上，3 人同时触电倒下。经抢救，两人脱险，一人死亡。

主要原因：

① 缺乏电气安全常识。

② 装设电视机室外天线时，未考虑到万一倾倒时天线可能碰触架空线。

③ 高压线距楼台建筑距离仅 1.5 m，不符合安全距离规定。

（6）线路老化

1985 年 9 月 7 日，某市某建筑工程公司一名混凝土工（男，39 岁），在操纵蛙式打夯机时，因开关处电线破损漏电而触电死亡。

主要原因：

① 橡皮电缆软线陈旧老化，没有定期检查更换且施工用电混乱。

② 开关上未采取保护接地措施，又未采用漏电保护装置。

③ 缺乏电气安全常识。

（7）静电火花

某工厂用管道输送高压液化石油气时，发现漏气，检修时发生了爆炸事故，并导致 5 人伤亡。

主要原因：

① 缺乏有关静电的安全知识。

② 检修时泵内残留的 1.373 MPa 压力的液化气高速喷出，产生了高压静电，并由静电火花引起液化气爆炸，造成人员伤亡。

2. 电气安装不合格导致的事故实例

（1）带电移动电器

1986 年 8 月 25 日 9 时 40 分，某县水利建筑安装公司实习电工两人，在某工地帮助打夯时，由于打夯机移位，电缆线被压破，打夯机外壳带电，致使两人均触电。经抢救，结果一人获救，一人死亡。

主要原因：

① 电气安装不合要求，设备外壳没有采取保护接地措施，也未装设漏电保护装置。

② 施工现场管理混乱。

③ 带电移动电器时未注意安全工作事项。

（2）晒衣铁丝传电

1970 年 9 月的一天早晨，我海军某通信站一位守机员，执勤后在狂风暴雨中归来，将湿衣服往门外晒衣服的铁丝上搭去。由于铁丝与被大风刮断的电线相接，顿时被电击倒，呼吸停止，心脏也停止了跳动。随即施行心肺复苏法抢救并同时送往附近海军医院，经紧急抢救，终于恢复了心脏跳动，挽救了触电假死者的生命。

主要原因：

① 电力线路安装不合要求，晒衣铁丝离得过近，又未装设漏电保护装置。

② 及时而正确地采取了触电急救措施，并坚持进行抢救，取得了很好的成效。

（3）未装避雷器

某年 7 月，某县一青年将收音机天线挂在 20 m 高的大树上。有一天，忽然雷声大作，正在天线引下线处收衣服的女青年当场被击死，且雷电沿引线进入室内将收音机击毁，墙边的水缸打穿，天线也被熔化。

主要原因：

① 未安装避雷器，引线对地也未留放电间隙。

② 天线过高，构成了接闪器。

③ 雷雨期间，天线未与 PE 线相连（此措施只能防雷电感应，对直击雷仍不安全）。

（4）三孔插座接错线

1982 年 5 月，某厂一名女工买来 400 mm 的台式电风扇，插上电源试运转。当手触碰电风扇底座时，竟惨叫一声并将电风扇从桌上带甩下来，且压在自身胸部，造成触电死亡。

主要原因：

① 电源相线误接在三孔插座内的 PE 桩头上，从而使外壳带有 220 V 相电压。

② 未装设漏电保护器。

③ 未施行触电急救。

（5）中性线烧红

1984 年某日，某厂变电所值班电工正在值班。忽然室内照明灯熄灭，接着外面有人叫喊："变压器起火了，变压器起火了！"。当值班电工奔出来时，只见 10 kV/0.4 kV 变压器平台上一片烟火，燃烧不停，酿成了电气火灾。

主要原因：

① 电气设备漏油。

② 发生事故时断路器过电流保护装置失灵,使短路电流得以持续而导致中性线烧红。

③ 烧红的中性线又燃着了漏油,酿成了电气火灾。

(6) 中性线断线

某厂因外部电源停电,便启用自备柴油发电机发电,各个部门便相继合闸用电。每开一盏灯,灯泡或灯管只闪烁一下便烧毁。半个小时内共烧毁荧光灯16 支,白炽灯 82 只,损坏数占全部灯具的 60% 以上。

主要原因:

① 中性线安装不合要求致使 N 线断线,且三相负荷不平衡,负荷小的一相电压值升高到接近线电压(380 V),使该相所带灯具及设备被烧毁;而另外两相上的灯具或设备则串接在 380 V 上,负荷小的一相其灯具或设备承受的电压会高于220 V 也可能被烧毁。

② 安装时未实施重复接地或等电位联结。

3. 设备有缺陷或故障的事故实例

(1) 电线漏电

1982 年 7 月 12 日,某市人防一公司机电队沙某(男,34 岁,钳工班长)在工地的更衣室内换衣时,发现挂衣服的铁丝麻手(由于铁丝磨破了行灯电源线);铁丝的另一端落在墙壁的竹扫把上。沙某在挂衣服时,下肢又误碰到竹扫把那端的铁丝,"哎呀!"一声便倒在积水的地面上,当即身亡。

主要原因:

① 违反国务院《工厂安全卫生规程》中第 44 条:"行灯电压不能超过 36 V,在金属容器内或潮湿场所不得超过 12 V"的规定而采用了 220 V 电源。

② 设备有缺陷,发现漏电又未及时采取相应的防范措施。

③ 安全措施检查不严。

(2) 闸刀爆炸

1982 年 12 月 18 日上午,某厂打井时,使用一台 3 kW 水泵抽水(用 380 V、15 A 闸刀开关直接启动),并已运转多时。当水泵停机后再开时,不料闸刀发生炸裂,烧伤操作人员并使右手致残。

主要原因:

① 设备有缺陷,闸刀开关动触头螺钉松动,合闸时三相不能同时接触而引起电弧放电。

② 由电弧而造成相间短路,产生高温后引起闸刀爆炸。

(3) 配电柜起火

1984 年 4 月 10 日下午 1 时,淮南矿务局某厂铸造车间清砂房内的 1 号配电柜弧光一闪,一声巨响,配电柜起火。接着室外低压架空线路有 1 根线断落,碰到其余 3 根架空线上,顿时弧光大起,响声如鞭炮,4 根架空线全部熔断掉落,造成全厂局部停电 8 小时,以及部分车间停产的事故。

主要原因:

① 灭弧罩上有豆粒大的缺损,当交流接触器切断电路时,主触头产生的电弧

271

通过灭弧罩缺损处引起相间短路。

② 配电柜本来采用 RM1 型熔断器作短路保护,而现场实际是用裸铝丝代替熔丝,使熔断时间延长不能立即切断故障电流。

(4) 导线短路

1988 年 1 月 21 日凌晨,某无线电厂彩电插件房发生重大火灾。后出动 17 部消防车,经两小时后方才扑灭,直接经济损失达 18 万余元。

主要原因:

① 室内照明线路短路。

② 安装时未穿管敷设,导线受潮、受热老化,切断开关时仍带电。

③ 该插件房吊顶和隔墙均为可燃材料,吊顶内潮湿、闷热,不符合防火安全要求。

(5) 变压器爆炸

某厂有一台 320 kV·A 车间变压器,因故障导致变压器油剧烈分解、气化,油箱内部压力剧增发生爆炸,箱盖螺栓拉断,喷油燃烧,竟使 8 m 外的工作人员面部也被烧伤。燃油又点燃了下面的电缆及其他可燃物,并沿电缆燃烧,以至将整个配电室和控制室也烧毁。

主要原因:

① 变压器内部出现短路故障,产生电弧,引起爆炸。

② 变压器下面无卵石层储油槽,致使燃油外流,引起重大火灾。

(6) 变电站起火

1984 年 2 月 1 日下午 4 时,某矿变电所内变压器 10 kV 的电缆头发热、冒烟,片刻电弧燃着了喷油,大火由室内烧到屋顶,使整个变电所烧毁。

主要原因:

① 变压器 10 kV 电缆头过热,烧断电缆,造成三相弧光短路,且油断路器受热后绝缘油向外喷出,遇电弧即燃烧。

② 变电所继电保护装置在系统出现故障(电压下降)时,保护动作失灵(操作电源未能采取由独立于系统的电源供电)。

(7) 互感器爆炸

1987 年 7 月 25 日,某变电站内的电流互感器发生爆炸,引起两台大容量 220 kV 变压器跳闸。中断了某化工厂电源,致使该厂电解槽内的氯气压力增加,使氯气外逸,致附近居民百余人中毒。

主要原因:

① 互感器电容芯子绝缘内部有气泡,在运行电压下发生了局部放电。

② 产品有缺陷,对局部放电量大的电容式电流互感器制造时未能进行长时间高真空处理以消除气泡。

4. 违反操作规程或规定的事故实例

(1) 误触高压

1986 年 6 月 27 日,某厂电工(男,30 岁)在变电所拆计量柜上的电能表时,被相邻的 10 kV 高压母线排放电击中,并被电弧烧伤,经抢救无效死亡。

主要原因:

① 邻近高压开关柜(10 kV)带电操作时,安全距离不足 0.7 m,严重违反了安全工作规程。

② 没有严格执行工作票制度和工作监护制度。

（2）擅自合闸

1980 年 1 月 23 日,某市电机厂停电整修厂房,并悬挂了"禁止合闸!"的标示牌。但组长周某为移动行车而擅自合闸,此时房梁上的木工梁某(男,27 岁)正扶着行车的硬母排导体,引起触电。当周某发现并立即切断电源时,梁某双手也随即脱离母排并从 3.4 m 高处摔下,经送医院抢救无效,于当夜死亡。

主要原因:

① 严重违反操作规程,擅自合闸通电。

② 有关高处作业的安全措施不落实,检查不严。

③ 违反了高处触电急救的安全注意事项。

（3）交接不清

1979 年 2 月 7 日,某县水泥厂检修工周某(男,34 岁,3 级钳工)正在维修熟料提升机,操作工潘某午饭后回来打扫清洁,不问检修情况,便按动按钮清料,致使正在检修的周某被提升机挤死。

主要原因:

① 交接不清,管理混乱,劳动纪律松懈,违反安全规定。

② 未做好停电后的安全措施,开关处未悬挂"禁止合闸!"标示牌。

（4）误近高压线

1987 年 10 月 15 日,某市大酒家一名电工(男,26 岁)运送铜管进店。管子过长,欲从三楼窗口送入。由于窗外有梧桐树且枝繁叶茂,当他将铜管竖直时,因离马路上的高压线过近便发生放电,致双手触电并冒火花。他人急用木棒猛击铜管,方使触电者脱离电源。随即送医院后,但不得不锯掉了双手双脚,造成终身残疾。

主要原因:

① 违反安全规程,忽视必要的安全距离。

② 对周围环境未做仔细观察。

（5）无联锁装置

1978 年 8 月下旬的一个晚上,某化工厂机修车间有一女青工去更换 60 A 胶盖开关的熔体。换装后未盖胶盖即把开关一合,只听轰的一声,瞬间短路将熔体熔断;强烈的电弧喷射到她的双眼,致使双目失明。

主要原因:

① 违反安全规程,熔体熔断后既未查明原因,也未排除故障。

② 拉合开关时未能侧身,且双眼也不该正视。

③ 大容量负荷开关未设联锁装置(未盖上开关盖就不能接通电源),操作人员违反规定未将开关盖合上便合上开关。

（6）二次电压触电

1983 年 8 月的一天,天气炎热,某厂机修车间电焊房内,上午下班时发现某电焊工躺在 2 m 多长的焊件上,紧握焊钳的右手,掌心一片灼黑,后腰有 30 mm 长的电击点,由电击灼伤而导致死亡(当时在现场,从焊钳与焊件之间测得交流电焊机的二次电压为 57 V)。

主要原因:

① 违反安全规程,天气炎热身上又有汗水,操作人员未戴绝缘手套,未穿绝缘鞋,未戴头盔,导致带有汗水的右手与焊钳上的导体经右臂、上躯、后腰到焊件形成回路,使电焊机二次线圈的电流流经人体。

② 未在弧焊机上装设空载自动断电装置,故弧焊机一次线圈的电源未能自动切断。

(7) 配电板着火

1983 年 8 月 15 日,某厂焊工车间有一木制动力配电板,其内三相熔体完好,但运行中却突然冒烟着火。

主要原因:

① 管理混乱,违反规定任意接线,加大了电力负载,使三相负荷严重不平衡。

② 其中一相严重过电流,将胶皮线烧焦并引起木制配电板着火。

③ 对木制配电板未采取防火安全措施。

(8) 中性线带电

某矿由 6 台柴油发电机组并列运行供电。在检修其中一台 134 kW 柴油发电机组时,用汽油淋洗定子和转子线圈。突然"轰"的一声,发电机基础的滑轨上燃起熊熊大火,火焰高达 2 m,发生了严重的火灾事故。

主要原因:

① 违反规程的规定,发电机组负荷很不均衡,使中性线对地电压竟高达 180 V。

② 检修中性线误碰发电机滑轨引起火花,点燃了在淋洗过程中溅泼到发电机基础和滑轨上的汽油,引发了电气火灾。

参 考 文 献

1. 王厚余.低压电气装置的设计安装和检验[M].3 版.北京:中国电力出版社,2012.
2. 王厚余.建筑物电气装置 600 问[M].北京:中国电力出版社,2013.
3. 张庆河.电气与静电安全[M].北京:中国石化出版社,2005.
4. 瞿彩萍.电气安全事故分析及其防范[M].2 版.北京:机械工业出版社,2007.
5. 洪雪燕.安全用电[M].2 版.北京:中国电力出版社,2008.
6. 曾小春.安全用电[M].北京:中国电力出版社,2005.
7. 戴绍基.电气安全四十讲[M].北京:机械工业出版社,2009.
8. 戴绍基.建筑供配电与照明[M].2 版.北京:中国电力出版社,2016.

郑重声明

高等教育出版社依法对本书享有专有出版权。任何未经许可的复制、销售行为均违反《中华人民共和国著作权法》,其行为人将承担相应的民事责任和行政责任;构成犯罪的,将被依法追究刑事责任。为了维护市场秩序,保护读者的合法权益,避免读者误用盗版书造成不良后果,我社将配合行政执法部门和司法机关对违法犯罪的单位和个人进行严厉打击。社会各界人士如发现上述侵权行为,希望及时举报,本社将奖励举报有功人员。

反盗版举报电话　(010)58581999　58582371　58582488

反盗版举报传真　(010)82086060

反盗版举报邮箱　dd@hep.com.cn

通信地址　北京市西城区德外大街 4 号
　　　　　高等教育出版社法律事务与版权管理部

邮政编码　100120

防伪查询说明

用户购书后刮开封底防伪涂层,利用手机微信等软件扫描二维码,会跳转至防伪查询网页,获得所购图书详细信息。也可将防伪二维码下的 20 位密码按从左到右、从上到下的顺序发送短信至 106695881280,免费查询所购图书真伪。

反盗版短信举报

编辑短信"JB,图书名称,出版社,购买地点"发送至 10669588128

防伪客服电话

(010)58582300

学习卡账号使用说明

一、注册/登录

访问 http://abook.hep.com.cn/sve,点击"注册",在注册页面输入用户名、密码及常用的邮箱进行注册。已注册的用户直接输入用户名和密码登录即可进入"我的课程"页面。

二、课程绑定

点击"我的课程"页面右上方"绑定课程",正确输入教材封底防伪标签上的 20 位密码,点击"确定"完成课程绑定。

三、访问课程

在"正在学习"列表中选择已绑定的课程,点击"进入课程"即可浏览或下载与本书配套的课程资源。刚绑定的课程请在"申请学习"列表中选择相应课程并点击"进入课程"。

如有账号问题,请发邮件至:4a_admin_zz@pub.hep.cn。